農業経営の持続的成長と地域農業

東京大学名誉教授
東京農業大学教授
農学博士

八 木 宏 典 編著

養賢堂

執筆者および執筆分担

序　章	八木宏典	東京農業大学国際食料情報学部教授・東京大学名誉教授
第1章	斎藤　修	千葉大学園芸学部教授
第2章	佐藤和憲	農業・食品産業技術総合研究機構 中央農業総合研究センター研究チーム長
第3章	鈴村源太郎	農林水産省農林水産政策研究所研究員
第4章	川手督也	日本大学生物資源科学部助教授
第5章	盛田清秀	日本大学生物資源科学部教授
第6章	木南　章	東京大学大学院農学生命科学研究科教授
第7章	柏　雅之	茨城大学農学部教授
第8章	宮武恭一	農業・食品産業技術総合研究機構 中央農業総合研究センター主任研究員
第9章	李　哉泫	鹿児島大学農学部助教授
第10章	八木洋憲	農業・食品産業技術総合研究機構農村工学研究所研究員
第11章	竹本田持	明治大学農学部助教授
第12章	能美　誠	鳥取大学農学部教授
第13章	斎藤　潔	宇都宮大学農学部教授
第14章	内山智裕	三重大学大学院生物資源学研究科助手
第15章	藤本保恵	東京大学大学院農学生命科学研究科博士課程
第16章	山田祐彰	東京農工大学大学院共生科学技術研究院助手
第17章	金　洪云	中国人民大学農業農村発展学部副教授
第18章	木下幸雄	岩手大学農学部助教授

はしがき

　食料・農業・農村基本法の第22条には,「国は,専ら農業を営む者その他経営意欲のある農業者が創意工夫を生かした農業経営を展開できるよう…,経営管理の合理化その他の経営の発展及びその円滑な継承に資する条件を整備」すると述べられている.「農業従事者が他の国民階層と均衡する…生活ができる（よう,）…農業の…不利を補正」するとして所得格差の是正を掲げてきた旧基本法に比べると,その政策スタンスが大きく転換している.その第一は,職業として選択し得る,魅力とやりがいのある農業にするために,「国は,効率的かつ安定的な農業経営を育成し,これらの農業経営が農業生産の相当部分を担う農業構造を確立する」として,農業政策をより経営政策に軸足をおいたものとしている点である.第二は,従来の価格支持政策から市場原理を通じた価格形成へと価格政策の大きな転換が図られたという点である.その背景には,意欲と能力のある農業経営者の育成のためには,価格支持よりもむしろ市場原理を通じた競争条件の確保が重要であるという認識がある.

　わが国のGDP（国内総生産）総額は2004年において4兆8,000億ドルである.バブル崩壊後の低成長経済にもかかわらず,依然としてアメリカに次いで世界第2位の位置にある.しかもその額はドイツの1.7倍,イギリスの2.1倍である.言うまでもなくわが国が築いてきた経済成長の成果であるが,これに伴って農業の産業としての地位は,コーリン・クラークの言う「ペティの法則」どおり,大幅に低下した.まだ,農業就業人口率が5〜7割を占め,国民一人当たりGDPが1,000ドル前後の水準にある途上国のグループに対して,先進国の農業活動人口率はいずれも1割を切り,国民一人当たりGDPも2万ドル前後の水準にある.注意すべき点は,日本もこのような産業構造的な視点でいえば,まぎれもなく先進国のグループの中にあるということである.

　しかし,農業事業体（農家もしくは農場,法人）数と,一事業体当たり農業

産出額を算出して，主要先進国と比較してみると，日本だけ大きな違いがみられる．農業事業体数はEU諸国と比較すると多いが，一事業体当たり農業産出額はアメリカの5分の1，フランスの3分の1というきわめて低い水準にある．欧米の諸国では多くの国で一事業体当たり農業産出額が1,000万円を超えているのに対して，わが国のそれはわずか200～300万円である．しかも，先進国の農業は比較的規模の大きな農場によってその相当部分が担われる構造になっているのである．さらに注意すべき点は，これらのいずれの国もが，現在でも自国の食料自給率を高めたり，高い水準を維持しているという事実である．

ひるがえってわが国農業の現状をみると，販売農家数は195万戸へ減少し，しかも販売金額規模別経営数の動きでは，中堅と見られる700～3,000万円階層までもがその数を減らしている（2005年農業センサス）．米価の下落や輸入農産物の増加，花卉の需要低迷などによる国産農産物市場の縮小の影響であるとはいえ，全体的な農業後退の印象はぬぐいえない．しかし同時に，販売金額3,000万円以上の階層では，その数が増える傾向にあることも見落とされてはならない．厳しい農業経営を取り巻く環境の中で，一部ではあるとはいえ売上高を増加させている経営もあるということである．改めて，こうした前進的な農業経営や地域での先進的な取り組みの内実を明らかにして，その基本原理を他の多くの経営や地域に普及していく作業の重要性が問われている．

本書は，東京大学大学院農学生命科学研究科農業・資源経済学専攻の農業経営学研究室に縁のある者たちが，編者の東京大学の定年退職を記念して，最新の論文を持ち寄って刊行した論文集である（残念ながら諸般の事情により執筆が間に合わなかった者もいるが，出版時期の関係もあって断念せざるをえなかった）．

本書では農業経営成長，地域農業振興，それらの国際比較という三つのジャンルに大きく分けて編集している．必ずしも全ての分野を網羅した体系的なものではない．しかし，第一線で活躍している執筆者たちの最新の研究の成果が収録されており，通読することによって，それぞれの分野における論

点とオリジナルな知見を学ぶことができる．また，そのような性格から，ゼミなどのテキストとしても適した構成になっている．本書をさまざまな場でご活用いただければ幸いである．

　最後に，本書の出版を快諾していただき，刊行に当たっては多くの助言と励ましをいただいた（株）養賢堂の及川　清社長，池上　徹取締役・出版部長をはじめ，関係者の皆様に心から感謝申し上げる．

平成18年4月

八木　宏典

目　次

序　章　農業経営研究の新しい
　　　　地平 ………………… 1
1. 農業経営研究の領域と農業
　経営学 …………………… 1
2. 外部環境の変化と農業経営の
　新しい動き ……………… 2
3. わが国農業者の経営管理の
　実態とこれからの課題 …… 6

第1部　農業経営の成長と管理

第1章　農産物マーケティング論
　　　　の新展開－主体間の関係
　　　　性をめぐって－ ……… 11
1. 課題の設定―新たな視点の
　必要性 …………………… 11
2. 関係性マーケティングと
　チャネル管理 …………… 14
　(1) フードシステムをめぐる食品
　　産業と農業 ……………… 14
　(2) 産地マーケティングとチャネル
　　管理 ……………………… 16
3. 関係性マーケティングと
　製品政策 ………………… 18
　(1) 小売主導のマーケティングと
　　PBの意義 ……………… 18
　(2) 地域ブランドと管理 …… 19
4. 結　び …………………… 21
　［引用文献］ ……………… 21

第2章　野菜産地・経営における
　　　　契約農業 …………… 23
1. 背景と課題 ……………… 23
2. 契約の概念と類型 ……… 24
3. 野菜流通システムの変化と契約
　 …………………………… 27
4. 茨城県における系統農協に
　よる野菜の契約農業 …… 29
　(1) VF事業の背景と展開 …… 29
　(2) 生産者との取引関係 …… 30
　(3) 顧客との取引関係 ……… 32
5. 野菜農業・野菜作経営における
　契約の役割と限界 ……… 33
　［引用文献］ ……………… 36

第3章　認定農業者の経営者資質
　　　　に関する一考察
　　　　－農業経営者のモチベー
　　　　ションと経営成果－ … 37
1. はじめに ………………… 37
2. 課題と方法 ……………… 38
　(1) 農業経営における経営者意識・
　　モチベーションへの接近 … 38
　(2) HerzbergM-H理論の方法
　　 ……………………………… 39
　(3) アンケート調査の概要 …… 40
3. 経営者意識と農業経営改善計画
　の達成状況 ……………… 40

4. 農業経営者のモチベーション
     分析 …………………… 43
  5. おわりに ………………… 48
     [参考文献] ……………… 51

第4章　家族経営協定と経営継承
　　　　－「夫婦パートナーシップ」
　　　　から「家族パートナーシッ
　　　　プ」へ－ …………… 52
  1. はじめに－背景と目的－ … 52
  2. 宮城県における家族経営協定
     の位置づけ ……………… 55
  3. 事例調査結果の概要 ……… 56
     (1) M経営 ………………… 56
     (2) S経営 ………………… 61
  4. 考察－家族経営協定を活用した
     新しい経営継承の可能性－ ・ 64

第5章　食料産業の農業参入と農地
　　　　制度の課題 ………… 66
  1. はじめに ………………… 66
  2. 日本農業の現状と農業生産法人
     制度 ……………………… 68
     (1) 日本農業の到達点 …… 68
     (2) 農業生産法人制度の創設 … 70
  3. 農地制度の変更と問題点 … 70
     (1) 農地制度の変遷 ……… 70
     (2) 特区制度とその問題点 … 71
  4. 食料産業の農業参入は成功
     するか …………………… 73
     (1) 施設型農業の事例：

         カゴメ株式会社 ………… 73
     (2) 露地野菜生産の事例：
         ワタミ株式会社 ………… 74
  5. むすび …………………… 75
     [参考文献] ……………… 78

第6章　農業経営の事業多角化と
　　　　リスク・マネジメント ・ 79
  1. 序 ……………………… 79
  2. リスク・マネジメント …… 80
  3. 経営の持続的成長とリスク・
     マネジメント …………… 81
  4. 企業化と事業多角化 ……… 82
  5. アグリビジネスにおけるリスク・
     マネジメント …………… 87
  6. 結　語 …………………… 90

第2部　農業経営と地域農業

第7章　地域営農の担い手システム
　　　　形成と投資問題－インキュ
　　　　ベータの意義・限界とその
　　　　組織構造を中心に－ … 95
  1. はじめに ………………… 95
  2. インキュベーションの意義 ・ 95
  3. 農業公社をインキュベータと
     した地域営農の担い手創出 ・ 96
     (1) インキュベータ型農業公社の
         諸形態 …………………… 96
     (2) 財団法人津南町農業公社の意義と
         限界－量的成果と質的問題－ 98
     (3) 財団法人清里村農業公社の担い手

ネットワーク構想の意義と限界
　　　　･････････････ 101
　4. 地域農業と投資問題 ･････ 104
　　(1) 地域営農担い手システム形成と
　　　　投資問題 ･･･････････ 104
　　(2) 投資対象としての地域農業
　　　　マネジメント主体 ････････ 105
　5. おわりに ･･････････････ 108

第8章　後継者世代の新技術への
　　　　挑戦と地域農業 ････････ 110
　1. はじめに ･･････････････ 110
　2. 無人ヘリ防除の特徴と導入の
　　　条件 ･･･････････････ 112
　　(1) 防除の実施主体と作業の実際
　　　　･･･････････････ 112
　　(2) 経費と採算性 ････････ 114
　3. 若手を中心とした活動の実際
　　　　･･･････････････ 116
　　(1) 組織設立の経過 ･･･････ 116
　　(2) 地域における評価 ･･････ 117
　　(3) 波及効果としての若手の活動
　　　　･･･････････････ 118
　4. むすび ･･･････････････ 119
　　[参考文献] ･･････････････ 121

第9章　労働市場サービス提供に
　　　　よる地域農業の支援 ･･ 123
　1. はじめに ･･････････････ 123
　2. 農業労働力の雇用現況 ･･･ 123
　　(1) 農業における雇用拡大 ････ 123

　　(2) 雇用労働力の確保方法に生じる
　　　　変化 ･･･････････････ 126
　　(3) 雇用労働力の確保困難 ･･･ 127
　　(4) 労働市場サービスに対するニーズ
　　　　･･･････････････ 128
　3. 多様な労働市場サービス ･･ 129
　　(1) 労働市場サービスの類型 ･･ 129
　　(2) 農協などによる多様な労働市場
　　　　サービスの提供事例 ･････ 130
　4. 農業における労働市場サービス
　　　の特徴と意義 ････････････ 132

第10章　都市農地の保全と市民参
　　　　加型経営 ･･････････ 137
　1. 市民参加型農業経営の概念整理
　　　　･･･････････････ 137
　　(1) 市民農園（貸し農園）と市民参加
　　　　型経営 ･･････････････ 137
　　(2) 市民参加型経営の諸形態 ･･ 139
　2. 市民参加型農業経営の事例
　　　　･･･････････････ 141
　　(1) 体験農園型経営の実態から 141
　　(2) 有償ボランティアの実態から
　　　　･･･････････････ 142
　　(3) 無償ボランティアの実態から
　　　　･･･････････････ 143
　3. まとめ ･･･････････････ 147
　　[引用文献] ･･････････････ 150

第11章　地域資源を活用した内発
　　　　型アグリビジネスの課題
　　　　‥‥‥‥‥‥‥‥‥‥ 152
1．はじめに－課題－‥‥‥‥ 152
2．「事業」の理解と持続性‥‥ 153
　(1) ビジネスか，非ビジネスか 153
　(2) 交流事業の持続性‥‥‥‥ 154
3．民間業者との競合‥‥‥‥ 156
　(1) 農産物加工事業‥‥‥‥‥ 156
　(2) 農産物販売事業，交流関連事業
　　‥‥‥‥‥‥‥‥‥‥‥‥ 157
4．リピーター確保と品揃え・
　　メニューの充実の必要性‥ 159
5．まとめにかえて－今後の展開
　　方向－‥‥‥‥‥‥‥‥ 162

第12章　農業所得水準と所得形成
　　　　要因の地域的特徴―中国
　　　　地方を事例として―‥ 166
1．はじめに‥‥‥‥‥‥‥‥ 166
2．重回帰分析とその結果‥‥ 166
3．農業所得形成要因の地域的特徴
　　‥‥‥‥‥‥‥‥‥‥‥ 170
4．総　括‥‥‥‥‥‥‥‥‥ 175

第3部　農業経営の国際的比較

第13章　古代メソポタミアの農耕
　　　　と社会形成‥‥‥‥‥ 179
1．経営問題の時間軸‥‥‥‥ 179
2．文明が生み出した人間社会の
　　基礎要素‥‥‥‥‥‥‥ 180
3．都市文明を支えた農耕‥‥ 183
4．ハンムラピ法典にみる社会規範
　　と家族‥‥‥‥‥‥‥‥ 186
5．文明の衰退‥‥‥‥‥‥‥ 191
［参考文献］‥‥‥‥‥‥‥‥ 193

第14章　英国における農業経営の
　　　　継承とその持続的成長
　　　　‥‥‥‥‥‥‥‥‥‥ 194
1．はじめに‥‥‥‥‥‥‥‥ 194
2．課題の設定‥‥‥‥‥‥‥ 195
3．分析視角と対象事例の概要
　　‥‥‥‥‥‥‥‥‥‥‥ 196
4．権限移譲の状況と認識差異
　　‥‥‥‥‥‥‥‥‥‥‥ 197
　(1) 権限移譲の把握方法‥‥‥ 197
　(2) 権限移譲の認識差異とその特徴
　　‥‥‥‥‥‥‥‥‥‥‥‥ 198
　(3) 小　括‥‥‥‥‥‥‥‥‥ 198
5．後継者によるスキル修得方法
　　‥‥‥‥‥‥‥‥‥‥‥ 199
　(1) スキル獲得方法の整理‥‥ 199
　(2) 事例におけるスキルの「修得源」
　　‥‥‥‥‥‥‥‥‥‥‥‥ 200
　(3) スキルの「修得源」と権限移譲
　　‥‥‥‥‥‥‥‥‥‥‥‥ 200
　(4) 小　括‥‥‥‥‥‥‥‥‥ 202
6．まとめ‥‥‥‥‥‥‥‥‥ 202
［引用文献］‥‥‥‥‥‥‥‥ 204

第15章　フランスにおける女性農業者の地位と経営参画―出産・育児期の働き方から―……206
1. はじめに……………206
2. フランスにおける農業経営と女性農業者……………207
　（1）フランスの農業経営と農業者……………207
　（2）フランスの女性農業者の地位と歴史的背景……………207
　（3）フランスの女性農業者の状況……………210
3. 女性農業者の経営参画の実際……………212
　（1）ブルターニュ地方モルビアン県における女性農業者……212
　（2）女性農業者の経営参画の実際……………212
4. おわりに……………217
［引用文献］……………219

第16章　ブラジルアマゾンの日系農業と森林保全……220
1. はじめに……………220
2. 第二次世界大戦前の移住開拓（1928－1945）……………221
3. コショウの普及と遷移型栽培の展開……………224
4. アグロフォレストリーと森林保全……………229
5. おわりに……………232
［参考文献］……………232

第17章　中国産大豆の競争力分析－黒龍江省の生産と流通を中心として－……234

第18章　現代農業水利の国際比較……242
1. はじめに……………242
2. アメリカ（カリフォルニア州）の農業水利……………243
　（1）灌漑農地と水管理……………243
　（2）農業水利制度と水利権……244
　（3）灌漑組織の性格……………246
3. オーストラリア（ニュー・サウス・ウェールズ州）の農業水利・248
　（1）灌漑農地と水管理……………248
　（2）農業水利制度と水利権……251
　（3）灌漑組織の性格……………252
4. おわりに……………254
［引用・参考文献］……………254

序章　農業経営研究の新しい地平*

1. 農業経営研究の領域と農業経営学

　農業経営学は，経営を取り巻く外部環境との関連の中で，経営の構造と管理の最適なあり方，および持続的な成長のあり方を体系的に研究する学問である．このうち，経営の基本的な仕組みとそのあり方を究明する経営構造の領域には，生産という技術的・経済的行為を具体的に遂行して財やサービスを生み出すために，経営資源の最適な組み合わせを究明する経営組織論と，外部の社会経済条件との関わりの中で経営資源の所有や分配，事業形態のあり方などを究明する企業形態論がある．また，前者には土地や生産資材など生産要素の最適組み合わせに関わるモノの組織論と，経営の技術的・経済的行為を合理的に遂行するためのヒトの組織論があるが，これまでの研究はわが国の実態から来る制約もあって，モノの組織論に重点がおかれてきた．しかしこれからは，法人経営はもとより家族経営であっても，その構成員を含むヒトの関係を重視する研究の視点が重要である．このような経営構造を前提として，またそれらとの相互の関連の中で，経営目的の実現に向けた農業経営者の経営成果を求める合理的な行動原理を究明する経営管理論がある．

　ところで，経営という用語の意味は，継続的・計画的に事業を遂行すること，工夫を凝らして物事を営むことであり，そのための組織のことである．また，管理という用語の意味は，管轄し処理すること，取り仕切るということである．わが国では経営という用語は，「御即位は，四海の経営にて」（太平記）というように，14世紀頃にはすでに使われていた．一方，管理という用語の初出は明治初期であるが，当初は「幹理」という文字があてられ，監督・管理すること，取り締まりをすることという意味に使われていた．

　これまでの農業経営学には，経営 (Betrieb) と企業 (Unternehmung) との

＊八木　宏典

二重性における経営のあり方を究明する研究や，農法（生産構造）と企業形態（生産手段の所有関係）を媒介する経営者機能（経営者能力，経営者意識）との三者の相互関係の中に経営のあり方を究明する研究などがあるが，内外の情報を活用して経営のダイナミズムを生み出す経営者の経営者能力と経営管理の行動原理を，彼らを取りまく外部環境との関連において究明する経営管理論の領域の研究が，わが国の農業経営研究の分野でも重要になってきており，この領域の研究成果も近年は多くなってきている．

　農業経営管理論の研究のためには，農業経営者の経営目的の実現に向けた目的志向的行動（purpose-oriented behavior：内在的欲求と環境との相互作用の中で実現可能な方向を目的志向的に行動する）の原理を，経営者行動の大量観察を通じて問題志向的（Problem-oriented）かつ客観的に解明する必要がある．そのためには行動科学的組織論の方法の援用や，アメリカで発展してきた管理論的経営学などの成果もふまえた，わが国独自の研究の蓄積が必要とされている．

2. 外部環境の変化と農業経営の新しい動き

　わが国の農業の平均的な規模は，一戸当たり農地面積でみても，一戸当たり年間の農産物販売額でみても，欧米のそれと比較するときわめて小さい．たとえば，欧米の一農場当たり年間の生産額が平均して1,000万円を超えているのに対して，わが国の農家のそれはわずか200〜300万円である．平均値でみる限り，零細な農地ゆえの零細な日本農業という後進的な姿が浮かび上がる．しかし，個別具体的な農業経営の姿をみていくと，近年は異なる新しい動きが各地にみられるようになってきた．確かに一方では，販売収入の全くない自給的農家や販売額の少ない副業農家が増えている．しかしその一方で，数はまだ少ないとはいえ，家族経営であっても，年間の販売額が1億円を超えるような農業経営が出現しており，しかもその数が増える傾向にある．また，雇用や借地などにより，経営資源の積極的な調達と外部依存を図り，直販や加工にも果敢に挑戦しながら，事業の拡大を図っている経営もある．このような経営の成長がみられる背景には，わが国の農業経営を取り巻く環

境の大きな変化がある．

　第一は，経済社会の発展にともなって，食品や農産物の需要に対しても，消費者ニーズの大きな変化がみられるという点である．その一つは，消費者の生活スタイルの個性化と多様化が進む中で，食品や農産物に対しても，需要が多様化しているという点である．その二は，消費者の食の安全性に対するニーズの高まりがみられるという点である．国民の近年における健康や環境への関心の高まりを背景に，食品や農産物についても，安全で新鮮なものを求める傾向が強くなっており，これまでのような低価格の食品や農産物に対する需要だけでなく，食品添加物や農薬など化学合成剤を使用していない食品や農産物を購入する傾向もみられる．このような傾向が，食品や農産物の差別化を促進している．その三は，食の外部化の進展である．「個食」や「孤食」といわれる食生活の変化，女性の社会進出と夫婦間分業のありかたの変化，そして高齢者の増加などを背景に，食事は家庭内で調理するというこれまでの食生活のあり方が変化し，外食への依存や惣菜などは購入するという「中食化」をうながしている．このような動きが，流通・販売システムの変化だけでなく，生産のシステムにも大きな変化を及ぼしつつある．

　第二は，農産物の生産・流通・販売をめぐる環境に大きな変化が生じているという点である．これまでの農産物販売に係る制度には，生産者の自由な意思による販売活動を阻害する一面もあったことは否めない．たとえば，米などの主要穀物を対象に適用されていた食糧管理法などが，その代表的な例である．しかし，食料・農業・農村基本法の制定ならびにそのもとで進められてきた農産物の生産・流通に関わる規制緩和と市場化の動きは，同時に，農業者自身の事業活動の自由度と幅を大きく広げている．また，輸入農産物との競争の激化や量販店の交渉力の増大などを背景に，既存の生産体制や流通経路にも大きな変化が生じつつある．このような市場の変化を背景に，農業者もこれまでのように生産した農産物を単に出荷するだけでなく，自ら直接消費者に販売したり，加工して付加価値をつけたり，観光農業を通じて新しいサービスを提供したりすることにより，食関連市場へ積極的に参入する動きがみられる．

第三は，農業分野における技術革新と情報化の進展である．1960年代後半に開発された田植機や自脱型コンバインが，大規模稲作経営の技術的基礎になっていることに象徴されるように，わが国農業における技術開発と機械化・施設化の進展が，農業経営のありかたを大きく変える条件になってきた．たとえば，園芸分野における生長点培養による苗生産技術や畜産分野における受精卵移植技術，あるいは水耕栽培技術やITを使った施設の環境管理技術などが，生産の拡大と安定ならびに高付加価値化を通じて，農業の生産だけでなく，経営のあり方にも大きく影響を与えている．

一方，高速交通体系の整備や消費者の品質や鮮度に対する関心の高まりを背景に，生産・流通・販売の各段階を結ぶコールドチェーンが整備されつつあり，これによる生鮮野菜産地の遠隔化と再編も進んでいる．また，鮮度保持輸送技術の発達によって，アメリカ西海岸や中国など海外の野菜産地からも，鮮度の高い野菜が輸入されるようになっている．

さらに，近年における情報技術の発達も，これまでの生産・流通・販売のありかたに少なからぬ影響を与えつつある．たとえば，食品流通の分野では，受注・発注，出荷・入荷，決済などの取引の電子化により，業務の迅速化やコストの低減を実現するだけでなく，業者相互間の情報の共有化を通じて，生産から消費にいたる流通システムそのものを再編しようとする動きもある．農業者の中にも，ホームページを開設して，生産している農産物の紹介だけでなく，自分たちの経営理念や農作業の進捗状況，生産履歴などの情報を流し，また逆に，ITを活用して販売情報の入手を図るなど，双方向の情報活用による事業の拡大を図っている者もいる．さらに，海外市場の動向や新品種開発など世界の新しい動きをいち早く情報として手に入れ，それを経営の新たな取り組みに活かしている者もいる．

以上のような食品や農産物に対する消費者ニーズの変化と多様化，農産物の流通，加工，販売をめぐる市場の変化，技術革新や情報化の進展などが，農業者にも既存の農業生産をベースにしながら，新商品の開発や販売方法の工夫，あるいは新しい市場への参入やサービスを提供する産業への進出など，新しい経営成長の機会を提供しているのである．

このようなわが国の農業経営をめぐる環境変化の中で，従来の自作農家などとは異なる農業経営の新しい成長の動きがみられる．これらの新しい農業経営の特質を整理すれば，次の7点にまとめることができる．

第一の特質は，これらの経営が内外情報の活用をベースとしたいわゆる「戦略経営」であるという点である．H.I. アンゾフによれば経営管理の本質である意思決定には「戦略的な決定」，「管理的な決定」，「日常業務的な決定」があるという．「戦略的な決定」とは経営の目的と目標，成長の方法とタイミングなどを決定することであり，現在，経営がどんな事業を営んでいるかを規定し，将来どんな事業へ参入するかを決定することである．これらの経営では，わが国の時代の流れや消費者の動きをよくみるなど，内外情報を資源として活用して，経営の方向づけ（戦略）を行っているという点に大きな特徴をもっている．

第二の特質は，これらの経営がマーケティングをベースにおいた経営であるという点である．マーケティングを「新製品の開発から生産された商品が，最終消費者のところに至るまでに関係する一切の事業活動」と定義すれば，新しい経営は「単に生産したものを売る」ということではなく，消費者の考えや好みなどの動向を探り，消費者が求めている商品を作り，それを農協などを通じた市場出荷だけでなく，消費者団体や業者などとの提携，独自の店舗や宅配便などを通じた直売を行うなど，様々なチャネルを通じて販売している．

第三の特質は，事業規模ならびに事業領域の拡大の過程で，土地，労働，資本，技術などの経営資源の調達や外部依存を積極的に図るとともに，その有効活用を進めているという点である．積極的に農地の利用集積を進めるとともに，雇用についても常雇，臨時雇ともに近年その数を増加させている．また，投資資金や運転資金などの資金需要も多額になってきており，とくに加工などの多角化を進めている経営では，資金管理が重要な経営課題になってきている．

第四の特質は，企業形態の選択において，有限会社や株式会社などの法人化が志向されているという点であり，さらに事業領域の拡大の中で分社化な

らびにそれぞれの法人間の事業提携なども，きわめて多様な形態で活発に進められている．

第五の特質は，事業規模の拡大とともに，事業領域の拡大も積極的に進めている経営であるという点である．事業部門そのものの拡大に加えて，複合化（水平的多角化）や垂直的多角化により，積極的な成長を図っている経営である．

第六の特質は，社会化された経営であるという点である．農地は自作地，労働力は家族労働力，資金は自己資金といういわゆる自己完結的な経営とは異なる，社会的存在としての経営であり，消費者選好に応じた商品開発や新しい市場開発などを通じて広く社会的生産の一翼を担うとともに，労働力，土地，資金，情報，技術などの外部調達を行っている社会に開かれた存在としての経営である．それだけに合理的な事業活動や社会のニーズにこたえた財やサービスの提供などによって，社会に開かれた，言いかえれば社会的責任を持った経営でなければならないという面を持っている．

第七の特質は経営者の役割が重要な経営の核になっているという点である．言うまでもなく，経営の日常的な管理に関わる経営管理者としての役割のほかに，企業者としての役割がきわめて重要になっているが，このような役割を果たし経営の成長と安定を図る農業経営者によって担われている農業経営である．またそれは，このような経営者をリーダーとし，構成員の積極的な経営への参画によって担われている経営でもある．すなわち，家族経営であれ，法人経営であれ，相互の密接なコミュニケーションを通じた，共通目的と協働意欲をもった構成員によって担われている経営である．

3．わが国農業者の経営管理の実態とこれからの課題

農業経営者が経営を成長させるために直面する経営管理の領域は，経営目的と戦略の策定，事業規模と企業形態の選択，技術革新と生産管理，雇用と労務管理，マーケティングと販売管理，財務管理，事業連携とネットワーキングなどきわめて多岐にわたっている．しかし，実際のところ，わが国の農業者の経営管理スキルの実態はどうであるのか．この点を明らかにするため

に，認定農業者に対するアンケート調査（全国農業会議所「平成15年度農業経営基礎調査結果報告書－認定農業者の経営改善の取り組み状況に関するアンケート調査－」2003年3月）によって，その実情の把握を試みた．調査の様式は，認定農業者の経営管理スキルに関わる12のカテゴリをあらかじめ設定し，各カテゴリごとに5～10の設問を用意して，その設問ごとに経営者自らの評価に基づく5段階の評価をして貰うものである．この調査（全国の認定農業者およそ1,000人に対して実施したもので，回収率は46％であった）の結果，いくつかの興味ある知見が明らかにされた．

まずスコアの平均値が最も高かった領域は，経営者としての姿勢であった．その内容は「約束の時間に正確」，「常に責任と気概をもって行動」，「現場を回り問題点の発見に努める」，「研修会や勉強会に積極的に参加」などである．また，「家族など構成員の健康管理」や「能力をみて適材適所に配置」などの労働管理，さらに「契約書・申請書などの保管」や「文書・帳票の管理は適切」などの記帳・文書管理についてもスコアは総じて高かった．しかし，「販売促進活動に取り組んでいる」や「市場調査・市場分析を行っている」，「複数の販売ルートを通じて販売している」，「生産費を意識した価格設定を行っている」などの販売管理では，スコアはきわめて低く，しかも農業者によるバラつきが非常に大きかった．さらに，雇用と労務管理についても，販売管理と同じくスコアが低くバラつきが大きかった．その一方で，複式簿記や青色申告などについて問うた財務管理については，スコアは平均値としては高いものの，バラつきが大きいという結果になっている．

農業者として気概をもって行動し，家族や構成員の健康を考え，文書管理もしっかりと行っているが，農産物の販売力という点では一部の者を除くと総じて弱く，雇用や財務管理についても経営によってかなり違いがある，というのが認定農業者の姿であるということができる．

さらに，このような経営管理に関わる管理領域のスコアと，法人化や多角化，販売額との関係について分析した結果によれば，販売管理のスコアは法人化している経営では高く，法人化していない経営では低い．また，多角化の有無でみると，販売管理のスコアはすでに多角化している経営で高く，今

後取り組む予定の経営がこれに続き，取り組み予定なしの経営やわからないと回答した経営で最も低くなっている．そして，販売管理のスコアとその経営の販売額との関係をみると，販売管理のスコアの高い経営ほど販売額も高く，スコアの低い経営ほど販売額も低いという傾向が明瞭にみられた．

　言いかえれば，農業の売上げ高を伸ばし，農業所得を確保し（当然，コストの問題を勘案した上での話であるが），経営の競争力を高めるためには，販売管理に係わる経営者の力，すなわち経営者の販売管理能力を高める必要があるということを示唆している．しかも，消費者や実需者が求める質と価格の農産物づくり（技術力と生産管理）が，そのための前提条件となる．

　なお，情報との関わりについて調査した平成16年度の調査結果によれば，販売額の高い者ほど情報収集の密度が高く，しかもその取得源も異業者や専門家など多岐にわたっている傾向がみられた．

　本書の第Ⅰ部第3章の執筆者である鈴村氏は，さらに進んでリーダーシップ論やモチベーションに関する理論を援用して，認定農業者の経営者資質についても数量的な把握を試みている．その結果，先述した経営管理スキルと経営者資質の併進的な向上によって農業者の経営者能力も向上すると結論づけている．もっとも，同氏は両者の直線的な関係をみているが，筆者の管見では，農業者の経営管理スキルの向上がまず先行し，それに経営者資質の向上が累進的についていくという二次的な関係にあるように思われる．いずれにしろ，わが国農業の課題である，意欲と能力のある多くの農業者たちを育成するためにも，成長する農業経営の経営管理の基本セオリーを解明し，その理論を多くの農業者たちや若い後継者へ普及していく実践活動が重要である．そのためには，農業経営者の経営管理の行動原理と能力開発に関する経営研究をさらに強化して行くことが求められている．

第 1 部

農業経営の成長と管理

第1章 農産物マーケティング論の新展開
－主体間の関係性をめぐって－*

1．課題の設定—新たな視点の必要性

　農産物をめぐる流通システムは，特に青果物では農業生産法人やそのネットワーク組織の役割の強い市場外流通が拡大し，系統共販への依存度がきわめて高い市場流通とのシステム間競争が進展した．畜産物では資材-生産・処理加工-販売システムの再編が進展し，中小家畜から寡占化とインテグレーション（垂直的統合）が進展し，生産システムも契約型に加えて品質管理の徹底できる直営型が拡大している．食品産業でも量販店では，プライベートブランド（以下 PB）の拡大によって適正農業規範（以下 GAP）と結びつき，生産者の囲い込みが進展している．また，加工メーカーでは契約生産で企業サイドのリスク負担を強めている．外食・中食企業によっては農業生産法人の設立によって農業への参入をはかり，この経営体は大規模化をはかりながら食品企業サイドからの経営支援をうけている．このように川中・川下の食品企業が農業との連携を強めることによって，品質管理の向上や調達コストの節約をはかるようになったが，農業サイドでは垂直的な関係性を統御するには，マーケティング手法の体系化や経営システムの管理が遅れてきた．これまで青果物をめぐる市場流通では産地の委託販売を原則にし，市場から先の実需者さえもわからないままに，市場（卸売企業）への販売活動や分荷調整が展開され，マーケティングの初期条件となるマーケットリサーチさえもなされなかった．実需者もわからず，リスクもないといった産地マーケティングが議論され，安易な「マーケティング戦略論」が提起されやすかった．リスクのない委託原則と実需者さえも特定化できない条件下で，どのような

＊斎藤　修

実効のあるマーケティング活動が展開できるであろうか.

　フードシステムの構成主体をめぐる垂直的な関係性が大きく変化し,農産物マーケティング論も単純に機能論的性格の強いマーケティング手法を掲げた接近では,競争構造の特徴,経済主体の成熟と戦略空間の関係がわかりにくく,論理性と現実への説明力が弱くなってきた.競争構造や流通システムの変化からすると,マーケティング活動における構造的変数として製品と販売チャネルの役割が大きくなった.もともとマーケティング論はオルダーソンやグレーザー以来,経済主体と競争構造との関係の認識が強かった[1].フードシステムの大きな構造変化の下では主体間でネットワークが深化し,垂直的に統合化するか,アウトソーシングで連携するかの選択があり,これまでの関係性が揺らぎ,その再構築が課題となってきた.この課題には関係性マーケティングが有効であり,農産物は多段階の流通システムをとり,取引関係でみれば産業材や中間財の取引が多いことから,顧客管理の必要性が高くなった.また,製品政策についてもチーム・マーチャンダイジングやPB化が進展し,関係性が強まってきている.

　このように主体間の関係性が強くなることによって,マーケティング論では,市場を対象とするだけでなく,広く中間組織と内部組織を含めた取引様式に拡大することの必要性がたかまっている.さらに経済主体間のネットワークの深化や経営資源の相互依存を強めることによってウイリアムソン流の取引コスト論よりも関係性マーケティングを流通システムに適用することが課題となってきた.経済主体の経営戦略からすると,市場か組織化という比較論ではなく,機会主義を排して顧客との信頼性を構築し,連携によってネットワークを強めていくことが,投資を節約し,短期的に成長すると同時に,取引相手やネットワーク参加者との情報の共有化と,さらに知識の集積に繋がってくるのである.知識の集積は主体間で経営資源の補完,依存,移動という発展の形態をとり,スキルの形成となるであろう[2].経済主体にとっての取引様式の選択も,市場-契約-所有(直営)の組合せで調整される.継続的取引関係が前提となると,契約取引におけるリスクの分担や需給調整をめぐる条件が議論され,また契約と所有(直営)のメリットの相互比較が

なされる．これまで所有は社員による生産であることから，投資額の増大と労働コストの高さによって選択されにくかったが，品質（とくに衛生管理）の向上のために所有（直営）の形態も選択されるようになった．このように市場—契約—所有（直営）の三つの取引様式を組み合わせて管理することが販売チャネル管理の問題であり，このチャネル管理で統制力をつけようとするとインテグレーションの形態をとることになる．インテグレーションでは資材-生産-加工-販売の統合化とチャネル管理が進展し，効率化の追求と価値連鎖の形成になってくる．関係性マーケティングでは取引先とのチャネル管理に重点が置かれているが，取引の連鎖や経済主体の統合化が進展すると，それぞれの経済主体がインテグレーションを展開し，さらにフードシステムの管理へと発展する．

　このように関係性マーケティング論では，取引先やネットワーク構成主体間の関係性から入り，主体の販売チャネル管理さらにインテグレーションやフードシステムの管理へと展開する．それに対して，製品論では小売市場における量販店の寡占化やPBの拡大によって生産者の囲い込みに入り，GAPとリンクするようになった．量販店のPBの管理（とくに生鮮品）はリスクを生産者に移転しやすい特質があるものの，取引価格の安定や交渉力において優位性あるので，経営の安定を志向する産地から拡大する戦略をとりやすい．PBは「安かろう悪かろう」というこれまでの性格から脱して，品質水準を向上させるために共同開発的なチーム・マーチャンダイジングになってきている．この川下の主導型のPB化に対抗して，農業サイドでは地域ブランドの管理体系を構築することによって品質保証や表示などによる識別性を明確にし，価格の優位性を実現しようとしている．農産物は商標登録も遅れ，ブランド資産をほとんどもってはいないが，安全・安心やトレーサビリティから食味などを含んだ認証基準の設定が必要になっている．産地のブランド管理はポジショニングや底上げなどの戦略などによって認証基準はかなり変わってくる．

　以上のように，フードシステムの変化は経済主体間の新たな関係性を構築することが課題となり，顧客管理を含めた関係性マーケティング研究の必要

性が高まった[3]．理論的には競争構造や流通システムと経済主体の経営戦略との関係は，販売チャネル管理と製品政策という二つの課題となってくる．以下では関係性マーケティングを二つの課題から解明することにする．

2．関係性マーケティングとチャネル管理

(1) フードシステムをめぐる食品産業と農業

フードシステム論では経済主体間の垂直的な関係性を重視し，ミスマッチの緩和から提携の条件を明らかにすることを大きな課題としてきた．実需者が消費者でなく，原料と食材を加工メーカーや外食企業に供給し，また生鮮食品として量販店へ供給することは，川中・川下の食品産業へのマーケティングの必要性が高まり，供給サイドは連携やネットワークの程度によって企画提案力を強めることができる．よく使われるマーケティングの４Ｐをミックスして最適化する方法は，主体間の関係性によって規定される性格のものである．たとえば，取引の様式や信頼関係によって実需者とのコミュニケーションの内容は異なり，販売促進の役割が変わってくるであろう．製品政策も取引する経済主体間の連携ができれば，チーム・マーチャンダイジングの方式をとりやすく，イトーヨーカ堂やセブンイレブンが取り組んだように，全体として製品開発力は向上するであろう．また，卸売企業では，問屋無用論が叫ばれて以来，リティールサポートが戦略的課題となってきて，売り場提案できない企業は競争から離脱しやすかった．食品メーカーも販売会社を設立し，また卸売の統合化を進展させると，売り場提案ができるかどうかによって取引価格や品揃えが異なってくる．このことは，産地が量販店などとの産直によるマーケティングを展開する場合でも同様であり，安定した供給力と品質管理ができれば，企画提案力を強めて売り場の確保，さらに価格設定への影響力をつけることも可能となる．

関係性マーケティングでは財のみでなくサービスを重要視し，産地段階であれば食品企業ばかりでなく直売や交流によって消費者との関係性，さらにこれまでのように市場との関係性が需給調整のために必要になる．

供給サイドからの財とサービスを受容する食品企業サイドも，とくに量販

店では店舗管理の合理化のためにパート比率の上昇，バイヤーの減少が顕著になり，供給側の企画提案を受容することは，売り場の活性化と販売額の向上に結びつくという理解がなされることになる．また，量販店におけるバイヤーの交代が取引先の変更になりやすいことから，この企画提案は量販店のトップクラスとの連携が必要になる場合がある．インテグレーションが進展した畜産物では，産地サイドで各量販店のバイヤーなどを集めて，商品の説明会や新商品提案するケースもみられる．

　フードシステムの構造変動は構成する経済主体の役割を変え，また新しい関係性の構築が効率性・公平性・安全性の三つの原則から求められている．卸売市場の卸売会社も長期的には卸売市場法の規制緩和のもとで，本来の食品卸売としての流通機能を遂行するために実需者と産地をつなぐコーディネーションや需給調整，さらに量販店や外食企業への小売支援を展開すべきであろう．このような食品卸売としての流通機能の遂行はこれからの手数料自由化に対応することになり，「流通機能とリスクに見合ったマージン配分」にあずかることになろう．産地段階でも販売チャネルは，①市場流通，②食品産業（量販店・外食企業・生協など）との連携による産直，③消費者への直売などに大きく区分され，このチャネル管理の必要が高まっている．とくに①から②への早期の移行が課題であり，①のままでも，実需者がわかり，産地が実需者との商談に入り，情報の共有化に努力するのが必要になる．系統農協もリスクをかかえたチャネル管理を遂行するには，これまでのような低い手数料ではなく，流通機能とリスクに見合った手数料を確保できなければ，組織の維持が困難であろう．

　産直をベースとした生協や流通業者では，安全性のレベルを上げ，また圃場段階からのトレーサビリティを確立するには，特定圃場からの全量購入をかかげているのは例外である．多くの場合，量販店のPBに近い契約条件であっても，ほしい等階級の数量契約を取引の原則とするために，産地サイドでの需給調整が必要になる．しかし，取引先が厳格な取引条件をとれば，他の取引先に販売できなくなるので，契約条件の緩い取引先や市場・直売所での販売の確保によって需給調整が必要になる．

供給者サイドにとっては財を売る以前にサービスが重要視され，供給者の企画提案が受容されるかどうかによって，さらにその後のサービスが取引の継続を規定することになる．川中の量販店，外食企業ともにバイヤーの減少，産地や農産物の知識の欠如などによって供給者側の企画提案やマーケティング活動との連携が必要条件となった．

卸売企業にとって小売サイドに棚割や新製品の提案ができるかどうかによって取引先の売上のアップに貢献し，取引関係にある両者にとってメリットになる．さらに，連携の程度によって供給者サイドが駆使できるマーケティング・ミックスも異なってくる．量販店でも大規模なナショナルチェーンでは，部門ごとにバイヤーの数が多いのに対して，中小規模の量販店では少なくなり，生鮮野菜にこだわる量販店ほど産直志向が強く，供給サイドの良い企画提案をうける用意がある．大規模量販店でも安全性やトレーサビリティをコンセプトとしてコーナーをもっており，一定の条件が満たされれば，供給者サイドの製品提案が受容される．さらに，どの量販店も生協店舗も産直イメージを訴求することを販売の手段としていることや，売り場面積の拡大によって産直品の品揃えは必要になったことがあげられる．

このように産地と食品企業の両サイドともに，関係性マーケティングを展開しやすい条件が形成されており，ともに売上の増加や取引の継続化などのメリットが大きい．このことによって情報の共有化が進展すると製品開発や提携の深化にはなるが，供給者サイドの取引依存度が高くなると，量販店サイドのバイイングパワーが発生しやすくなる．それとは逆に，とくに生協における産直産地との取引依存度の上昇は，「もたれ合い」の関係になりやすく，競争的でなくなる場合もある．したがって，供給者サイドは複数の販売チャネルを管理することによってリスクを分散して需給調整することが課題になる．

（2）産地マーケティングとチャネル管理

産地サイドからのチャネル管理といっても量販店と外食企業では，取引条件（価格，規格，出荷形態）が異なる．生食用では価格競争が強く値決め期間が短い量販店と比較して，加工業務用の外食企業との取引では，シーズンや

年間値決めが中心で価格の安定になり，さらに規格の簡素化によってコストを節約しやすいことに優位性がある．一般に，加工業務用は食品企業が青果物の加工過程をもっているため，供給サイドの企画提案や交渉力によって産地サイドにとって有利な条件を引き出しやすく，取引も継続しやすいといえる．したがって，産地によっては生食用と加工業務用との比率を調整するには，まず加工業務用を固定化し，生食用の量販店向けを変動させる方式がとられる．また，市場外流通の割合が増加しても，需給調整がしにくければ，市場流通のチャネルをもっているのが普通である．産地が産直の割合を高める場合には，2～3割の余剰作付けで対応するのが一般的であった．しかし，取引先との情報の共有化や予測システムの精度が高くなることによって，産地と食品企業との情報のミスマッチが抑えられることになると，需給調整の幅が小さくなるであろう．

　産地と食品企業との情報の共有化や連携が強化されるにつれて，産地で利用する生産資材や農法の理解が進展し，さらに小売段階までのサプライチェーンを形成しやすくするであろう．このことは産地サイドにとってもブランド化しやすくなるばかりでなく，小売サイドにとってもPBをつくりやすくするであろう．つまりマーケティング論でいえば，製品と販売チャネルの結合をしやすくするであろう．

　青果物も農業生産法人やそのネットワーク組織は早くから加工業務用で食品企業との市場外での連携が進展し，また量販店との産直によって需給調整をする戦略がとられた．それに遅れて単協でも市場流通をベースとしながらも，外食企業や差別化商品を要求する量販店との連携に入り，これに直売所の設置によって市場外流通を拡大してきた．

　畜産物では産地でインテグレーターが成長し，契約生産から直営生産の拡大，加工事業の拡大，卸売の統合化，さらに取引先のニーズにあったブランドの形成へと展開した．ブランド管理は飼料や飼養形態がブランドごとに異なるため，販売チャネル管理はブランドの数が多いほどしにくくなる．インテグレーションの進展は，チャネル管理をしやすくし，効率化に貢献するであろう．

3. 関係性マーケティングと製品政策

(1) 小売主導のマーケティングとPBの意義

　ヨーロッパや北米と比較して，わが国では大手数社による寡占的に競争構造に移行するのが遅れ，小売主導型流通システムの展開が本格的になっていない．ヨーロッパでは，小売段階の寡占化とともに，量販店の食品メーカーとのPB製品の開発が進展し，このPB製品を消費者が受容することによって信頼性が形成されてきたという長い歴史がある．加工食品を中心としたPB製品は，これまでの消費者サイドでは「安かろう悪かろう」という評価がなされやすかった．しばしば，安価なPB商品を開発しようとすれば，中小メーカーを「買いたたく」方式が主流になりやすく，中小メーカーはやむをえず，原料の品質を低下して対応せざるをえなかった．わが国の食品企業の製品開発をみると，イトーヨーカ堂やセブンイレブンなどのCVSは製品開発の一つの形態としてチーム・マーチャンダイジングの手法を早くからとり，供給者サイドの提案力を取り入れることによって製品開発能力を向上させようとした．大手メーカーもCVSが大きな成長を遂げてくると，子会社や関連会社を設立して専属的なベンダーとして特定的な取引関係に入ったケースも多かった．

　このような背景から，量販店のPB製品が「安かろう悪かろう」という評価であるのに対して，チーム・マーチャンダイジングの製品は，製品開発力の向上によって消費者に受容され，品質の向上によって販売価格も上昇させることができた．

　加工品のPB製品の拡大と同時に生鮮品でのPB化が進展するようになった．イオンでいえばトップバリューのブランドにグリーンアイが組み込まれた．この場合に農業生産や供給システムの特異性が十分に配慮されているというわけではない．PB製品は本来，在庫管理や販売のリスクについては，川下の量販店が負担すべきであるが，生鮮品では供給サイド側にもリスクが移転しやすいのが普通である．ある意味では，量販店にとって自ら開発した産直品については，市場流通からの調達品と比べて，有利に販売する必要があ

った.

量販店にとって差別性を高めようとすれば,消費者の信頼やブランド認知度を高めるために品質保証が必要条件となってきた.産地にとってブランドは取引価格をある程度保証するが,消費者にとっては品質を保証するという性格をもっている.ブランドの評価は最終的に消費者にあり,卸売会社が評価するものではないからである.量販店でもイトーヨーカ堂は,果実をかなりの程度PB化する戦略をとり,産地には安定価格,消費者には品質保証,量販店には価格競争に巻き込まれない有利な価格設定をすることによって,それぞれの経済主体によってメリットがある利益配分がなされている.

（2） 地域ブランドと管理

ブランドはナショナルブランド（NB），PBについでローカルブランド（企業では企業ブランド）があって,ブランド間の競争が展開する時代になって,品質の中にはトレーサビリティ,安全性,食味,糖度・酸度,パッケージ・デザインなどの要因が組み立てられる必要がある.トレーサビリティや安全性だけではブランド管理をしたことにならない.ブランド化の必要性から,多くの自治体や団体でその認証システムが検討されるようになった.もともと農産物は技術だけでなく自然や地域の文化などが製品に組み込まれ,差別化できる要素が伏在しているという特徴があった.しかし,多くのブランド化した農産物は技術の普及や模倣によって差別的な優位性の減少し,先駆者の経営努力が失われるようになった.

北海道の夕張メロンは,種苗管理,厳格な品質管理と農協一元販売,下級品の農協による一次加工,市場流通と市場外流通のチャネル管理,を体系的に展開することによって他産地からの模倣を抑止し,産地全体のレベルアップを実現することができた.夕張メロンは夏期を中心とした出荷であるが,温室生産で高コストの高級な静岡メロンよりも相対的に価格プレミアムを実現し,需要を拡大してきた.このように博多万能ネギと夕張メロンは良く比較され,夕張メロンの品質管理やブランド管理の優位性が分析されてきた.

これまで地域ブランド化をめぐる議論は90年代初めのバブルの時代を一次とすれば,現在は食の安全・安心,トレーサビリティ,知財戦略とブラン

ド保護，など地域の活性化戦略として関心が高まり，産地や企業だけでなく，行政サイドでも認証システムによる支援を図ろうとしている[4]．ブランドをめぐるマーケティング論からの議論は，ブランド資産価値に着目して展開してきたが，最近になって農業サイドにも再度関心が持たれ，消費者との信頼性を確保するために商品の保証と識別性がとくに重要な課題となってきた．また，安全・安心，さらにトレーサビリティだけではブランド管理を体系化したことにならず，食味などが関係し，加工品であれば原料，衛生管理，生産システム，食味という四つの条件が必要となる．一般的に加工品では品質が安定するために管理しやすいのに対して，生鮮品では鮮度管理が困難なことから，商品の保証がしにくいが，果実では光センサーの普及で，ある程度の保証ができるようになった．

　二つ目のブランド化が必要とされる背景は，小売段階での価格競争が激化し，量販店ではPBが増加し，イトーヨーカ堂のミカンのPB比率が約70％に達し，リンゴでも40％になってきて，産地の囲い込みや緩やかな系列化が大型量販店から進展したことである．量販店にとって価格競争は好ましい成果をもたらす訳でなく，優れた品質管理のできる産地との連携によってブランド管理することが必要になる．

　三つ目の背景は，高品質生産技術によって高級化してきた国産農産物の競争力をいかに拡大するかである．それには高品質生産を存続させるような技術と品質保証が必要となり，さらに消費者への信頼性を確保するための認証システムも必要になってくる．ヨーロッパでは大量生産–大量流通とは異なるAOCなどの認証システムが歴史的・制度的に形成され，限定された地域での原産地呼称制度によって高品質生産を保証されることにより，有利な価格形成が進展している．

　マーケティング論では，しばしばイメージ（ブランド想起）が優先され，マーケティング・ミックスを手法として展開されることになるが，農産品（加工品と生鮮品）としての品質を安定化しにくい特異性や商品の保証・識別機能の重要性についての議論がしにくかった．地域の自治体にとってCI戦略から入ろうとすると，イメージから入るのと類似しており，「京都」や「北海

道」のイメージをあげることは，「京都○○」や「北海道○○」のブランド認知度を向上させることになる．それには表示・商標登録・パッケージ・ネーミングさらに広告宣伝が重要になる．工業製品でいえば品質管理が容易で，かつマーケティングの操作性が高いことが前提とされる．それに対して農産物では統御できない要因が多すぎるという特徴がある．とくに製品開発や販売チャネル管理は工業製品と農産品との違いが大きく，とくに生鮮品ではブランド管理の手法があまりこれまで適用されないのが普通である．

農産品のブランド管理は品質が安定している加工品が，原料・衛生管理・生産システム・食味についての四つの基準がほぼ形成されたのに対して，生鮮品ではJAS有機や特別栽培，トレーサビリティについての生産履歴によって管理手法がとられているにすぎず，出荷・流通管理や種苗管理については遅れてきた．しかし，品種については知財戦略による地域ブランドの保護として産地サイドでも，独占的な種苗生産や商標登録による販売管理の戦略が執られるようになった．このようにブランド管理をめぐってイメージからシステムの優位性が競争力を形成する段階に至り，いかにブランド管理手法を体系化することによって消費者の認知度をあげ，価格プレミアムを実現するかがマーケティングの大きな課題となった．

4．結　び

農産物マーケティング論に経済主体間の関係性に視点をおき，競争構造や流通システムとの構造的性格，経済主体の成熟と戦略空間という二つの側面から分析しようとすれば，製品政策と販売チャネルの論理を引き出すことが，現実の説明力を強めるであろう．関係性をめぐる理論が資源依存パラダイムや知識の蓄積による経営資源の移転という議論ができるようになったが，製品論については商品学からの接近が遅れている[5]．関係性マーケティング論は理論と現実の説明力で鍛えられることで体系化が志向される．

［引用文献］
(1) 斎藤　修「産地間競争とマーケティング論」日本経済評論社，31〜38，1986年

(2) 最近の展開は資源依存パラダイムへの志向を強めている．嶋口充輝「仕組み革新の時代」，有斐閣，2004年，余田拓郎「カスタマー・リレーションの戦略論理」，白桃書房，2000年，南知恵子「リレーションシップ・マーケティング」千倉書房，2005年
(3) 斎藤　修・慶野　征崟　編「青果物流通システム論のニューウェーブ」農林統計協会，205～221，2003年，斎藤　修「産地マーケティングの新展開」農業と経済，24～34，2004年5月
(4) 斎藤　修・山室英恵「地域ブランド化をめぐる課題と展開方向」明日の食品産業，3～9，2005年6月
(5) 石崎悦史「商品学と商品戦略」白桃書房，1994年，石崎悦史「商品競争力の理論」白桃書房，2001年

第2章　野菜産地・経営における契約農業*

1．背景と課題

　わが国の農業生産ないし農業経営における契約（Contract）は，1960年代からおもに畜産物や一部の加工原料農産物を中心として展開してきた．畜産では飼料メーカー，食肉メーカーによる垂直的統合の側面が強調されインテグレーションとよばれることが多かった．その他の部門ではビール麦，加工トマト，ジュース用果実など，加工度の高い加工食品や酒類の原料を除くと容易に広がらなかった．また，飼料メーカーや食肉メーカーによるインテグレーションが進んだ養鶏や養豚では，飼料メーカーや食肉メーカーと農業経営の間に支配従属関係が生じているとし，農業経営の発展にとってマイナスといった評価も少なくなかった[注1]．

　ところが近年，野菜でも外食・中食産業向けの業務用野菜やスーパーマーケットのプライベートブランド野菜の調達に関連して契約が広がる傾向を示している．（独）農畜産業振興機構の調査によれば，農協の野菜販売において，卸売市場内の予約相対取引などを含めると，契約的な取引が占める割合は26.1％に達しており，契約的な取引を実施している農協に限ると，その販売金額に占める割合は38.9％にも達している[注2]．また，今後拡大したい販売方法としては，卸売市場における予約相対取引を含めた契約的な取引とするものが60.4％を占めている[注3]．

　このように近年，野菜農業において契約が展開している要因としては，まず外食・中食産業やスーパーマーケットを中心とした食品関連産業が，安全・安心問題へ対応した顔の見える野菜の調達，競争力強化のための差別化商品や低価格商品を安定的に調達するために，契約的な取引に積極的に取り組もうとしていることがあげられる[注4]．他方，農業サイドでは，輸入農産物の

---

*佐藤　和憲

増加により価格が低迷し，販路確保が困難になっていることから，契約的な取引による収益安定化が評価されつつあることが指摘されている[注5]．

契約をめぐる研究動向についてみると，冒頭でも述べたように1960～1970年代にかけて養鶏や養豚を対象とした契約の意義や農業経営における役割や問題点が少なからず検討されてきた[注6]．しかし，当時の議論は飼料産業や食肉産業と農業との産業間での垂直的な関係，それも支配従属といった観点からのものが多く，経営的な観点からのものは少なかった．とくに野菜における契約について検討した研究成果は一部のジュース原料などを除くと少なかった．近年，斎藤によって青果物の契約取引を対象として，産業組織，主体間の関係，契約のタイプ，契約の効果などについて包括的な研究が進められている[注7]．ただし，農協や生産者といった産地サイドの視点から契約問題にアプローチした研究は相対的に少ない．また，この問題の分析に用いられる「契約」，「契約取引」，「契約生産」，「契約販売」などの概念にも混乱があるようにも見受けられる．

そこで，本稿では近年，生産および流通に契約が導入されつつある野菜農業を対象として，まず，契約およびこれに関連した諸概念を整理したうえで（2節），わが国における野菜流通システムの変化と契約方式増加の関係を検討するとともに（3節），野菜産地における系統農協による契約方式の事例を検討する（4節）ことを通じて，わが国の野菜農業および野菜作経営における契約の役割と限界について検討する．

2．契約の概念と類型

わが国でも契約取引，契約生産，契約販売といった用語が使われるようになって久しいが，その意味が曖昧なまま使われていることが少なくない．2000年農林業センサスでは，契約生産とは「あらかじめ特定の者（スーパーなど小売店を含む．）と売買契約をして農業生産を行っているもの」とされている[注8]．しかし，これだけでは契約によって生産方法が特定されているのか否かは明確でなく，後で述べるようにアメリカにおける契約の概念に近いようにも受け取れる．また，契約取引という言葉が契約と同義に用いられて

いることもある.

　これに対して,農業に契約が早くから取り入れられてきたアメリカでは,契約および関連する概念は明確に定義されている.一般に上位概念として(農業における)契約をおき,その下位概念として販売契約と生産契約がおかれている.そこで,以下ではアメリカUSDA・ERSの研究チームが,既存文献レビューおよび統計データに基づいて,(農業における)契約の概念,形成要因,部門別の生産契約の経営実態などについて取りまとめたレポートである"Farmers' Use of Marketing and Production Contracts"[注9](以下では同レポートとよぶ)およびわが国における実態調査に基づいて,(農業における)契約,生産契約,販売契約の概念および契約の要因について整理したい.

　同レポートによれば,農業における契約(Contract)とは,農産物の生産や販売に関する生産者と食品関連産業,他の生産者)との合意とされ,契約が書面によるものか口頭によるものかは問われない[注10].コントラクターとは,契約によって農産物やサービスを調達する経済主体のことであり,逆に契約によって農産物やサービスを生産,販売する経済主体をコントラクティー(Contractee)とよぶ.そして,契約は販売契約(Marketing Contract)と生産契約(Production Contract)に分けられる[注11].

　販売契約とは,コントラクターと生産者が収穫前または出荷前に価格と出荷先を決定することである[注12].その特徴は,生産者が所有権と生産管理権

表 2.1　販売契約と生産契約の特徴

	出荷前の価格と出荷先の決定	生産方法・資材の特定	生産管理の責任	生産過程のリスク	価格変動リスク
販売契約 Marketing Contract	有り	無し	生産者	生産者	生産者とコントラクタがシェア
生産契約 Production Contract	有り	有り	生産者とコントラクタが分担	生産者とコントラクタがシェア	生産者とコントラクタがシェア

注:"Farmers' Use of Marketing and Production Contracts", AER747, ERS/USDA, pp3のmarketing contractとproduction contractについての記述から整理して作成した.

(義務)をもつこと,したがって生産リスクは生産者が負担するが,価格変動リスクはコントラクターと分担することなどである.その方法としては,①青田売り,②事後価格決定,③事前価格決定,などがある.販売契約では,生産過程についての意思決定は生産者に任されており,コントラクターは生産リスクを分担する必要がないため,両者とも取り組みやすい.しかし,コントラクターが希望する規格,品位の商品を安定的に供給できる保証は十分ではない.

これに対して,生産契約とは「生産者が使用する生産資材,品質規格,数量,および生産者に対する報酬のタイプが特定される」農業生産のこととされている[注13].このためコントラクターは生産過程と生産方法の全てを管理し,契約関係を独占しようとする.生産契約のおもなメリットは生産者とコントラクターが生産と販売の両方のリスクを分担すること,および生産者がコントラクターから直接または金融機関を通じて資金供与を受けられることにあるとされている.

このような定義からすると,生産者が食品関連業者などと収穫前,たとえば播種の時点で売買を契約していても,契約が生産過程や生産方法が特定していなければ販売契約に分類されることになろう.したがって,わが国センサスにおける生産契約の定義は,アメリカにおける契約に近い概念といえよう.アメリカでは,契約によって生産方法や生産資材について特定され,生産リスクがシェアされているか否かが,生産契約と販売契約のメルクマールとなっているが,この点は農業経営の成長や維持という視点からも重要である.すなわち,コントラクターとの契約によって,生産方法や生産資材,および報酬が特定される場合,その農業生産は農業経営によって実行されてはいても,独立した経営体による生産行為ではなく,食品関連企業などとのジョイントベンチャーとしての性格を持っているといえよう.

以上,契約の概念,契約の要因,問題点についてみてきたが,これを踏まえて本稿では以下のように定義する.まず,農業における契約とは「農業生産者が食品関連業者や他の農業生産者などのコントラクター(Contractor)と,書面または口頭で合意して,農産物の生産または販売を行うこと」とす

る．コントラクターとは，「契約によって農産物や農業サービスを農業生産者などから調達する食品関連業者または農業生産者」とする．契約を販売契約と生産契約に分け，前者は「農業生産者とコントラクターが合意により収穫前または出荷前に価格と出荷先を決定すること」，後者は「農業生産者がコントラクターと合意により生産方法・資材および生産者への報酬を特定して農業生産を行うこと」とする．

3．野菜流通システムの変化と契約

わが国の野菜農業は，流通面においては農協共販と卸売市場流通によって支えられてきたといっても過言でないだろう．この流通システムは，産地内における生産者間の水平的な共同関係および農協との垂直的な協調関係を基盤としながら，農協と卸売市場の卸売会社も協調関係を形成することにより，効率的な大量流通を実現してきた．ただし，川上に位置する産地の生産者や農協と，川下に位置する卸売市場から野菜を仕入れるスーパーマーケットなどの小売業，外食・中食産業，および市場外からの野菜を仕入れる加工食品メーカーとの垂直的な関係はきわめて弱く，生産から消費に至るフードチェーンとしての脆弱性を有していた．その制度的な要因は，川上と川下の結節点たる卸売市場が基本的にオープンマーケットシステムであり，出荷者と買い手が継続的な取引関係を結ぶ仕組みが欠如していためである[注14]．

農協共販の特徴は，無条件委託，平均価格，共同計算の共販三原則にあるが，これは，農家の適正価格の実現，価格の季節変動の調整，商人による不当な中間利潤の排除，組合経営の健全化などが理由とされてきた．とりわけ農家の適正価格の実現と組合経営の健全化のためには無条件委託方式が望ましい方式とされ，買取方式は農協の事業にはなじまないものとされ，排除ないし敬遠されてきた[注15]．

生産者が消費・流通情報から隔絶された状況の下では，無条件委託方式で出荷され卸売市場で形成される卸売価格は需給バランスによる公正な価格として農家をそれなりに納得させるものであった．また信用事業や共済事業で収益が十分にあげられる状況の下では，無条件委託販売は農協に売買リスク

をもたらさず，組合経営に対して寄与することもないが大きな欠損をもたらすこともなく無難な選択であった．さらに，1960～1970年代にかけての生鮮食品需要の急速な増大，その後のスーパーマーケットの展開を背景として効率重視の大量流通が要請される中では，ともかく数量を集めることが重要であり，価格交渉に手間取り，リスクも発生する買取方式は卸売市場側からも敬遠されがちであった．

しかし，ここ十数年来，農協共販と卸売市場を取り巻く環境は大きく変化した．まず，産地内部では，近年増加してきた大規模生産者には販売価格安定化への強いニーズがあること，および他方，高齢生産者には共販に伴う厳密な選別や選果場への出役が敬遠されていること，などがあげられる．これらに加えて，生産者が迅速かつ容易に市場情報を得られるようになったこと，および農協の販売事業にも独立採算的な運営を求めていることがあげられる．他方，卸売市場では，外食・中食需要の増加やスーパーマーケットのプライベート商品などを背景として，価格と数量の安定化だけでなく仕入側のニーズにそった産地，規格・品質，栽培方法へ対応が必要となっていることが重要なポイントとなっている．

こうした環境変化の下，野菜産地ではスーパーマーケットや外食・中食産業が農業生産法人などと生産契約や販売契約を行う動きが広がってきた．一般にはこうした動きが注目されがちだが，最近は農協や産地集荷業者へも契約への取り組みが広がりつつあり，将来的には本命かともみられる．

すでに野菜農業における契約に関する研究はある程度進められており，スーパーマーケットや外食産業，農協，産地集荷業者などの契約への取り組み実態とそのメリット，出荷団体，産地集荷業者と実需者との取引関係について一定の知見が得られている[注16]．しかし，契約を実際に行っている生産者（グループ）の実態，とくに生産者側からみた契約相手との契約関係や契約方法，さらに生産者グループ内部の運営方法，生産契約に特有な生産者の負担などについてはほとんど明らかにされていない．今後，野菜農業に生産契約や販売契約を定着させていくには，こうした点を分析し，生産者のメリットと負担を明らかにすることが必要と考える．

そこで，以下では系統農協でありながら，早い時期から野菜の契約に取り組み，成果をあげている全農茨城の直販事業を取り上げて，その背景と目的，および特徴と機能を明らかにしたうえで，その下でVFSと契約により野菜の取引を行っている産地を対象として，生産者グループの特徴と組織，VFSおよび実需者との契約関係や契約方法，契約に伴う生産者のメリットや負担を分析する．

4．茨城県における系統農協による野菜の契約農業[注17]

（1）VF事業の背景と展開

茨城県の野菜粗生産額は1,526億円に，全国でも有数の野菜産地であるが，流通面では大きな問題を抱えている．県内の野菜産地は大半が東京から50～70圏内に位置しているため，個人や小グループで京浜の卸売市場へ出荷することは容易である．また，産地集荷業者やその拠点である産地市場が県西地域を主体として十数カ所あり，青田買いや庭先取引が盛んである．このため，系統共販のシェアは以前から低く，現在でも4割未満と推定される．

このような情勢の下，旧茨城県経済連は1992年に，生産者からの契約による買取集荷，スーパーマーケット向けの規格簡素化を含めた産地パッケージ，加工・業務系業者への契約による販売を柱とした直接販売事業を試験的に取り組み始めた．

1996年には，県西部・八千代町に野菜の集荷，パッケージ，出荷を担う物流施設であるVFステーション（Vegetables & Fruits Stationの意味であるが，以下ではVFSと略す）を設置し（後の県西VFS），年商約10億円規模で本格的な直販事業を開始した．その後，取扱額を順調に伸ばし，2004年の販売金額は98億円で園芸販売事業全体の1割を超えている．

VF事業の基本的な特徴としては，全農茨城県本部自体が事業主体であること，実需者と契約に基づいた取引を行っていること，生産者とは契約に基づいた買取集荷をしていること，などがあげられる．ただし，生産者は単協の契約野菜を対象とする部会組織に組み込まれていることが多く，変えた系統共販の一環ともいえる．現在，同本部の園芸部にVF課が設置されVF事

業,全体を統括している.この下に中央 VFS,県西 VFS,県南 VFS および青果集品センター(生協共同購入の集品センター)の四つの物流施設が設置されている.

(2) 生産者との取引関係

全農茨城と生産者の契約は,シーズン契約と週間契約に分けられる.シーズン契約は,次のような手順で進められる.まず播種の1~2カ月前に全農茨城と実需者のバイヤーが商談を始める.全農茨城は商談で得られた予想発注量に基づいて作付面積や生産者数を概算設定していく.そのうえで同じく商談で得られた価格,品質・規格,栽培条件などを生産者に提示して参加者を募集し,場合によっては単協の一般生産部会ともタイアップして産地づくりを進める.参加する生産者が決まったら作型ごとに播種前の技術講習会を行い,この中で作型ごとの面積を確定することにより,一定期間,安定した出荷体制を作り上げる.実際に出荷される時期になったら,毎週木曜日または

表2.2 生産者との契約手順(例)

時　期	事　項
播種前1~2ヶ月	バイヤーと VFS の商談 　　顧客への売り込み 　　受注(品目,価格,品質・規格,予想発注量,他)
播種前	発注量予想 → 必要な栽培面積・生産者数の予測
播種前	契約生産者の募集・確定 　　栽培条件,価格,品質・規格の設定 　　※単協の一般生産部会とも連携
播種前	播種前講習会 　　栽培技術の講習 　　作型別の生産者と栽培面積を最終的に確定
定植~生育期	生産者との出荷量・価格の調整
出荷期	生産者の目揃え会 生産者を集めた定例会を毎週開催 　　収穫予定数量の把握 　　出荷量の配分連絡 顧客からの発注予定量の把握　※毎週 出荷予定数量と発注予定量を付き合わせて調整　※毎週

金曜日に関係する全生産者を集めた定例会を開き，次週の生産者別の出荷予定数量を把握する．また顧客からも次週の発注予定量を把握し，この発注予定数量と出荷予定数量を突き合わせながら，発注に応じた出荷を組み立てている．このようにシーズン契約は，生産方法や使用資材を含めた栽培条件まで特定して生産しており，基本的に生産契約と位置づけられる．

またシーズン契約は，契約量の決め方により数量契約と面積契約に分けられる．数量契約は農業以外でもよくみられる一般的な契約方法で，事前に買取数量を取り決める方法である．全農茨城では，出荷シーズン全体を通じた買取数量をあらかじめ決めておき，後で作況に応じて出荷開始時期と出荷終了時期の調整を行い，出荷量を各週にほぼ均等に配分する．現在多くの契約はこの方法で行われている．面積契約は，おもに生産者が栽培経験のない新品目について契約する場合に用いられる．全農茨城は生産者と面積ベースで契約するが，全農茨城が買い取るのは単位面積当たり基準収量だけで，残ったものは単位農協が委託販売で市場へ委託出荷する．ただ，一般の卸売市場では販売できない特殊な品種や規格などの商品については，全農茨城が全量を買い取ることもある．リスクの大きい品目について生産振興を図るために，生産者のリスク負担を小さくしているわけである．

こうした契約生産者については，最大30戸程度までの小グループへの組織化が進められている．グループの中を4〜5戸単位の班に分け，各班に日々の出荷数量を割り振るとともに，特定のメンバーが冠婚葬祭などにより出荷できないときには班内の他のメンバーがフォローするという支援体制をとるこ

表2.3 契約の取引基準

区分	基準	特徴	対象品目
数量契約	買取数量	栽培面積は生産者判断	一般的な品目
面積契約	栽培面積 ※単位面積当たり基準数量を買取	栽培面積をVFSが把握	特殊な品目 新品目

とにより欠品防止に努めている．形式的には VFS と個々の生産者が契約しているが，現実の運営においては小グループとその内部での相互扶助が重要な役割を果たしている．

週間契約は販売価格を週間単位で固定するもので，出荷規格は一般市場向けの特定規格に準ずる．この方式は基本的に販売契約に位置づけられる．

（3）顧客との取引関係

全農茨城と顧客との取引関係も契約と契約外に大別される．契約は契約期間ないし販売価格が固定される期間の長短によって，シーズン契約と週間契約に分けられる．シーズン契約は，収穫・出荷期間を通して，価格と出荷数量を決める販売契約で，業務系実需者，商社，スーパーマーケットとの取引に用いられる．価格は原則として契約当初の設定価格から変更されることは少ないが，出荷数量は天候や作況が変動した場合には，交渉により変更することがある．この方式は，長期安定した価格と販売量を確保できるが，取引関係を維持するには契約を厳守して出荷することが条件となる．

この方式のおもな顧客は業務系実需者で，一般卸売市場向け品の出荷規格とは異なり，生産方法が指定されることが多いため，全農茨城と顧客の取引は生産契約としての性格が強いとみられる．ただし，全農茨城自体は農業生産を行っていないことから，先に述べた全農茨城と生産者との生産契約によって担保された間接的な生産契約というのが正確であろう．

週間契約は，おもにスーパーマーケットに市場帳合いで販売する場合に多く用いられる方法で，ネギの販売などによく用いられる．価格は前週の卸売

表2.4 顧客との取引方法

区分		価格	数量		規格	主な顧客
契約	シーズン	出荷期間固定	出荷期間固定	1週間単位で調整	実需者に応じた特定規格	業務系実需者
	週間	週間固定		前日の変更もあり	一般の市場出荷規格	量販店
契約外		日々変動	－	－	－	市場業者等

市場価格に連動して週間単位で決められる．出荷量についても，週間で計画を立てるが，出荷前日にオーダー変更が入る場合もあり，不作時の対応には限界がある．全農茨城と顧客の取引関係は，販売契約に位置づけられるが，契約期間が短いためスポット的な集荷を繋ぐことにより対応が可能であり，全農茨城と生産者との取引に契約が不可欠とはいえない．

契約外販売は，一般的な卸売市場への委託出荷である．県西 VFS では，この取引はおもに豊作時の需給調整対策として用いられている．

5．野菜農業・野菜作経営における契約の役割と限界

最後に VF 事業における契約方式の特徴と運用実態について要約するとともに，その中で野菜農業および野菜作経営における契約の役割と限界について指摘したい．

全農茨城の直販事業の背景には，全国に共通した卸売市場では満たされないスーパーマーケットや業務系実需者の多様な商品ニーズの存在とともに，茨城県に固有な条件として共販体制が元々弱かったが故に直販事業を展開しやすかったという事情も指摘できる．

VF 事業は，系統農協が実需者と契約を結ぶコントラクティーになりながら，生産者とは生産契約または販売契約を結ぶコントラクターとして，相互に相性の良い生産者グループと実需者を結びつけるといった間接的な契約方式がとられている．

全農茨城と実需者との契約はシーズン契約と週間契約に分けられる．前者は業務系実需者をおもな顧客としたもので，全農茨城と生産者の生産契約によって担保された間接的な生産契約である．これに対して後者はスーパーマーケットをおもな顧客としたもので，契約期間が短いだけでなく，生産方法は指定しない販売契約であり，生産者との販売契約だけでなくスポット的な集荷によっても対応可能である．

この他に，全農茨城は予約型の卸売市場出荷，一般の卸売市場出荷も行っており，こうした多元的な販売チャネルの組み合わせにより，需給調整とリスクの分散化を図っている．

全農茨城と生産者との契約もシーズン契約と週間契約に分けられる．前者はシーズン単位で価格が設定されるだけでなく，業務系実需者のニーズに応じた商品を確実に納品するための出荷規格だけでなく生産方法も指定されており，基本的に生産契約としての性格が強い．後者はおもにスーパーマーケットへ納入する商品の出荷を目的としたもので，卸売市場向け出荷規格が準用されるなど販売契約としての性格を持つ．

　産地ないし個別生産者サイドからみると，生産契約や販売契約は，一般卸売市場向けの委託出荷も含めた販売チャネル多元化の一環として取り組まれている．契約，とくに生産契約はシーズン単位での価格安定に効果的であるが，不作時にはリスクがかえって大きくなりかねないという問題がある．逆に実需者側からすれば豊作時にリスクが大きくなりやすい．結局，生産契約は取引を長期にわたって継続し，豊作年と不作年を繰り返していくことが，産地側と実需者側がともにリスクをシェアすることにつながり，相互にメリットを享受できるのである．

　生産契約を行っている生産者は，契約条件を遵守できる均質な少数メンバーで構成されるグループに組織化されており，このグループを特定の実需者と結びつけることにより，品質面，数量面で確実な納品のできる供給体制を確立している．また，実需者との交流，情報交換にも積極的に取り組み，信頼関係が構築されている．ただし，販売契約を行っている生産者については，実需者との関係は相対的に希薄である．

　個別生産者にとって，全農茨城との契約は複数の販売チャネルの内の一つであり，それも特定の品目の中の一部に限定されている．つまり，養鶏や養豚の生産者が特定の飼料メーカーや食肉メーカーに，販売チャネルと資材供給を100％依存しているのとは大きく異なっている．生産の季節性や作業競合回避のため数品目の組み合わせが一般的な露地野菜作経営では，特定のコントラクターに全面的に依存した構造は今後とも形成され難く，契約関係に入っても個別経営としての自立性は維持されるとみられる．ただし，このことを裏返せば契約の経営に対するメリットは部分的なものにとどまらざるを得ないということでもある．なお，本稿では検討しなかったが，主幹品目が

1～2品目に絞られやすい施設園芸では特定のコントラクターに全面的に依存した構造が形成される可能性はあり，すでに食品メーカーや資材メーカーによるインテグレーション形成の動きも見られるが，この点については今後の課題としたい．

[注]
1) 代表的な研究として(1)(2)(9)(10)などがあげられるが，何れも畜産物およびビールやジュースといった加工度の高い食品の原料農産物が対象としたものである．また，契約農業に対する評価は否定的な見解が多い．とくに民間企業との契約については，大資本と零細農民の間での契約は，農家にとってメリットが少ないという指摘がなされている．
2) (11)のp8
3) 前掲(10)のp9
4) (4)Ⅲ部1章
5) (4)Ⅰ部1章
6) (1)はブロイラー，(9)と(10)は農産物全般を扱っているが中心は鶏と豚を主体とした畜産物ある．
7) (5)9章(6)11章
8) 2000年世界農林業センサスでは，契約等生産とは「特定の者（スーパーなど小売店を含む．）と売買契約をして農業生　産を行っているものいう．」と定義されている．
9) (12)
10) (12)p2
11) (12)p3
12) (12)p3
13) (12)p3
14) (6)pp230～231
15) (3)pp43～44
16) (5)(6)が代表的である．

17) 本節は，文献 (8) に佐藤が加筆修正して執筆した．

[引用文献]

(1) 臼井　晋・吉田　忠「ブロイラーの契約飼育」日本の農業42，農政調査委員会，1965
(2) 臼井　晋「青果物の契約栽培」日本の農業68，農政調査委員会，1970
(3) 大西敏夫・他「流通システム変革期における合併農協共販組織の再構築と展開方向に関する研究」協同組合奨励研究報告第三十一輯，全国農業協同組合中央会，2005
(4) 金沢夏樹，納口るり子・佐藤和憲『農業経営の新展開とネットワーク』農林統計協会，2005
(5) 斎藤　修『フードシステムの革新と企業行動』農林統計協会，1999
(6) 斎藤　修『食品産業と農業の提携条件』農林統計協会，2001
(7) 佐藤和憲「卸売市場流通と野菜のフードシステム」高橋正郎編著『野菜の野フードシステム』農林統計協会
(8) 佐藤和憲・相田次郎「IV 全農茨城における直販（VFS）事業の取り組み」『流通システム変革期における合併農協共販組織の再構築と展開方向に関する研究』協同組合奨励研究報告第31輯　2005.9
(9) 竹中久仁雄『契約農業の経済分析』未来社，1967
(10) 宮崎　宏『農業インテグレーション』家の光協会，1972
(11) 「平成16年度契約取引実態調査報告書」（独）農畜産業振興機構，2005
(12) Farmers' Use of Marketing and Production Contracts, ARE 747, ERS/USDA, 1996

第3章　認定農業者の経営者資質に関する一考察
── 農業経営者のモチベーションと経営成果* ──

1．はじめに

　近年，わが国の農業経営のおかれた環境は大きく変化しようとしている．消費者の農産物に対する価値観が多様化し，安価な農産物を求める消費者が一定程度存在する反面，安全・安心を求める消費者は確実に増大している．農産物の販売方法についても，JAが強大な販売力を持ち，営農指導から出荷流通体制まで一元的に介入していたかつての状況とは異なり，個別の農業経営が経営者の判断で販路を開拓し，実需者との直接的な交渉を経て販売力を高めることができる時代となった．わが国農業の担い手とされる専業経営にとって，もはや「作り放し」の農業は通用しなくなったといっても良い．農産物の生産に当たっては，誰のどういった需要に対し，どういった形で生産を行えばよいかを迅速かつ適切に考える必要があり，販売に関してもどういった市場を対象に，何をどの程度どのような方法で販売するか，農業経営者の取りうる選択肢は様々である．

　現代はまさに，農業経営者が経営者らしい能力を発揮することを可能ならしめる環境がようやく整いつつある時代といえる．そういう意味では，農業経営者が自らの経営者能力を高め経営を方向付けるという当然の経営行動が，農業経営の中でごく当たり前に実践されるべき時代なのである．しかし，これまでの農業経営研究を振り返ると，経営者能力が具体的な経営行動にどのように影響を及ぼし，経営成果にどの程度貢献するものなのか，その詳細な研究についてはほとんど蓄積がない．

＊ 鈴村 源太郎

したがって本稿は，認定農業者の経営者能力，とりわけ経営者の経営者意識ないしモチベーションに着目し，経営者能力の一端を経営成果との関連で実証的に解明することを課題とする．まずは，現代の農業経営者の経営者意識，モチベーションの現状分析を行い，その上で両指標の経営成果との関係性について検討を行う．

モチベーションは一定の経営行動から得られる経営成果を最大化する意味で，経営者の意欲水準を規定する重要な役割を果たすと考えられる．たとえ，経営者に優れた管理能力や技能が備わっていたとしても，意識的に高められたモチベーションの存在なしには，その経営は期待される十分な成果を上げることはできない．

本稿の構成は，まずはじめに，農業経営者のモチベーションを中心とした経営者意識のあり方と経営成果の関係性について分析を加える．そうした上で，行動科学に由来するモチベーション指標（HerzbergのM-H理論）を援用し，具体的経営行動ならびに経営成果との関連性について検証を行う．

2．課題と方法

（1）農業経営における経営者意識・モチベーションへの接近

経営における構成員のモチベーションはその経営のパフォーマンスに大きな影響を及ぼし，経営成果を左右する．中でも，経営のトップに位置する経営者のモチベーションは経営計画や経営管理のあり方に直接的な影響を及ぼすと考えられる．経営としての持続的な成長を促すためには，こうした経営者のマネジメント機能を活性化し，最大化する必要があり，さもなくば従業員の士気の低下，経営全体のパフォーマンスの低下を招くことにもなりかねない．

経営者のモチベーションは，心理学的な経営者の心の動きそのものであり，意識的に高める必要がある．本稿では，農業経営におけるモチベーションを定量的に探るべく，①農業経営改善計画の達成度に影響した要因の分析から，経営者意識が経営成果の達成に果たす役割を明らかにした上で，②行動科学におけるHerzbergのM-H理論を用いたモチベーション分析を試み

る．

　前者を明らかにするために扱ったデータは「認定農業者の経営改善の取組み状況に関するアンケート調査」(2002年)である．この調査は，農業経営をコントロールする経営者能力のうち，動機付け要因や経営者の意識レベルが経営成長にどう関わるかという観点で行われた．後者の分析に用いたデータは，「認定農業者農業経営改善チェックシート」(2005年)であり，HerzbergのM-H理論を踏まえて，M因子およびH因子と具体的経営行動との関係性について詳細に分析すべく仕組まれている．

(2) Herzberg M-H理論の方法

　さて，ここで，後段のモチベーション分析に用いた分析手法について解説を加えておこう．本稿で用いた行動科学に由来するHerzberg[注1]のM-H理論は，人間行動におけるモチベーションを，「H(Hygiene：環境)要因」(不満⇔不満でない)と「M(Motivator：意欲)要因」(満足⇔満足でない)に分けて考察するという枠組みを持つ．

　モチベーションのH(環境)要因[注2]とは，仕事自体に備わる要因ではなく，仕事の遂行条件に関係する要因である．代表的な調査項目としては，報酬，社会的地位，作業条件，対人関係などが挙げられる．たとえば大変努力した仕事が報酬面で十分恵まれなかったり，家族や従業員との対人関係の軋轢に時間を割かれるような場合，経営者のモチベーションは下がり，生産性は低下すると考えられる．しかし，H要因は，仮にこうした阻害因子が排除されたとしても，モチベーションの水準が阻害要因の存在しなかった通常状態に戻るに過ぎないという特徴を持つ．

　これに対してM(意欲)要因[注3]は，物事の達成や専門的な成長に伴う喜び，やりがいのある仕事を通じて感じる充足感などをもたらす要因を指し，代表的な調査項目としては達成感，承認，仕事自体の満足，責任感などが挙げられる．意欲要因が改善された場合は，経営者自身の自律的成長が促進され，経営者能力の伸張につながることが多い．こうしたことから，モチベーションの環境要因は「やる気」に，意欲要因は「能力」にそれぞれ作用すると言い換えることもできる[注4]．

(3) アンケート調査の概要

本稿で経営者意識の分析に用いたアンケート調査「認定農業者の経営改善の取組み状況に関するアンケート調査」は、全国農業会議所が2002年10月に実施したものであり、法人を除く全国の認定農業者のうち、2000年または2001年に再認定を受けた者を対象とした．調査方法は郵送回収方式を採用し、総配布数は912件、回収数は691件（回収率75.8％）、有効回答数は689件であった（有効回答率75.5％）．

また、後者のアンケート調査「認定農業者農業経営改善チェックシート（2005年）」は、全国農業会議所が2005年9月に実施したものであり、法人を含む全国の認定農業者のうち、マーケティング活動にある程度の実績を持つ者を中心にサンプリングを行った．調査方法は郵送回収方式を採用し、総配布数は966件、回収数は315件（回収率32.6％）、有効回答数は同左であった．

3. 経営者意識と農業経営改善計画の達成状況

経営者の年齢と「経営の目指すもの」の関係をみたのが表3.1である．40歳未満の若年層では「所得の増大」(82％)、「売上高」(45％) の他「自分の夢や理想の実現」(44％) といった、自らの経営成長に対する関心が強くみられる．これに対して、60歳以上層では「経営規模の拡大」(37％) と並び、「地域農業・地域社会への貢献」(34％)、「国民への安全・安心の提供」(19％) など地域農業や社会全体への貢献意欲が相対的に強いことがわかる．

図3.1では農業販売額別に農業経営改善計画の総合的達成度[注5]を分析した．「目標を超過して達成」の比率は最上層の「7,000万円以上」(19％) で最も高く、「目標通り達成」の比率が最も高いのは「5,000～7,000万円」(32％)である．また、販売額が5,000万円以上の階層では「認定時を下回った」経営がゼロとなっていることは注目される．一方で、「認定時と変わらず」および「認定時を下回った」とする回答比率の合計は、「300万円未満」では42％にのぼっている．農業経営改善計画の達成度は、農業販売額と深い関連があることがわかる．

次に、農業経営者の計画達成状況に関する意識水準と実際の計画達成度と

表 3.1 年齢別にみる経営の目指すもの（1～3位積上げ）　（単位：件，%）

区分		経営の目指すもの（1～3位積上げ）								
		経営規模の拡大	売上高の増大	所得の増大	後継者への経営や資産の継承	魅力ある農業経営の実現	自分の夢や理想の実現	地域農業・地域社会への貢献	国民への安全・安心の提供	その他	合計
年齢	40歳未満	22 (31.0)	**32** **(45.1)**	**58** **(81.7)**	7 (9.9)	39 (54.9)	**31** **(43.7)**	11 (15.5)	9 (12.7)		71 (100.0)
	40～45歳	23 (29.5)	13 (16.7)	62 (79.5)	17 (21.8)	**60** **(76.9)**	29 (37.2)	18 (23.1)	10 (12.8)	2 (2.6)	78 (100.0)
	45～50歳	41 (27.3)	42 (28.0)	121 (80.7)	31 (20.7)	85 (56.7)	47 (31.3)	44 (29.3)	24 (16.0)	1 (0.7)	150 (100.0)
	50～55歳	53 (27.3)	46 (23.7)	148 (76.3)	**69** **(35.6)**	110 (56.7)	60 (30.9)	59 (30.4)	15 (7.7)	3 (1.5)	194 (100.0)
	55～60歳	38 (34.9)	22 (20.2)	85 (78.0)	37 (33.9)	59 (54.1)	31 (28.4)	36 (33.0)	12 (11.0)	1 (0.9)	109 (100.0)
	60歳以上	**29** **(36.7)**	24 (30.4)	50 (63.3)	24 (30.4)	35 (44.3)	17 (21.5)	**27** **(34.2)**	**15** **(19.0)**	2 (2.5)	79 (100.0)
合計		206 (30.2)	179 (26.3)	524 (76.9)	185 (27.2)	388 (57.0)	215 (31.6)	195 (28.6)	85 (12.5)	9 (1.3)	681 (100.0)

資料：認定農業者の経営改善の取組み状況に関するアンケート調査（2002.10）．以下同様．
注．1）年齢は数値回答，経営の目指すものは単一回答の積み上げによる複数回答への移行処理を行った．
　　2）無回答8件を除く．
　　3）独立性検定の結果，1％水準で有意．

の関係について分析を行った．まず，表3.2では地域における自経営の位置づけと農業経営改善計画の総合的達成度の関係に着目した．「目標を超過して達成」または「目標通り達成」とした経営の比率が最も高かったのは，いずれも「農業経営面での先駆的存在」とする回答であり（回答率はそれぞれ11％，21％），「概ね目標を達成」が高かったのは「青年農業者の育成を手がける存在」（43％）である．これに対し，「認定時と変わらず」または「認定時を下回った」とする経営の比率が最も高かったのは，「ごく普通の農業者」（それぞれ24％，7％）となっている．なお，自身を「ごく普通の農業者」とした回答は，謙遜したケースも考えられ留意が必要であるが，これまでの経営実績に裏打ちされ，自らの経営を「先進的」と高く評価している経営ほど計画の達成状況が良いという結果は経営者意識と経営改善の取組みを考える上で注目される．

　農業販売額別に計画達成状況の意識水準[注6]と達成度について分析したの

42　第1部　農業経営の成長と管理

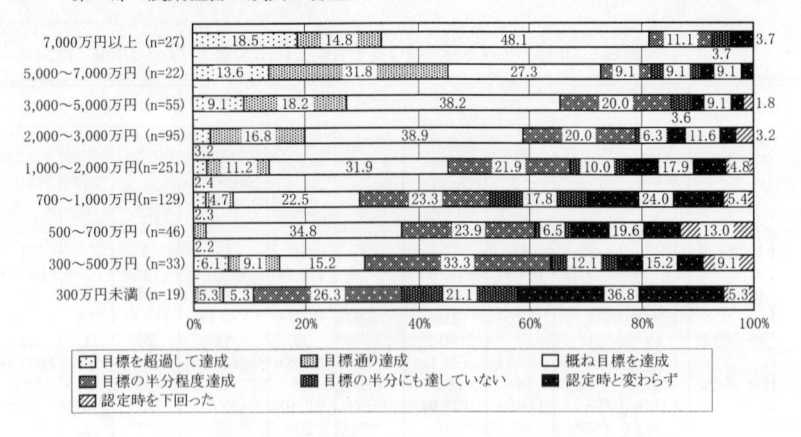

図 3.1　販売額別にみる総合的達成度

注1）　農業売上額，総合達成度はともに単一回答である．
　2）　無回答12件を除く．
　3）　独立性検定の結果，1％水準で有意．

が表3.3である．農業販売額と総合的達成度の関係については図3.1ですでに分析したが，達成度が相対的に低いとされた1,000万円未満層についても，認定期間中に農業経営改善計画の達成状況を常に意識してきた経営の場合，相対的に高い達成度が示されていることがわかる（1,000万円以上層では58％，1,000万円未満層では35％）．

さらに，経営者が前期の達成度を評価する態度によって経営成果がどう変化するかを分析するため，総合的達成度に影響した要因を尋ねた設問の選択肢を「経営的要因」，「土地・労働・技術要因」，「天候・病気や価格など外生的要因」の三つに再分類した[注7]．表3.4には，総合的達成度と再分類した要因との関係を示した．「目標を超過して達成」と回答した経営者は96％が「土地・労働・技術要因」をあげ，「概ね目標を達成」と回答した経営者は47％が「経営的要因」をあげるなど，達成度の高い経営では「内生的要因」の回答比率が高い．一方，「認定時と変わらず」以下の達成度を示した経営者では「外生的要因」の回答率が相対的に高くなっている．

表3.2 地域における存在と総合的達成度　　　　（単位：件，％）

区分		総合的達成度							合計
		目標を超過して達成	目標通り達成	概ね目標を達成	目標の半分程度達成	目標の半分にも達せず	認定時と変わらず	認定時を下回った	
地域における存在	農業技術面での指導的存在	5 (4.7)	16 (15.1)	45 (42.5)	22 (20.8)	8 (7.5)	9 (8.5)	1 (0.9)	106 (100.0)
	農業経営面での先駆的存在	**18 (11.3)**	**34 (21.3)**	64 (40.0)	20 (12.5)	12 (7.5)	9 (5.6)	3 (1.9)	160 (100.0)
	集落の役員など地域のリーダー的存在	14 (5.4)	30 (11.6)	87 (33.7)	61 (23.6)	27 (10.5)	31 (12.0)	8 (3.1)	258 (100.0)
	青年農業者の育成を手がける存在	1 (1.9)	7 (13.2)	**23 (43.4)**	13 (24.5)	5 (9.4)	2 (3.8)	2 (3.8)	53 (100.0)
	地域の青年のよき相談相手	3 (5.5)	5 (9.1)	16 (29.1)	**16 (29.1)**	**8 (14.5)**	6 (10.9)	1 (1.8)	55 (100.0)
	ごく普通の農業者	4 (1.2)	26 (8.0)	88 (27.2)	65 (20.1)	41 (12.7)	**77 (23.8)**	**23 (7.1)**	324 (100.0)
	その他	1 (9.1)	3 (27.3)	4 (36.4)	1 (9.1)	1 (9.1)		1 (9.1)	11 (100.0)
合計		26 (3.9)	76 (11.3)	209 (31.0)	146 (21.7)	70 (10.4)	115 (17.1)	32 (4.7)	674 (100.0)

注．1）地域における存在は複数回答，総合的達成度は単一回答である．
　　2）無回答15件を除く．
　　3）独立性検定の結果，1％水準で有意．

4．農業経営者のモチベーション分析

　ここでは，先に示したHerzbergのM-H理論の枠組みに従い，農業経営者のモチベーションについて分析を行いたい．モチベーションのM（意欲）要因とH（環境）要因の分布を，経営者の性別ないし販売金額別にみたのが図3.2である．まず，性別によって農業経営者のモチベーションが大きく異なることが確認できる．調査サンプルのうち圧倒的多数を男性が占めるため，男性の平均は全体平均に近い値をとるが，女性の平均は全体平均に比べ，環境要因で0.9ポイント，意欲要因で0.5ポイントそれぞれ低い結果となった．

表3.3 販売額別にみる達成状況の意識と総合的達成度　　　　（単位：件，％）

区分		総合的達成度（3カテゴリ）			
販売額	達成状況の意識（2カテゴリ）	「概ね目標を達成」以上	「目標の半分」または「半分以下」	「不変」または「認定時以下」	合計
1,000万円以上	意識した	144 (57.6)	74 (29.6)	32 (12.8)	250 (100.0)
	意識せず	89 (47.8)	50 (26.9)	47 (25.3)	186 (100.0)
	計	233 (53.4)	124 (28.4)	79 (18.1)	436 (100.0)
1,000万円未満	意識した	42 (35.3)	48 (40.3)	29 (24.4)	119 (100.0)
	意識せず	22 (22.2)	41 (41.4)	36 (36.4)	99 (100.0)
	計	64 (29.4)	89 (40.8)	65 (29.8)	218 (100.0)
合計	意識した	186 (50.4)	122 (33.1)	61 (16.5)	369 (100.0)
	意識せず	111 (38.9)	91 (31.9)	83 (29.1)	285 (100.0)
	計	297 (45.4)	213 (32.6)	144 (22.0)	654 (100.0)

注 1) 販売額，達成状況の意識，総合的達成度はいずれも単一回答である．
　 2) 計画達成状況の意識（2カテゴリ）は，「非常に意識した」および「多少意識した」の2カテゴリを「意識した」に，「あまり意識しなかった」および「全く意識しなかった」の2カテゴリを「意識しなかった」にそれぞれ統合した．
　 3) 総合的達成度（3カテゴリ）は，「目標を超過して達成」，「目標通り達成」および「概ね目標を達成」の3カテゴリを「概ね目標を達成以上」に，「目標の半分程度達成」，「目標の半分にも達していない」の2カテゴリを「目標の半分または半分以下」に，「認定時と変わらず」，「認定時より減少した」の2カテゴリを「不変または認定時以下」にそれぞれ統合した．
　 4) 無回答35件を除く．
　 5) 独立性検定の結果，1,000万円以上および合計欄は1％水準で有意，1,000万円未満は5％水準で有意とならずも，P値は0.0559であった．

女性経営者のモチベーションの低さは大変注目されるが，詳細については今後サンプルを増やしてさらに検討していく必要があろう．また同図から，経営者のモチベーションが高まるにつれ，経営の販売金額が線形的に伸長している状況がうかがえる．回帰線の傾きが1.05であることから，モチベーションの環境要因と意欲要因はほぼ同程度の割合で並進し，経営の販売金額の伸長に作用している状況がうかがえる．以下，クロス集計分析の結果をいくつか示すが，H（環境）要因とM（意欲）要因の二軸で把握されるHerzberg M-H理論について指標としての一本化を図るため，両要因を直交する軸と仮定した場合のベクトルの長さを算出し[注8]，モチベーション水準の尺度とした．

作目別にみるモチベーション水準については図3.3に示した．モチベーション水準が最も高いのは「農畜産加工」部門であり，モチベーション尺度8.0

表3.4　総合的達成度と総合的達成度に影響した要因　　　　（単位：件，％）

区分		総合的達成度に影響した要因（3カテゴリ）			
		経営の内生的要因		天候・病気や価格など外生的要因	合計
		経営的要因	土地・労働・技術要因		
総合的達成度	目標を超過して達成	12 (44.4)	26 (96.3)	7 (25.9)	27 (100.0)
	目標通り達成	36 (47.4)	73 (96.1)	28 (36.8)	76 (100.0)
	概ね目標を達成	80 (40.0)	175 (87.5)	95 (47.5)	200 (100.0)
	目標の半分程度達成	46 (32.9)	106 (75.7)	51 (76.1)	140 (100.0)
	目標の半分にも達せず	22 (32.8)	55 (82.1)	100 (71.4)	67 (100.0)
	認定時と変わらず	39 (36.1)	55 (50.9)	82 (75.9)	108 (100.0)
	認定時を下回った	10 (33.3)	19 (63.3)	24 (80.0)	30 (100.0)
合計		245 (37.8)	509 (78.5)	387 (59.7)	648 (100.0)

注 1）総合的達成度は単一回答，総合的達成度に影響した要因は複数回答である．
　 2）総合的達成度に影響した要因（3カテゴリ）においては，「経営改善支援」，「経営改善努力」の2カテゴリを「経営的要因」に，「規模拡大」，「家族労働力や雇用の確保」，「計画していた作付や技術」の3カテゴリを「土地・労働・技術要因」に，「天候や病気などによる農畜産物の作柄や品質」および「農畜産物の価格」の2カテゴリを「天候・病気や価格など外生的要因」にそれぞれカテゴリ統合した．
　 3）「経営改善計画そのものの問題」，「その他」および無回答の41件を除く．
　 4）独立性検定の結果，1％水準で有意．

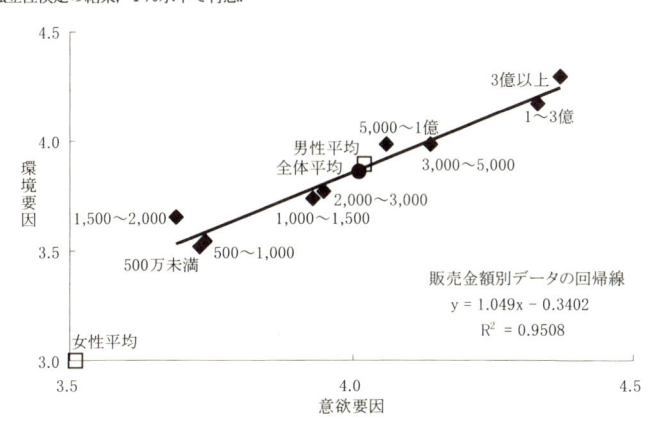

図3.2　経営者の性別および販売金額とHerzbergのモチベーション
　　　　資料：「認定農業者農業経営改善チェックシート」
　　　　（2005.8）．以下同様．

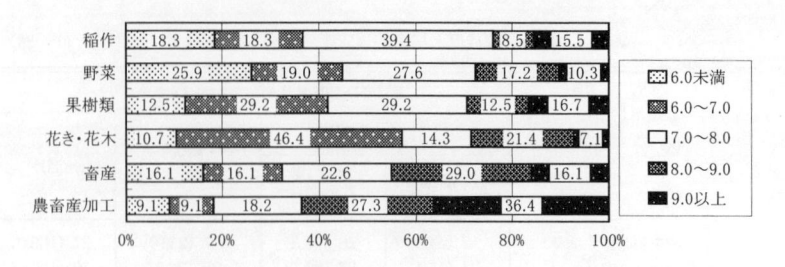

図3.3 作目別にみるモチベーション水準
注1）作目（1位）は単一回答．
2）無回答の76件を除く．
3）独立性検定の結果，5％水準で有意．

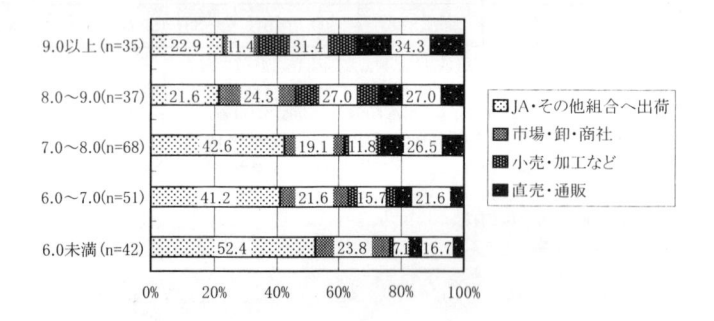

図3.4 モチベーション水準別にみる現在の販路（1位）
注1）現在の販路（1位）は単一回答．
2）無回答の76件を除く．
3）独立性検定の結果，5％水準で有意．

以上が64％，9.0以上が36％と，他の作目に比べ著しく高くなっていることがわかる．逆にモチベーションが最も低い結果となったのが「花き・花木」部門である．モチベーション尺度9.0以上の割合は7％にとどまり，代わって7.0未満が57％を占める．この背景としては，昨今の花き部門の価格低迷に伴う収益低下などが考えられる．

　次に，モチベーション水準別に現在の1位販路について分析しよう（図3.4）．図からは，モチベーションの高い経営ほど，「直売・通販」や「小売・加工など」に販路を求める経営の割合が高いことが確認できよう．モチベーシ

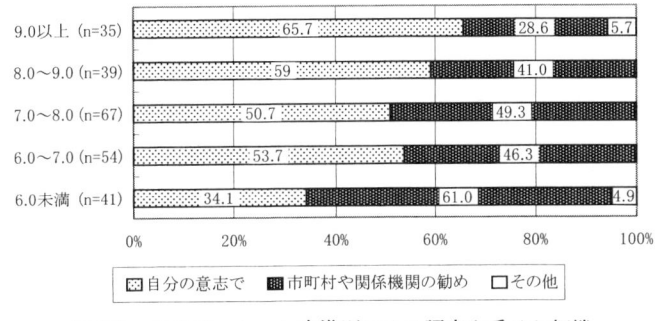

第3章　認定農業者の経営者資質に関する一考察　47

区分	自分の意志で	市町村や関係機関の勧め	その他
9.0以上 (n=35)	65.7	28.6	5.7
8.0〜9.0 (n=39)	59	41.0	
7.0〜8.0 (n=67)	50.7	49.3	
6.0〜7.0 (n=54)	53.7	46.3	
6.0未満 (n=41)	34.1	61.0	4.9

図3.5　モチベーション水準別にみる認定を受けた契機
注1）認定を受けた契機は単一回答.
　2）無回答の72件を除く.
　3）独立性検定の結果，5％水準で有意.

ョン尺度9.0以上の経営者は，1位販路を「直売・通販」とする割合が34％，「小売・加工など」とする割合が31％に及んでおり，「JA・その他組合への出荷」とする割合は23％にとどまった．これに対し，モチベーション尺度6.0未満の経営は，「JA・その他の出荷組合」の割合が52％と過半数を占めている．モチベーションの高い経営者がJA出荷を敬遠している状況が明確に示されているといってよい．

農業経営者のモチベーションは，農業経営改善計画の認定を受ける際の態度にも強い影響を及ぼしている．これについては図3.5を参照されたい．モチベーション尺度6.0未満の経営者においては，「自分の意思で」農業経営改善計画の認定を受けた者は約3分の1（34％）にとどまっている．逆にモチベーション尺度9.0以上の経営者ではその割合が約3分の2（66％）と逆転していることがわかる．代わって低下しているのが「市町村や関係機関の勧め」という消極的動機の割合である．経営者のモチベーションは農業経営改善計画の認定を受ける際の自発性にも強い影響を及ぼしていたのである．

さて最後に，モチベーションの水準別に経営耕地面積規模の拡大意向について分析したのが，図3.6である．モチベーション水準の高い経営者ほど面積規模の拡大意向は強く，モチベーション尺度9.0以上の経営では40％が「＋50％以上」拡大と回答しており，全体の8割以上が「＋10％」以上拡大

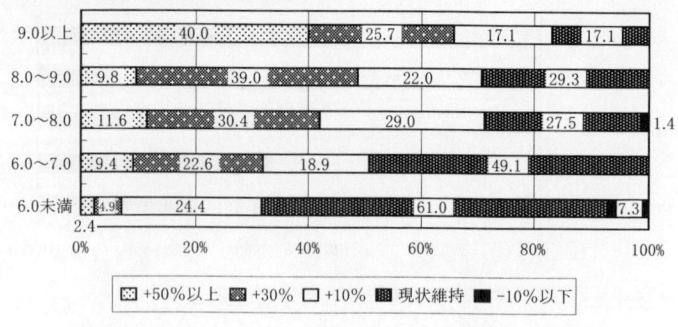

9.0以上	40.0	25.7	17.1		17.1
8.0〜9.0	9.8	39.0	22.0		29.3
7.0〜8.0	11.6	30.4	29.0	27.5	1.4
6.0〜7.0	9.4	22.6	18.9	49.1	
6.0未満	4.9	24.4		61.0	7.3

凡例: +50%以上 / +30% / +10% / 現状維持 / -10%以下

図 3.6 モチベーション水準別にみる面積規模の拡大意向
　　　注 1）面積規模の拡大意向は単一回答.
　　　　 2）無回答の 76 件を除く.
　　　　 3）独立性検定の結果，1％水準で有意.

する意向を示している．一方，モチベーション尺度 6.0 未満の経営者においては 7 割弱が「現状維持」(61 %)または「−10 %以下」(7 %)の拡大率としている．これらよりモチベーションの水準が面積規模の拡大意向に強く作用していることは明らかであり，積極的な経営成長に向け，農業経営者自身のモチベーションを高める必要性が確認された．

5．おわりに

本稿では，農業経営の改善に必要とされる様々な経営管理能力のうち，経営者のモチベーションの問題に引きつけて，経営者意識のあり方が当該経営の成長にどのような影響を与えているかという観点から分析を行った．家族経営を中心とした認定農業者においても，経営改善意欲や経営者意識が当該経営の経営管理や経営成果に大きく影響していることが明らかとなった．

本稿の結果概要を整理すると，まず，前段の経営者意識と経営行動の分析においては，① 若年層には，夢や経営の魅力の実現に向け試行錯誤を繰り返す経営者が多いが，高齢層では，地域農業や社会全体に関心が向かう傾向にあること，② 農業経営改善計画における目標の達成状況は販売額の高い経営の経営者の方が高いこと，③ 自らの農業経営管理に自信を持ち，リーダーとしての高い自覚を持つ経営者は経営成果が良いこと，④ 売上高が相対的に低

い階層にあっても，期間中に意欲的に経営改善に望む者の経営成果は高いこと，⑤ 前期の計画達成度が高い経営者ほど，計画達成度の要因を内生的要因として捉える傾向にあることなどが明らかとなった．

また，後段のモチベーション分析からは，① 女性経営者のモチベーションが低いことのほか，② Herzberg理論におけるM要因とH要因がほぼ同程度の割合で販売額と並進するという結果が得られた．またこのほかに，③ 作目別には「農畜産加工」，販路別には「直販・通販」に取り組む経営者のモチベーションが著しく高いこと，④ 経営者のモチベーションは，農業経営改善計画の認定動機の自発性にも大きく影響し，かつ ⑤ 将来の面積規模の拡大意向にも，大きな影響力を有していることなどが明らかとなった．

以上のように，本稿では高いモチベーションを有する経営者における経営成果の優位性が示された．農業経営者の経営者能力に関する研究は，これまで必ずしも十分に実施されてこなかった嫌いがある．しかし，本稿の結論によれば，同程度の技能あるいは経営管理能力を持っている経営者であっても，モチベーションの高さによって，経営のパフォーマンスは異なっている．モチベーションに作用する要因やその背景を解明するためにも，経営者能力に関する実証研究は一層深められねばならない．

なお，本稿では，農業経営者のモチベーションを高める教育方策については明らかにすることができなかった．だが少なくとも，モチベーションのような行動科学的視点が，農業経営者の能力分析において有効な役割を果たす可能性があることは確認できた．経営者能力に関する関連分野研究の今後の展開に期待したい．

［注］

1) Herzberg, H., Mausner, B., Snyderman, B.B. (1959)
2) 2005年チェックシートの調査票において，モチベーションのH（環境）要因の把握のために用意した調査項目は，① 経営者報酬の増大，② 経営者としての地位の安定，③ 家族（社員）との良好な人間関係の3項目である．これら3項目を5段階評価させ，その平均点をH要因の尺度とした．

3) 2005年チェックシートの調査票において，モチベーションの **M**（意欲）要因の把握のために用意した調査項目は，① 経営耕地や施設面積の拡大，② 売上高の伸長，③ 自ら立てた経営計画などの目標達成，④ 経営改善の成果を地域の農業者や家族・構成員に認めてもらうこと，⑤ 仕事自体の達成感の5項目である．これら5項目を5段階評価させ，その平均点を **M** 要因の尺度とした．

4) Hersey, P., Blanchard, K.H., Johnson, D.E.（2000），P 79.

5) 認定計画の達成尺度には，認定当初の経営水準および当時の5年後目標水準を組合せた基準を用いた．再認定時に，認定当初の目標水準を超えていれば「目標超過」を，目標には及ばずとも認定当初より経営改善した状況では，「概ね目標を達成」，「目標の半分程度」または「目標の半分にも達せず」を，認定当初水準と不変ならば「認定時と変わらず」を，それを下回れば「認定時を下回った」をそれぞれ選択することとなる．

6) 達成状況の意識の具体的設問は，「初回の経営改善計画の認定期間中，あなたは計画の達成状況をどの程度意識しましたか」であり，達成度評価の問とは独立に設問立てを行った．

7) 「総合的達成度に影響した要因」のカテゴリ統合方法については，表3.4の注2)を参照のこと．なお，「内生的要因」と「外生的要因」の類型化基準は，農業経営者が経営努力により自律的に当該要因を規定しうるかという観点から行った．たとえば「規模拡大の進展度」は，作目により土地利用上の外生的影響を受ける可能性を否定できないが，本稿では内生的な経営努力による改善可能性を考慮し「内生的要因」に分類した．

8) ベクトル長の算出に当たっては，三平方の定理を用いた．すなわち，H 要因の値を x，M 要因の値を y としたとき，ベクトル長に当たるモチベーション尺度の値（Mov）は，次の通りである．

$$Mov = \sqrt{x^2 + y^2}$$

また，10スケール化したモチベーション尺度の算出は次の式によった．

$$Mo = \frac{10(Mov - \sqrt{2})}{(\sqrt{50} - \sqrt{2})}$$

[参考文献]

（1）淡路和則（1996），『経営者能力と担い手の育成』，農林統計協会
（2）占部都美（1970），『現代経営学全集24 リーダーシップと行動科学』，白桃書房
（3）大沢武志（2004），『岩波新書907 経営者の条件』，岩波書店
（4）木村伸男（1994），『成長農業の経営管理－新しい時代に向けての挑戦戦略－』，日本経済評論社
（5）古閑正元（1967），「能力開発」，豊原恒男編『講座現代の経営4 経営行動科学－ヒューマン・モティベーション－』，河出書房，246-277
（6）清水龍瑩（1983），『経営者能力論』，千倉書房
（7）鈴村源太郎（2004 a），「認定農業者の経営改善意欲と経営成長」，『農業経営研究』第42巻第1号，日本農業経営学会，58-63
（8）鈴村源太郎（2004 b），「認定農業者の経営改善の課題」，『農政調査時報』No. 552，全国農業会議所，36-49
（9）全国農業会議所（2003），『－農業経営基礎調査結果報告書－認定農業者の経営改善の取組み状況に関するアンケート調査』，全国農業会議所
（10）天間 征（1984），「農業の経営者能力に関する研究」，金沢夏樹編『昭和後期農業問題論集15 農業経営理論Ⅰ』，農文協，173-193
（11）服部政夫（1964），「行動科学における心理学」，『思想 482号』，1067-1075
（12）堀 弘道・吉田富二雄（2001），『心理測定尺度集Ⅱ』，サイエンス社
（13）三隅一成（1975），『行動科学と心理学』，産業能率短期大学出版部
（14）村杉 健（1987），『作業組織の行動科学－モラール・モチベーション研究－』，税務経理協会
（15）八木宏典（2004），『現代日本の農業ビジネス』，農林統計協会
（16）Hersey, P., Blanchard, K.H., Johnson, D.E.（2000），山本成二・山本あづさ訳，『入門から応用へ 行動科学の展開（新版）－人的資源の活用－』，生産性出版
（17）Herzberg, H., Mausner, B., Snyderman, B.B.（1959），"The Motivation to Work – second edition –", John Wiley & Sons, Inc.

第4章　家族経営協定と経営継承
－「夫婦パートナーシップ」から「家族パートナーシップ」へ－*

1．はじめに－背景と目的－

　今日，経営体育成の前提として，農業後継者＝経営継承者の確保や農地をはじめとする農業用資産の細分化の防止など経営継承問題の解決が大きな課題となっていることはいうまでもない．

　そもそも，農業における経営継承問題は，八木が指摘しているように，農業が家族経営によって営まれていることから生じる次のような特性を有している[注1]．

　第一は，継承者を自分の家族から選ばなければならないことである．一般企業の場合は，広く従業員などの中から経営者が選ばれる場合が多いが，家族経営の場合は継承者が自分の子供に限定される．そもそも，職業選択の自由が原則であり，かつ少子化が進む今日，確実に自分の子供を農業後継者＝経営継承者として確保できる保障はない．また，必ずしも子供が経営者に最適とは限らない．さらに，対応する特別な教育・訓練が必要である．

　第二に，農業用資産の継承と相続が不可分の関係にあることがあげられる．農業用資産といえども家族にとっては財産である．経営継承という観点からは，経営継承者への一括委譲が重要であるが，財産の相続という観点からは，均等な分割が望ましい．また，日本の農家は，直系家族制の下にあるため，委譲＝相続した経営継承者とその配偶者（実際にはとくに後者）が親世代の扶養・介護を行うことが慣行とされてきた．こうした問題を含め，他出した家族を含めた家族の話し合いと取り決めが必要とされている．

---

*川手　督也

こうした状況の中で，経営継承問題の解決を含め，法人化の推進がしばしば提唱されている．しかし，日本の農業経営において，直ちに法人経営が家族経営に取って代わると考えるのは非現実的と言わざるをえない．言うまでもなく，農業は閉鎖産業であり，その継承は親子間に限られるクローズドシステムだと言われてきた．多くの論者が指摘しているように[注2]，これをオープンシステムに変革していくことが，後継者問題を乗り越える基本的方向と考えられる．しかし，岩元，高橋，内山らが指摘しているように[注3]，システムがオープン化しても，経営継承の多くは引き続き親子間をベースに行われると考えられる．内山が言うように，産業としての農業の「開放性」と「流動性」は異なっているからである[注4]．したがって，法人化を推進する一方で，家族経営の枠内で経営継承問題の解決を図る必要がある．その際，家族経営協定が有力な手法の一つとして考えられる．

すでに，1960年代における親子協定の取り組みにおいて，円滑な経営継承は主たる目的の一つとされていた．たとえば，1967年に全国農業会議所により提示された「家族協定農業普及推進に関する新要綱」をみると，後継者などが，その年齢，能力，経験に応じて経営への責任ある参加と経営内における適正な地位の確保ができるようにすること，後継者への経営権および農業用資産の適正な譲渡をはかり，親の老後の生活を保障し，円滑に世代交替ができるようにすること，後継者とその他の者との相続の関係を調整し，農業用資産と経営が細分化されることを防ぐことなどが目標として唱われ，協定推進の重点課題の一つとして取り組まれてきた．

これまでの家族経営協定の取り組みの中でも，経営継承問題の重要性はしばしば指摘されてきた．しかし，農林水産省経営局女性・就農課調査によれば[注5]，2005年における家族経営協定の実際の締結において，経営委譲に関する選択の割合は，全体の41.2％となっている．資産の相続については6.9％，委譲者の扶養については16.2％にとどまっている．また，協定の締結者は経営主と配偶者の2者に限られる場合が多く（全体の51％），具体的内容は，経営委譲における意思決定，すなわち，締結者の協議に基づき経営権および農業用資産の委譲を行う旨を取り決めた基本的なものが大半を占めてい

る．こうした取り決めを夫婦間で行うことの意味は小さくないが，実際には，農地の権利名義を有していない女性の農業者年金の加入要件となっていることから締結したというケースも少なくないと想定される．また，十全な経営継承問題の解決のためには，締結者では，夫婦間以上に世代間，さらには他出家族との取り決めが重要である．内容では，農業後継者＝経営継承者の確保・育成，委譲計画，実際の委譲・相続の内容と方法などに関する取り決めを行うことが重要である．以上を踏まえ，個人の社会的自立と相互の協力を前提とした「パートナーシップ型経営」にふさわしい経営継承のあり方について早急に明らかにし，そのための家族経営協定の活用を考える必要がある．

　こうした家族経営協定の活用は，これまでの取り組みの中心となってきた夫婦間におけるパートナーシップの確立から，家族全員の間でのパートナーシップの確立への発展に道を拓くと考えられる．

　ここで，今日の経営継承における基本原則について確認しておきたい．親子協定が推進された1960年代においては，いわゆる家の跡取りがイコール農業後継者であり，いかに農業後継者に経営権および農業用資産の一括委譲を行うかをポイントとして推進された．これに対して，今日においては，経営継承者への円滑な経営継承と同時に継承者以外の家族員の権利の尊重が必要である．すなわち，農業後継者の配偶者の位置づけの明確化や他出する家族に対する配慮が求められており，それに対応した家族経営協定の推進が必要とされているといえる．

　ここで，柳村ら[注6]に従い，経営継承問題を，①農業後継者＝経営継承者の確保・育成，委譲などを内容とする事業継承と②農業用資産の継承の問題とに大別しよう．二つの問題は，現実的にはしばしば重なり合うが，論理的には次元を異にする．そこで，ここでは，議論の混乱を避けるため，事業継承と農業用資産の継承を分けて論じることにしたい．

　事業継承に関しては，1960年代における親子協定の取り組み以降，農業後継者対策，すなわち，農業後継者の確保・育成の関連で多様な取り組みが見られる．今日においてもその重要性は変わらないが，従来の取り組みに加え

て，第一に，農業後継者の確保・育成，経営権などの委譲を事業継承として捉え，経営改善対策，すなわち，経営の持続・発展と関連づける必要がある．第二に，いわゆる農業後継者のみならずその配偶者を共同経営継承者として明確に位置づける必要がある．第三に，経営面のみならず，生活面に配慮する必要がある．

農業用資産に関しては，親子協定が推進された1960年代において，農業後継者への一括継承が原則となっていた．そのため，親子協定は制度的には生前一括贈与の特例などと関連づけられ推進が図られた．しかし，今日においては，個人の権利の尊重と円滑な経営継承との両立が原則である．そのため，第一に，家族内において，共同経営継承者の配偶者の財産権の確立の必要がある．第二に，相続権の他出家族への尊重が必要である．先にも述べたように家族経営の場合は，農業用資産と相続の問題が不可分であるため，様相を複雑にしている．こうした問題を解決するためには，世代間のみならず，世代内，世帯間における調整が必要である．

以上の問題を調整・解決する手段として，家族経営協定は有力と考えられる．

これまでのところ，家族経営協定を本格的に経営継承に活用した例はまだ少ないが，本報告では，宮城県仙台市のM経営およびS経営の事例調査・分析[注7]に基づき，家族経営協定の活用による新しい経営継承のあり方について考察を試みたい．

2．宮城県における家族経営協定の位置づけ

二つの画期的とも言える協定の締結を生み出した宮城県では，経営体育成および青年農業者の育成・確保，男女共同参画の観点から，家族経営協定の推進が進められている．

2001年6月に策定された「みやぎ食と農の県民条例基本計画」では，「経営意欲の高い農業経営者の育成・確保」における「地域農業を担う認定農業者などの育成」および「多様な新規就農者の確保・育成」における「就農支援体制の充実・強化」にとくに関連づけられている．

2004年10月に策定された「協同農業普及事業の実施に関する方針」では，「継続的に技術革新に取り組む経営体の育成」において，営農生活設計樹立とともに，農家経営改善の実践支援方策として，また，「地域農業を支える経営意欲の高い担い手の確保・育成に向けた環境整備支援」において，新規就農者・女性農業者などの就農環境整備および経営参画支援の方策としてそれぞれ位置づけられている．

さらに，2005年度よりはじまった農業改良普及センターにおける調査研究の中で6課題（男女共同参画関連3課題，青年農業者関連3課題）が取り組まれている．

また，県庁農業振興課において，広域課題として，家族経営協定の効果に関する検討が実施されている．

2005年3月末の協定締結数は407戸（うち仙台農業改良普及センター管内28戸）で，うち，法人化している農家数は2戸，認定農業者のいる農家数は317戸となっている．また，経営参画している女性のいる農家数は352戸，女性が農業者年金に加入している農家数は166戸，女性が農業改良資金（部門開始）を借入している農家数は6戸となっている．

協定取り決め範囲は，「経営主-配偶者」が最も多く285戸にのぼり，ついで「経営主-息子・娘」50戸，「経営主-配偶者-息子・娘」32戸，「経営主-配偶者-息子・娘-息子・娘の配偶者」20戸，「父母-経営主-配偶者-息子・娘」6戸，「父母-経営主-配偶者」6戸，「その他」8戸となっている．

3．事例調査結果の概要

(1) M経営

1) 世帯構成

世帯構成は，父（昭和14年生），母（昭和17年生），夫（昭和43年生）妻（昭和43年生），長男（平成3年生），長女（平成4年生），次男（平成7年生）の三世代7人家族である．このうち，農業に従事しているのは，本人夫妻，両親である．子供にも，イベントなどの際には手伝わせている．

住まい方は，三世代一緒で，家計費については，食費および光熱水道費な

どが一緒，その他は夫婦単位となっている．

2) 経営の概況

　経営耕地面積は，1,030 a で，全て自作地である．うち，夫が630 a，妻が400 a を所有している．また，仙台市内が400 a，出作を行っている南郷町が630 a となっている．

　品目は，水稲が10 ha，野菜が20 a，花きが10 a の土地利用型複合経営である．転作については，地域で20 ha ほど小麦を栽培している．水稲の作付は，ヒトメボレが中心で，マナムスメ，モチ米などとなっている．野菜は，トマト，キュウリ，エダマメ，タマネギ，ダイコン，軟弱野菜，メロンなど多品目を栽培している．花きは，キク，トルコギキョウ，花壇苗などである．この他に，切りモチ，赤飯，おこわ，おにぎりを中心とした農産加工を行っている．

　年間農産物販売金額は，約1,800万円で，うち水稲関係が1,000万円，野菜・花きが400万円，農産加工が400万円となっている．その他，転作のオペレーターなどの収入が200万円となっている．

　販売先については，コメは70％がJAで，その他は直売あるいは加工仕向である．野菜，花きは全て直売である．直売は，地元にある園芸センターや市の農業祭などのイベント，宅配などであり，宅配の顧客は仙台市太白区を中心に40件ほどある．

　役割分担は，夫が，経営のとりまとめ，税務申告，稲作および野菜，宅配，転作の対応である．妻は，花き，農産加工と家事・育児である．野菜は補助となっている．父は，本人夫の補佐の他，野菜全般，母は，妻の補佐の他，花きのうちのキクおよびメロンを責任分担している．この他，繁忙期には，近所に住む親戚に手伝いを依頼している．

　農産加工は，イベント対応が多いため，妻を中心に全員で従事している．

　認定農業者には，1995年から認定されている．法人化については，将来，雇用者を雇うようになった時に考える意向である．

　農業簿記は，複式で，夫妻の担当となっている．税務申告は青色申告で，母が結婚した頃から行っている．

農作業日誌は，夫となっている．

夫妻は，1991年に結婚した．夫は福岡県の出身で，結婚直前に両親と養子縁組をしている．大学卒業と同時に就農した．妻は，両親の長女であるが，短大卒業後，保育園に勤めていたが，結婚を契機に就農した．1992年には，南郷町の水田を夫名義で購入した．また，妻の就農後，仙台市内の農地が父から徐々に贈与され，2003年時点で仙台市内の自作地は全て妻の名義となっている．

1993年には，中長期の営農・生活設計であるライフプランを夫妻と両親で策定し，役割分担や経営・家計移譲をはじめとする中長期の営農・生活設計を確立した．

1997年には，農産加工施設を整備している．

2003年には，父が65歳になったのをキッカケに，経営・家計委譲が行われた．

3）協定締結の経緯

第1回目の締結時は，1996年に，母の農業者年金加入をキッカケとして，1993年に策定したライフプランの実行を図ることを理由に，第1回目の家族経営協定を本人夫妻，両親の間で締結した．

主な締結内容は，役割分担や報酬，休日，労働時間に関するものであった．

2回目は，2002年3月，経営・家計移譲が迫ってきたので，円滑な移譲を目的として締結を行った．合わせて，ライフプランの見直しも行った．

従来の項目の他に，経営計画の策定および反省会の実施，経営委譲の意思決定の方法と経営委譲の時期，健康管理と対応，他出家族を含む相続および贈与の規定，ライフスタイルなどの項目が追加されている．

経営委譲の部分では，経営委譲の時期が経営主が65歳になった時と明記され，相続と贈与では，最低年1回兄弟会を実施すること，農地などの後継者夫妻への贈与による経営が間断なく維持できるようにつとめるなどが規定されている．

ライフスタイルでは，ライフプランを尊重し，健康で精神的なゆとりを持ち，明るい家庭を築くために，家族員それぞれが努力すると規定されている．

3回目は，2003年6月，経営委譲により，それまでの親夫婦との関係が大きく異なったのに対応して，再締結した．やはり，ライフプランの見直しも合わせて行った．

この中で，生活面の分担を新たに独立した項目とした．また，経営委譲が終わったので，経営委譲の項目を削除した．農地の所有権移転は終わったので，相続と贈与の部分からその部分を削除した．また，地域・団体活動の部分を新たに追加している．合わせて，役割分担のあり方を見直した．なお，役割分担に関連して，親世代および妻の位置づけに配慮するため，協定書において，夫を「経営者」，妻を「共同経営者」と規定し，役割分担の中で，家族内の役職として，夫を「社長」，妻を「専務」，父を「顧問」，母を「監査役」と位置づけている．

生活面については，とくに夫からの発案により，妻が，子育てが一段落してきたのに伴い，経営への参画が進んできたため，家事や子育ての分担をする必要を感じて，生活していく為に不可欠な家事労働については，共同経営者を主体とするが，基本的には全員が率先して行うと規定した．

地域・団体活動については，各々が所属する地域の団体あるいは農業者の組織において，それどれの活動に積極的に参加し，地域とのコミュニケーションを計り，また幅広い人達との交流をもつよう努める旨明記した．

役割分担については，第2回目の締結に際して，責任分担が明確化しすぎ，少し齟齬をきたしたので，共同する部分を意識して増やすようにしている．

1回目は，親主導であったが，2回目，3回目は本人夫妻も中心的に関わり，全部で丸4日間，4人で時間を割いて協定およびライフプランの策定を行った．その他，夫婦でいろいろ話し合いをした．

なお，ライフプランおよび協定の締結に際しては，仙台農業改良普及センターをはじめとする関係機関のバックアップを受けている．

4）締結の内容と締結後の経営・生活の変化

第3回目の協定の締結内容は，目的，経営計画の策定，農業の役割分担，生活面の分担，給与，労働時間・休日，健康管理，相続・贈与，ライフスタイル，地域・団体活動，その他の11項目からなっている．

ライフプランと協定の関係は，協定の中で，密接な形で用いることが明記されているが，夫妻は，ライフプランと協定の関係について，ライフプランは，これからの生活，経営の流れ，予定を年毎に表の形にしたもので，これを立てることにより，移譲の心構え，計画的な技術の習得ができた．親世代は，移譲後の計画，心構えができた．これに対して，計画を立てれば，それを合理的に実行しようということになるが，そのためには，家族の中，働き手の中に共通したルールや認識の明確化が必要となるが，その手段として，協定の締結をうまく生かすことができたと述べている．

　協定締結後の経営・生活の変化について，夫は，4人で同じ仕事をしていると，サラリーマンと違って区切りがない．サラリーマンと違って，父，母であり，上司でもある．区切りをつけながら，将来の見通しをもって仕事をするために，協定やライフプランは必要である．また，実際に文書化してみると，実際には共通の認識になっていないことが多々あることがわかるし，課題や問題点が明確化し，危機感が高まる，と語っている．

　妻は，第1回目の協定の締結では，それまでの口頭の約束を明文化したものであり，親が主導ということもあり，経営や生活に大きな変化は感じなかったが，それでも，ライフプランとともに形ある大きな後ろ盾として，生活，精神両面に安定をもたらせてくれた．また，今振り返って考えると，協定締結を契機として，報酬の支払われ方が，手渡しから銀行の口座振り込みに変わった．それまでは，忙しい時など，報酬の支払いが遅れることが時々あったが，それがなくなり，安心感が増したのを思い出した．第2回，第3回目は，経緯委譲の過程ということで，必要と思われる新たな取り決めを家族で確認し合いながら，締結することができたと語っている．

　なお，報酬は，1991年の就農時は，2人にということで，月10万円であった．1993年，子供が生まれてからは，子供の分は，別途支給された．平成8年からは，各自7万5千円ずつ，1997年には，10万円ずつ，2002年には，12万円ずつとなり，2003年の経営・家計委譲以降は，夫が事業主所得，妻が12万円と推移してきている．

　なお，共通家計費の支払い方については，就農以来，お米の代金で対応し

てきたが，2003年から，協定の再締結をキッカケとして，各自の報酬から支払うやり方に変えている．

　夫は，本当は，今回の協定締結を契機として，夫も横並びで報酬を受ける収益分配方式を検討した．いわゆるパートナーシップという観点からすると，自分と他の家族が主従関係になってしまううまくない．また，経営的にも，事業主所得を固定費として扱えるようになり，経営のリスクの回避にプラスにすることができる．しかし，税制との不整合などから，見送ったが，次回の締結の際には見直したいと夫妻は語っている．

5) 小　括

　本事例は，経営のライフサイクルおよび親世代と後継者世代との関係の変化に従い，10年間に3回に渡り，ライフプランと家族経営協定をセットで締結しているが，協定とライフプランは，後継者夫婦の育成と円滑な経営移譲のための，いわばタテ糸とヨコ糸の関係として効果的に活用してきたといえる．生活面，夫の家事参加，経営主夫以外の家族の位置づけへの配慮，経営主妻の農地取得など，女性の立場にも配慮した，パートナーシップ的視点からも先進的な事例といえる．また，家族経営協定が，今日の経営継承に有効であることを端的に示す例と位置づけられる．

（2）S経営

1) 世帯構成

　世帯構成は，父(大正9年生)，母(大正15年生)，経営主夫(昭和24年生)，経営主妻(昭和30年生)，後継者夫(昭和52年生)，後継者妻(昭和51年生)，後継者の妹2人(昭和53年生および昭和55年生)，後継者の長女(平成15年生)の四世代9人家族である．このうち，農業に従事しているのは，経営主夫妻と後継者夫妻である．

　住まい方は，四世代一緒で，家計費については，食費および光熱水道費などが一緒，その他は夫婦単位などとなっている．

2) 経営の概況

　経営耕地面積は230aで，全て自作地である．うち，水稲が150a(ほ場は宮城県名取市)，野菜が80aで，多品目の野菜生産を中心とした経営を行っ

ている．野菜の主な品目は，パセリ，コマツナ，サニーレタスで，その他，夏は，トマト，キュウリ，ナス，トウモロコシ，エダマメ，ルッコラ，モロヘイヤ，ジャガイモ，タマネギ，サヤインゲン，オクラ，シシトウ，ピーマン，ネギなど，冬は，カリフラワー，ダイコン，ニンジン，キャベツ，ハクサイ，ホウレンソウ，曲がりネギを生産している．このうち，パセリ，コマツナ，ピーマンについては，市場出荷中心，残りの品目については，自動販売機や庭先での直接販売などが中心となっている．自動販売機は，自宅前と自宅から車ですぐの2カ所に合計3台設置されている．朝9時30分と15時の合計2回野菜を自動販売機に持っていく．

年間農産物販売金額は約1,000万円前後となっている．

役割分担は，市場出荷対応が経営主夫妻であり，自動販売機については，経営主夫妻になっている．自動販売機部門については，ほぼ独立採算で，定額の報酬（後継者夫8万円，後継者妻7万円）と合わせて後継者夫妻の取り分となっている．なお，家事は経営主妻と後継者妻が，育児は後継者妻が中心に分担している．

認定農業者には，1995年から認定されている．法人化については，今のところメリットがないので考えていない．

農業簿記は，複式で，母の担当となっているが，後継者の妻が仙台農業改良普及センターの研修を受けた後，引き継ぐ予定である．税務申告は青色申告で，10年ほど前から行っている．

後継者夫妻は，2001年に結婚した．夫は同じ宮城県の出身で，宮城農業短大の同級生である．結婚を契機に就農した．妻は，経営主夫妻の長女であるが，短大卒業後，市役所などでアルバイトの後，結婚を契機に就農した．

3）協定締結の経緯

後継者夫妻の結婚を機に，経営主夫婦と後継者夫婦がお互いに気持ちよく仕事をしたいと考えていたところ，仙台農業改良普及センターの勧めがあり，経営主妻が家族の中で発案したところ，後継者夫妻は賛成し，経営主夫も反対しなかったことから，締結に至った．実際の締結に際しては，仙台農業改良普及センターのバックアップのもと，ルールづくりのためのチェック

シートに基づき，話し合いを進めた．その結果，経営目標を明確にすることや後継者夫婦の自立意識の高揚を図るといったことを目標に，円滑な作業を進めるための「週1ミーティング」を盛り込んだ協定によって，明るい農家生活を目指し，仙台農業改良普及センター所長，仙台市農業委員会会長，仙台農業協同組合代表理事組合長の立会人もと，2003年2月に締結した．

4）締結の内容と締結後の経営・生活の変化

協定書の副題は，「オープンな経営を目指して」と名付けられ，目的，経営方針，経営・生活の主な役割分担，就業条件，報酬，経営移譲，研修，趣味，健康の9項目からなっている．

このうち，日々の経営方針では，経営計画について，毎週火曜日19：30～20：00に構成員全員が出席するミーティングを開催し，決定することが明記されている．また，就業条件が規定された項目において，経営主夫妻は少なくとも月1回以上休むことが唱われ，休む前日に臨時ミーテイングを開催し，必要な作業内容を後継者夫妻に伝達することが明記されている．

また，経営・生活の主な役割分担では，農業面における経営主夫妻と後継者夫妻の分担の他，家事の分担が規定されており，基本的に女性2人で行うが，家事を仕事の一部として認めること，また，男性2人は積極的に家事に参加することが明記されている．

さらに，経営移譲では，経営主夫が65歳になった時点で経営移譲することなどが明記されている．

協定を締結した結果，「週1ミーティング」によって現場に出てからの段取りがなくなったので，スムーズに作業が行えるようになったのはさることながら，話し合いの時間を持つことによって仕事の話だけでなく，世間話を交えた経営主と後継者のコミュニケーションの場となっている．経営主夫は，世間話は別にして，仕事の話については，それまであまりしゃべらない方で後継者夫妻が就農したばかりの頃は，後継者夫妻が何をしたらよいか十分にわからなくて少しフラストレーションがたまることがあった．しかし，協定締結をキッカケとして話し合うことでお互いの目標や意識を確認できるようになったし，役割分担が明確になったことが良かったと思うと後継者夫妻は

語っている．

　今後については，平成18年7月に予定している後継者夫婦の独立に向けて，自動販売機部門の売上げの向上をめざし，自動販売機の増設や宮城県の農産物認証制度（2005年にキュウリについては取得）を活用した生産を計画している．それに合わせて協定書の内容を見直し，家族がより一層思いやりをもって尊重し合える内容にしていく意向である．

　5）小　括

　本事例は，家族内でのミーティングと責任分担を明確化し，後継者夫妻の自立を図りつつ，家族内のコミュニケーションの円滑化を図ったケースといえる．経営継承の時期も明記され，家族内で確認されるなど，家族経営協定が現代的な事業継承に有効に活用されている事例といえる．

　今後，農業改良普及センターでは，経営改善の一環として，家族経営協定の再締結に向けた準備の他，パソコンによる複式簿記記帳・分析，長期営農・生活設計樹立の支援を予定しており，さらなる後継者夫妻の経営者としての自立と円滑な経営継承に向けて働きかけを進めることとしている．

4．考察－家族経営協定を活用した新しい経営継承の可能性－

　以上から，本報告で取り上げた2事例は，家族経営協定が農業用資産の継承を含む今日的な経営継承に有効に活用しうることを端的に示していると思われる．これまで推進されてきた家族経営協定は，夫婦間のパートナーシップの確立が主眼なケースが多く，そのため，経営主世代と後継者世代とで締結した場合でも，後継者世代でしばしばやや冷ややか反応・評価であることが指摘されているが[注8]，後継者世代が冷ややかになるかどうかは，協定の活用の仕方が大きいと思われる．

　協定の活用の仕方について，二つの事例から示唆されるのは，締結に際して，家族内におけるコミュニケーションの円滑化と役割分担の明確化を図ることである．協定締結を含め，家族内での経営・生活のビジョンや目標など

の共有化・確認が重要といえる．その際には，M経営で取り組まれているように，長期営農・生活設計（ライフプラン）との組み合せが有効と考えられる．

また，経営継承を中心とした協定締結・推進に当たっては，多岐にわたる要素を考え合わせないといけないことから，他のタイプの協定以上に，農業改良普及センターをはじめとする関係機関のコンサルテーション的役割の必要性が大きいように思われる．そのため，今後は，すでに宮城県で進められているように，従来の経営体の育成や男女共同参画に加えて，青年農業者の育成・確保の視点を有機的に結びつけた，総合的なアプローチが重要と思われる．

[注]

1) 八木宏典，2003，家族経営協定と経営成長－パートナーシップ経営の概念設計－，(社)農山漁村女性・生活活動支援協会，家族経営協定と経営発展など参照．
2) この点については，内山智裕，2003，経営継承研究が目指すもの，柳村俊介編，現代日本農業の継承問題，日本経済評論社など参照．
3) 岩元　泉，2000，農業経営の継承と農地制度，農業と経済66-4，高橋明善，1994，農業の担い手論に関する感想，食料・農業研究センター編，日本の農業を見直す－農政転換と環境保全－，農山漁村文化協会，内山，前掲書など参照．
4) 内山，前掲書など参照．
5) 調査結果の概要については，http://www.maff.go.jp/danjo/kyotei.html など参照．
6) 柳村俊介編，2003，現代日本農業の継承問題，日本経済評論社など参照．
7) M経営については2004年3月，S経営については2005年8月におけるヒアリングを基にしている．
8) (社)農村生活総合研究センター，2001，家族経営協定の実効性と今後の推進に向けて－農村女性の経済的地位の向上を図るための家族経営協定締結効果に関する調査事業報告書および川手督也，2003，家族経営協定の実際と課題－アンケート調査結果から－，家族経営協定と経営発展，(社)農山漁村女性・生活活動支援協会など参照．

第5章 食料産業の農業参入と農地制度の課題*

1. はじめに

　日本農業の構造が大きく変わろうとしている．2005年農業センサス調査結果概要によれば，販売農家数減少率が16.4％と，2000年までの5年間の減少率11.9％を上回り，農家数減少が加速している．また近年注目を集める耕作放棄地は38.5万 ha と前回センサスに比べて12.3％増加している．このように，日本農業は構造問題の解決に成功しないまま，全体として衰退傾向を強めている．その原因は，一部の識者が主張しているような「農業保護政策」にあるとは到底考えられないが，さりとて「農業切り捨て政策」にすべての責を負わせることも妥当とは思えない．

　筆者は，現代日本の農業構造問題は，農業のあり方を根底において規定する風土と歴史によって特徴づけられ，その中心的課題である農地問題もまたその制約を免れないと考えている．すなわち，先住民を駆逐する形でいわば真っ白なキャンバスに絵を描くように農業を創始した新大陸型農業と，風土に育まれ，歴史とともに農業のあり方を変容させてきた旧大陸型農業とでは農業のあり方，農業構造が全く違った様相を示すことは当然なのであり，それぞれの「農業問題」は別次元の局面を呈していると言ってよい．わが国は島国であるとはいえ，風土と歴史に刻印されているという意味では旧大陸型農業に属しているが，しかしその旧大陸型農業は，さらに亜類型に分かれている．その一方の典型は，ヨーロッパ型農業であり，もう一方はアジア・モンスーン型農業である．農法論研究が示すように，この両者は風土に規定されて大きく異なる．前者は低温・乾燥に適合した粗放型農業であり，後者は高温・多湿に適合した集約型農業である．その結果，資本主義経済が支配的となる近代以降における規模格差は，新大陸型農業に対するほどではない

---

*盛田　清秀

が，歴然たるものとなる．およそこうした農業構造の類型差は，市場メカニズムによっては解決が困難な初期条件差であり，いわゆる「市場の失敗」が想定する一つのパターンでもある．これらの問題は本論文でこれ以上詳細には取り上げないが，日本農業の構造問題を正確に理解し，さらにはその克服を展望する場合，考慮に入れるべき重要な論点であり，ひいてはアジア・モンスーン地域の農業問題を考える上で，通底する問題として認識すべき条件である．

　本論文では，以上のような前提的理解に立ち，農業への食料産業の参入問題に考察を加えている．結論を先取りして言えば，筆者は食料産業などの農外からの農業参入はわが国農業構造問題を解決する切り札と考えていない．巷間ではそれを期待するかのような論調もみられるが，日本の農業構造問題はそれほど単純ではないし，誤解を恐れずにあえていえば，農外企業が期待し，想定するほど農業は収益的産業であるとも思えない．それでは何故，この問題を論じるのか．それは，日本農業は従来のトレンドを維持したままでは発展への展望を見いだすことは困難であるとみるからである．そうであれば，たとえ農外からの農業参入による農業構造問題克服が展望しえないとしても，それが日本農業の一要素として定着する可能性があるかどうかを冷静に見極めることは，一定の意義をもつ．制度・政策の将来設計において，少なくとも留意すべき論点を提示するからである．とりわけ農地制度・政策に関して意味があろう．

　なお，農外からの参入は建設業からもみられるが，さほど収益的でない農業において成功するには販売チャネルや実需との結びつきが不可欠であろうことから，ここではそれが多少とも期待される食料産業による農業参入に限定してその見通しを探ることとする．

　以下では，日本農業の現状をその衰退局面から概観し，食料産業による農業参入動向を確認する．ついで食料産業の農業参入と農地制度のかかわりを，近年の構造改革特区などの規制緩和の流れと対応させて論ずる．最後に典型事例について食料産業による農業参入の成否とその要因を考察する．それにより，食料産業の農業参入をどのように理解し，いかに対処すべきかと

68　第1部　農業経営の成長と管理

いう課題への接近を試みたいのである．

2．日本農業の現状と農業生産法人制度

(1) 日本農業の到達点

　第二次大戦後の半世紀に日本農業はどのように変貌したかをセンサスによって概観したものが表 5.1 である．ここでは農業構造が著しく異なる都府県と北海道を区分して示している．それによれば，都府県の農業構造の変化は，規模に着目する限り大きいとはいえない．1950年から2000年の50年間で，平均規模は 0.73 ha から 0.95 ha へとわずかに 1.3 倍になったにとどまる．これに対し，北海道は 3.0 ha から 14.3 ha へ 4.8 倍と顕著に拡大した[注1]．

　都府県では離農が進まずに兼業化が進行し，また農地面積が転用や放棄によって減少した一方で，北海道では離農が進み，農地面積も開発によって拡大したため規模格差の一層の拡大がみられたのである．日本農業は，都府県農業と北海道農業という全く別ともいえる農業構造を内部に抱えている．ここでは指摘にとどめるがこの事実は十分に認識しておくべきである[注2]．

　問題はこれに止まらない．都府県農業の規模拡大が停滞的であるもとで，農業労働力の高齢化が顕著に進行し，地域単位でみると農業の担い手確保がもはや困難という事態に至っており，そうした背景のもとで耕作放棄が増加を続けているのである．端的に言えば，農家が日本農業を支えていけるかど

表 5.1　農業構造の変化（1950年→2000年）

	都府県		北海道	
	1950年	2000年	1950年	2000年
総農家数（万戸）	593 (100)	305 (51)	25 (100)	7 (28)
経営耕地面積（万 ha）	435 (100)	289 (66)	74 (100)	100 (135)
平均経営耕地面積（ha）	0.73	0.95	3.0	14.3
最多経営面積階層とその割合	0.5～1.0 ha (33%)	0.5～1.0 ha (36%)	1.0 ha 未満 (34%)	5～10 ha (21%)

資料）農業センサス
　注）総農家数，経営耕地面積のカッコ内は1950年を基準とする指数

うか，日本農業の担い手として不足はないかが問われているのである．筆者はそれでも，家族経営が日本農業の主要な担い手であることは疑いないと考えているが，「多様な担い手」への依存はますます強まるであろうし，その活躍する場面は拡大するとも考えている．企業的農業経営者による法人経営や

表5.2 農業生産法人の推移

組織別		1962年	1970年	1975年	1980年	1985年	1990年
組織別	農事組合法人		1,144	856	1,157	1,324	1,626
	有限会社		1,569	2,007	2,001	1,825	2,167
	合名・合資会社		27	16	21	19	23
	株式会社						
主要業種別	米麦作		806	788	743	553	558
	果樹		871	845	700	516	592
	畜産		749	852	1,103	1,262	1,564
	野菜		40	71	103	157	216
	工芸作物		54	112	137	252	266
	花き・花木						
	その他		220	211	393	428	620
	総数	114	2,740	2,879	3,179	3,168	3,816
		1995年	2000年	2001年	2002年	2003年	2004年
組織別	農事組合法人	1,335	1,496	1,559	1,582	1,636	1,693
	有限会社	2,797	4,366	4,628	4,920	5,233	5,584
	合名・合資会社	18	27	26	28	32	36
	株式会社				17	52	70
主要業種別	米麦作	803	1,275	1,352	1,425	1,514	1,724
	果樹	523	606	650	659	674	665
	畜産	1,510	1,803	1,838	1,952	2,023	2,131
	野菜	293	567	657	707	817	894
	工芸作物	283	307	334	221	253	266
	花き・花木		560	584	674	720	745
	その他	738	771	798	909	952	958
	総数	4,150	5,889	6,213	6,547	6,953	7,383

資料）農林水産省調べ，食料・農業・農村白書参考統計表
注 1) 各年1月1日現在
　 2) 業種区分は粗収益の50％以上作物による．いずれも50％に満たないものは「その他」とする

集落営農がその一類型であるが,農外企業による農業参入も一定の役割を担う可能性があるだろう.

(2) 農業生産法人制度の創設

農業生産法人(以下,生産法人)制度が創設された1962年以降,一定の要件を備えた法人による農地の所有・利用が可能となり,農家以外の組織体の営農が可能となっている.表5.2が示すように,農業生産法人はこれまでほぼ順調に法人数を伸ばしてきた.当初は果樹部門で多かったが,次第に畜産,米麦部門を中心とするようになり,組織形態では有限会社が大部分を占めるようになった.

とはいえ,生産法人は農家の連合体を想定して発足しただけに,農外からの参入は厳しい規制がかけられてきた.このような規制は段階的に緩められるが,法人形態の規制は継続され,2000年以降,株式会社が生産法人と認定されるようになった.すなわち,山林や原野に立地する中小畜産や施設園芸などの土地利用型でない農業では,農外から参入する株式会社形態の農業法人が成立していたが,土地利用型農業における農外からの参入はきわめて限定された動きであった.しかし,2000年の農地法改正や2003年の構造改革特別区域法制定により,農外からの農業参入の動きが徐々に広まっている.

3. 農地制度の変更と問題点

(1) 農地制度の変遷

わが国農地制度の根幹は,いうまでもなく農地法によって与えられている.その農地法は1952年に制定されて以降,しばしば改正されてきた.主要な改正を取り上げると,1962年の農業生産法人制度の創設,1970年の借地規制緩和を中心とする比較的大きな改正,1980年の生産法人役員要件緩和,1993年の生産法人構成員要件緩和などがある.農地法は農地改革の成果維持を目的として立法されたという背景をもつだけに,第1条の法律目的では「農地はその耕作者みずからが所有することを最も適当であると認めて,耕作者の農地の取得を促進し,及びその権利を保護」すると謳っている.これがしばしば農地法の基本性格として指摘される「耕作者主義」の内容であ

る[注3].

　農地法の性格規定を行う場合，当時の社会的文脈を考慮に入れつつ，しばしば指摘されるように，制定当初の自作農（地）主義，70年以降の借地（農）主義もしくは「借地許容主義」などとすることが適切と思われる．また，80年改正までは役員の実質的な農業専従を要件としていたことから「農業専従主義」，93年までは構成員を農業関係者に限定していたことから「農業関係者限定主義」とも言うべき規制が加えられていた．さらに言えば，2000年までは「家族経営主義」ないし「農家主義」とよぶべき理念が貫かれていたように思われる．もちろん，それ以前にも生産法人制度の創設や，その要件緩和によって法人許容的法制への転換は徐々に進んでいた．しかしながら，2000年改正による株式会社の生産法人承認に関しても，その規制の強さからみて法人許容の姿勢が格段に進んだとは言えない．その意味では変化は漸進的であったのである．

　それにしても2000年の農地法改正が象徴的意味合いを持つことも事実である．これによって，農地制度としての「家族経営主義」ないし「農家主義」は大きく変化を遂げたと見なしてよい．しかし，家族経営が法人経営に取って代わられるかどうかは，また別の問題である．

（2）特区制度とその問題点

　農外企業による農業参入が目立って増加するのは，2003年の構造改革特別区域法の施行で構造改革特別区域（以下，特区）設定が可能になって以降で

表5.3　構造改革特区において営農を開始した法人（2005年5月現在）

	合計	組織形態別			業種別			作物別						
		株式会社	有限会社	NPO等	建設業	食品関係	その他	米麦	そ菜	果樹	畜産	花き	工芸作物	複合
法人数	107	53	28	26	35	29	43	22	36	20	5	3	3	18
割合(%)	100	50	26	24	33	27	40	21	34	19	5	3	3	17

資料）農林水産省調べ

ある.農林水産省関係では,第一次提案において生産法人以外の法人による農業経営が認定対象とされ,2003年4月の第1回認定により16件が認められて以降,第8回まで71件の特区が認定,2005年5月現在で107法人が農業経営に参入している[注4].

この特区という仕組みでは,一般株式会社による農地利用は貸借に限られており,しかも地方公共団体が農地貸借を仲介することになっているため,農外企業の土地利用型農業への参入はなお一定の規制下に置かれている.しかし,政府は続いて2005年に農業経営基盤強化促進法を改正し,特区の仕組みの全国展開に乗り出した.ここには制度展開上の手順ないし手続きにおいて一つの問題点が含まれると考えるが[注5],そのことを別としても差し当たり2つの基本的問題の存在を指摘しておきたい.

第一は,規制緩和とモニタリングないしモラル・ハザードの問題である.規制緩和による市場メカニズム依存の強化は,それと裏腹であるが正常な市場機能の発揮を担保する監視・摘発・原状回復ないし補償・懲罰のシステム形成を要求する.それなくして市場メカニズムは正常に機能しない.違法・違反が利益を生む仕組みを作ってしまっては,モラル・ハザードが社会に蔓延し,それが社会的公正・公平さへの信頼を突き崩してしまう恐れがある[注6].制度への信頼は社会の最も重要な基本的インフラストラクチャーであることの理解がきわめて重要である.政府と市場の役割分担に関して,基本に立ち返って整理,構想することが必要であろう.その際,日本のこれまでの政府の関与方式は,申請書類を子細に検討する事前審査方式が主流であること,規制緩和によって事後的な市場の監視機能の発揮が求められていること,しかもそれが十分に機能することが必要であることへの留意が欠かせない.

第二は,農地制度の編成が複雑すぎることである.ここでは紙幅の制約から議論を省いたが,ゾーニングとその規制のあり方を含めて農地制度をより一貫した法制によって再構築することが検討されてよい.農地法,農業経営基盤強化促進法,農振法およびそれらに関わる政省令,さらに所管が異なるが都市計画法など土地制度について体系的に再構築すべきと思われる.この

問題は税制も関わるので容易ではない課題であるが，少なくとも議論の枠組み構築を目指してグランド・デザインを描く努力を関係方面で起こすべきではないかと考える．

4．食料産業の農業参入は成功するか

表5.3が示すように，食品産業による農業参入がある程度みられるが，むしろ多いのはバブル崩壊後の不況や公共事業縮小によって産業規模の縮小が続いている建設業からの参入である．この背景として，農業参入によって保有する機械，労働力の稼働率を向上させるという狙いがあり，新規事業として収益性が魅力的だからではないとみられる．食品産業においては，メーカーにおける加工原料確保，外食業における食材確保が主要な動機であり，これに食の安全問題が絡んで，原料・食材の品質，生産方法などに関する確かな情報を求めて原料調達の内製化に向けた農業参入が行われているとみられる．そこで，以下では典型事例を取り上げ，その意義と可能性を検討する．

（1）施設型農業の事例：カゴメ株式会社

カゴメ株式会社（以下，カゴメ）は，トマトをはじめとする野菜加工製品を製造する1914年創業の大手メーカーである．トマト加工製品のブランドは確立しており，さらに野菜加工全般へと業容の拡大を図りつつある．2005年3月期の単体売上高1,460億円（連結1,591億円），従業員1,304人であり，近年の経営戦略は「需要創造」を掲げて積極的な多角化を展開しており，2004年には従来の5ビジネス・ユニット（BU）体制を9BUに組み替え，各BUの責任体制を明確にした取り組みを行っている．

この一部門である生鮮野菜BUでは，生鮮トマトの生産・販売を事業の中核にすえ，1999年にモデル事業として美野里菜園（茨城県）で施設トマト生産を開始し，現在では比較的小規模な「一般菜園」15ヵ所，「大規模菜園」9ヵ所で生産を行っている．近年では，2004年に出資先の安曇野みさと菜園（長野県・5ha），山田みどり菜園（千葉県・3ha）から新たに生鮮トマト供給を受けるとともに，いわき小名浜菜園（福島県・10ha），オリックス（株）と共同設立の加太菜園（和歌山県・5ha，20haに拡大予定），電源開発（株）との共

同事業として響灘菜園（福岡県・8.5 ha）の3カ所で事業を推進中である．これらがすべて稼働すると施設トマト作付面積は44 haに達することとなる．この結果，生鮮野菜BUの売上高は急速に拡大し，2005年3月期には34.8億円と食品部門売上高の2.2％にまで成長している．

このうち，持分法適用会社である世羅菜園株式会社（資本金8,500万円，カゴメ議決権所有割合47.06％）を例にとると，生食向けトマトを3.0 ha栽培し，3品種で750トンを生産し，推定4.3億円を売り上げている．事業収益は定かでないが，十分収益確保が可能な水準に出荷価格を設定し（推定475～703円/kg），採算は取れていると推察される．この背景として，大手食品メーカーとして培ってきた大手量販店などの流通チャネルが確保されていること，施設栽培により安定供給体制が確保されていること，また自社開発の加工向け品種のうち生食に適した品種を種苗として供給し，製品差別化に成功していることなどが指摘できる．

しかし，農業生産の特徴である季節や気象変動による影響を施設型栽培によって回避し，計画生産が可能であることが操業度，採算性確保の条件となっていることを見ておく必要があろう．

（2）露地野菜生産の事例：ワタミ株式会社

ワタミ株式会社（以下，ワタミ）は，1984年創業で居酒屋と外食店の中間業態として「居食屋」をコンセプトに掲げる居酒屋業界大手企業である．2005年3月期の単体売上げは572億円（連結は658億円）で，従業員は1,020人である．

ワタミは食材に有機農産物を積極的に用いており，調達に当たっては契約栽培から直接生産へとシフトしてきた．このため，2002年に有機野菜の仕入・販売を目的に（有）ワタミファーム（本店・東京，以下，ワタミA）を設立し，2003年には農業生産を目的に同名の（有）ワタミファーム（本店・千葉県，生産法人，以下，ワタミB）を設立している．同じ2003年にはワタミAを株式会社に組織変更し，生産法人ワタミBが生産した有機農産物のワタミへの販売（グループ内取引）を仲介するようになる．

その後，ワタミBは生産法人として群馬県倉渕町（12 ha），千葉県白浜町

(8.5 ha), 京都府京丹後市 (5 ha) で農場を経営し, ワタミAは非生産法人株式会社として特区認定を受けて千葉県山武町 (7 ha と3 ha の2カ所), 北海道瀬棚町 (70 ha) の農場を運営する.

さらに2004年には生産法人の (有) 当麻グリーンライフ (北海道 140 ha) に51％出資し, グループ傘下の農場に加えている. この結果, グループ全体で約235 ha の経営面積へと拡大を遂げている (2005年8月現在. なお個別農場を合計すると245 ha となるがこのズレの理由は不明).

ワタミの農業参入は, 生産された農産物を主に自社外食部門に供給し, 安定価格の実現と確実な販路を確保していること, 有機栽培に経験のある人材を確保して一般的には困難とされる有機栽培を実現していることが特徴と言える. しかし, 露地野菜栽培をはじめとして天候の影響を受ける営農は, 計画通りの操業, 生産が困難である. 山武農場を例にとると, 必ずしも計画通りに生産が達成できないこともあるという. しかし, 自社部門への食材供給であることから, 生産計画未達成の場合はそうした情報をもとに外食部門の調達担当が臨機応変に対応している. むしろ, 食材の確実な品質保証におけるメリットを活かし, 広報誌の発行などを通じて顧客への情報発信を行っている. さらに, ワタミの農業部門は, 外食業において蓄積してきた30分単位の労務管理システムを農作業に適用している. これは, 日々変動する気象変化に対応した労働力確保とその運用をある程度実現しているとみられる. これにより, 施設型農業とは違い, 必ずしも計画的な操業を想定できない農業部門の生産管理が可能となれば, 食料産業による農業参入は重要な成功条件が与えられることになる. この点は, 今後さらに実態に即した分析と観察が求められる.

5. むすび

北海道を別として, 都府県農業は全体としてみれば, 農業構造改革に成功していないと言ってよい. もちろん, 新たな担い手も一定程度形成されているが (八木 (2004)), それはなお点的存在であり, 農業構造を変えたと言えるほどのシェアを占めていないし, 地域農業を面的にカバーするにも至って

いない．むしろ，高齢化と農地荒廃の方が目立つような状況である．

　このような中で，株式会社形態での農業参入が認められ，参入事例も徐々にではあるが増えている．ここで取り上げた事例に則して言えば，計画生産が可能な施設園芸では十分に成立可能であること，計画的運営が困難な露地野菜作でも，成立が不可能ではないかもしれないと言える（後者についてはさらなる検討が必要である）．しかし，両者ともに，販路すなわち流通チャネルを確保し，製品差別化を実現していることが成否を分ける重要な条件であった．

　残された課題は，さらに多くの事例を検証することである．それを通じて，より大きな論点である，家族経営と農家型でない法人経営の優劣についての情報蓄積が期待される．家族経営の強靭さ，ないし国際的にみて家族経営が支配的である理由，要因は，なお魅力的で解明が求められるテーマであるように思われる．

[注]

1) センサスは1990年から販売農家に限定して詳細な調査を行うこととなったが，ここでは経営面積などの基本項目に限定して調査している自給農家を含めた総農家ベースで比較している．ところで，筆者は別の機会にも指摘しているが，農業構造の変化が早いか遅いかの評価はそれほど簡単ではない．というよりそれは単なる評価者の主観による場合が多い．農業経営の規模を劇的に変える事例はそう多くない．わが国では第二次大戦後の農地改革がそれに当たるが，明治期の地租改正は所有権の確定であり，経営規模を劇的に変えたとはいえないし，徳川幕府以降の近世においても該当する歴史はないと考えてよい．世界的にみれば，中国の土地改革と人民公社解体，旧ソ連や一部東欧諸国の農業集団化とその解体が該当するが，これらは集権的国家による強行的措置とその反対措置によって実施されたものである．わが国の農地改革も，そもそもGHQの指令的措置によって行われたものであり，平時における農業構造改革が数年程度の期間に遂行されることなどありえないに等しいと言ってよい．

2) なお，北海道農業はその規模において，水田農業を除いてほぼヨーロッパ水準に

到達している．また土地の制約が弱い農業部門では規模の零細性を基本的には克服しているが，畜産部門では比較的土地とのつながりが強い酪農においてもそれは妥当する．これらの部門では，規模の零細性が問題とされる農業構造問題に焦点があるのではなく，あまりに急速な規模拡大によるひずみが問題の根底にあるというべきである．

3) この「耕作者主義」についてはしばしば批判の俎上にのせられる（奥野［1998］p. 26）．しかし，1970年改正前の第1条では耕作者による農地所有を適切としてその促進・保護を述べているのだから，「自作農（地）主義」との規定（今村［1983］など）がより妥当である．一方，70年改正後を「耕作者主義」として批判すると，借地規模拡大を進める農家を含めた批判であるかのように誤解される恐れがある（そもそも耕作者優先はそれ自体何ら批判されるべきでなく，字義上は，所有者＝地主に対して耕作者＝農地利用者をより重視すべき主張と言える）．

4) 第一次提案に含まれる農業生産法人以外の法人による農業経営に関わる特区認定は，2003年4・5月の第1回で16件が，以下第2回（2003年8月3件），第3回（2003年11月8件），第4回（2004年3月14件），第5回（2004年6月9件），第6回（2004年12月14件），第7回（2005年3月7件），第8回（2005年7月0件）と計71件の認定が行われた．農地法などに関連する特区としてはこの他，第一次提案の市民農園開設主体の拡大（第1～8回認定で計53件），第二次提案の農業生産法人の事業範囲の拡大（第3～8回認定で計3件），農地取得の際の下限面積要件の緩和（第3～8回認定で計52件）が認定されている．

5) 構造改革特別区域法によるテスト→全国展開という図式はいかにももっともらしい．しかし，それには大きな落とし穴がある．それは実質的なモニタリングの有無である．特区による取り組みがうまくいくかどうかは大切であるが，それはあくまで仕組みの整合性確認にとどまるとみるべきである．特区方式の全国展開によって，様々な主体が規制緩和を利用するようになった場合，悪意を持っての申請と実施を規制できるのであろうか．また，一定の時間経過後に善意での取り組みであったものが失敗に帰した場合，その後始末が正常に行われる保証はあるのであろうか．またそれが十分に明らかになるほど時間をかけて検証しているのであろうか．これらはいずれも疑問が残る．特区の段階では，地元の取り組みは地

方公共団体が密接に関与して行われる例がほとんどであり，周囲の関心も高くいわば衆人環視下に置かれているに等しい．このような状況下で不正が起きるとは思われないし，実際不可能であろう．しかし，だからといって全国展開したときに関係者のコンプライアンスが期待できると考えてよいものか疑問である．

6) 比較的最近の例では，豚肉の差額関税制度に関わる脱税事件が一つの典型である．モニタリングが十分に行われていない状況下で，輸入価額の虚偽申告による差額関税の脱税が広まってしまったとされる事件である．これは正直に申告すると輸入コストが高くなり，市場競争に勝てないということから脱税が蔓延したもので，まさにモラル・ハザードの典型である．制度設計ないしは市場の監視が不十分なことに起因する．2005年11月の高層建築の耐震強度偽装事件も同様であるし，2000年の大手乳業メーカーによる食中毒事件も基本的に同じ問題をはらんでいる．

[参考文献]

（1） 農政ジャーナリストの会編『構造改革特区は何をめざすか』農林統計協会，2004年
（2） 奥野正寛・本間正義編『農業問題の経済分析』日本経済新聞社，1998年
（3） 山下一仁『国民と消費者重視の農政改革』東洋経済新報社，2004年
（4） 今村奈良臣『現代農地政策論』東京大学出版会，1983年
（5） 和田正明『農地法詳解　第六次全訂新版』学陽書房，1981年
（6） 盛田清秀「消費ニーズの変化と農政転換」『農業経済研究』76巻2号，2004年，pp. 112 – 124
（7） 八木宏典『現代日本の農業ビジネス』農林統計協会，2004年
（8） 飯沼二郎『農業革命論』未来社，1967年
（9） 有価証券報告書各社

第6章　農業経営の事業多角化と
リスク・マネジメント*

1．序

　今日，農業経営が直販・加工・観光などのアグリビジネスの事業多角化を行うことは珍しいことではない．2000年農業センサスによれば，加工，直販，観光農園などのアグリビジネスを行っている農家は11.2万戸あり，これは農家全体（販売農家：233.7万戸）の4.8％に相当する．また，上記のアグリビジネスを行っている農家以外の事業体（法人経営，農協など）は2,158事業体あり，これは農家以外の事業体全体（販売目的：7,542事業体）の28.6％に相当する．実際，事業多角化によって経営成長を実現している農業経営も見られる．しかしながら，必ずしも多角化事業のすべてが順調に発展している訳ではなく，事業に伴うリスクの存在が大きい．

　農業経営は，農業経営を取り巻きながらこれと相互作用を及ぼしあう外界，すなわち外部環境と接しながら経済活動を行っている．外部環境は，経済的環境，技術的環境，社会的・文化的環境，政治的・法的環境，自然科学的環境などに分類することができる．これらの外部環境は，程度の差はあるが，いずれも不確実性をもっている．このうち，とくに経営と直接的な関係が強いのが経済的環境と政治的・法的環境である．これらの経営環境には三つの側面がある．

　第一は，インプット市場との関係であり，土地，労働，資本，サービスなどの経営資源の調達における関係である．第二は，アウトプット市場との関係であり，生産物およびサービスの販売における関係である．そして第三は，政府との関係であり，政策・規制の変化への対応や政策プログラムへの

＊木南　章

参加などにおける関係である．経営の外部環境は，絶えず変化しているばかりでなく，不確実な要素を含んでいる．そのため，経営者は経営の現状を維持するだけでも環境変化によるリスクを負担しなければならない．さらに，新規事業の起業や事業拡大に伴って経営の外部との関係が重要となるが，そのことによって環境変化によるリスクはより大きなものとなる．

経営の成長とリスクとの間には次のような二つの関係がある．一つは，成長のための経営戦略の実施に伴ってリスクが発生するという関係であり，もう一つは，それとは逆に，あえてリスクをとって成長の機会をとらえることができるという関係である．したがって，経営の安定を図りながら成長を実現するためには，持続的な成長のマネジメントが必要となるのである．そこで本稿では，農業経営における事業多角化とリスク・マネジメントについて分析し，農業経営の持続的成長に関する課題を明らかにする[注1]．

2．リスク・マネジメント

リスクは，経営学では，「望ましくない事柄に関連して発生する損失またはその可能性」と考えているが，様々なタイプのものがある．リスクの性質からは，損失を生むだけの純粋リスク，リスクへの対応が成功すれば利益をあげることができ失敗すれば損失を被る投機的リスクという分類ができる．リスクの発生要因からは，災害・事故リスク，経営リスク，制度的リスクという分類ができる．リスクによる損失からは，財物リスク，損害賠償リスク，人的リスクという分類ができる．リスクの評価，分析では，リスクの発生頻度や損失の大きさなどを明らかにし，リスクを処理する方針を決定する．

リスクを処理する手段は，リスク・コントロールとリスク・ファイナンスという二つに大別することができる．リスク・コントロールは，リスクの発生を抑え，リスクが発生した場合は被る損失を最小限に留めることである．それに対して，リスク・ファイナンスは，リスクが発生して損害が生じた場合に必要な資金繰りをあらかじめ計画して準備することである．リスク・コントロールには，リスク回避（リスク発生に関わる活動を行わない），リスクの予防（リスク発生頻度を抑制する），リスクの軽減（安全対策を講じる），リ

スクの分散（リスクの分散による損失軽減），リスクの結合（リスクの集中化による管理），リスクの移転（契約によりリスクを他者に移転）などの手段がある．一方，リスク・ファイナンスには，保険（共済・基金なども含む），リスクの相殺（先物取引によってリスクを転嫁する），リスクの保有（リスクの準備，自家保険）などの手段がある．以上のリスク処理手段について，費用と効果の点から最適な処理方法を選択し，実施することになる．

3．経営の持続的成長とリスク・マネジメント

経営の目的は，市場との取引関係から利益を生み出し，成長によって長期的な利益を最大化することであると考えられる．しかし，一般に経営の成長にはリスクがつきものであり，リスクの処理を怠れば，経営の基盤が脅かされ，経営の存続すら危うくなる．したがって，「経営の成長」と「リスクの削減」とが外部環境のマネジメントを行う基本的な目的となり，外部環境のマネジメントには，「成長のマネジメント」と「リスクのマネジメント」の二つの側面があるのである．

成長のマネジメントとしては，アウトプット市場では，競争への対応と事業範囲の選択という手段がある．またインプット市場では，成長のための資源調達を円滑に進めるために，インプットの供給者との間に利益の配分メカニズム，すなわち制度の選択という手段がある．そして，リスクのマネジメントについても，成長のマネジメントと同様に，競争への対応，事業範囲の選択，制度の選択が主要な手段となる．経営の成長とリスク削減という経営の二つの基本目的は矛盾しかねない目的である．しかしながら，矛盾しかねない目的を両立させる努力によってこそ，経営の持続的な成長があるのである．

通常，リスク・マネジメントは，「リスクの発見・確認→リスクの分析・評価→リスク処理手段の選択・実施→リスク処理成果の評価」というサイクルで進められる．このうち，リスクの分析・評価については，様々なリスクの発生頻度と強度（損失の規模）を算定し，高頻度・高強度のリスクを集中的に管理することになる．

企業では，リスクを経営成長の源泉としてとらえ，積極的にリスクを取るための方法が考えられるようになって来ている．その考え方はおよそ次のようなものである．

第一は，当該分野において，あるリスクを取った場合，どのくらいのリターン（収益）を得たか，についての情報を収集することである．

第二は，以上のデータから，成功率（リスクを取った回数のうち成功した回数の割合）と損益率（成功1回当たりの平均利益と失敗1回当たりの平均損失の比率）を算定する．

第三は，リスク・ポジションの把握である．すなわち，自分の経営がどの程度リスクにさらされているかを把握するのである．そのためには，露出率（リスクを取って最悪の事態が起きたときに自己資本の何％を失うか），ROETO（リスクを1回取るごとに自己資本に対して何％のリターンがあったか），最大落ち込み率（現在の自己資本が直近の最大時と比べて何％減少したか），リスク回転数（一定期間内にリスクを取る回数）などを算定する．

第四に，把握した現在の経営のリスク・ポジションをもとに，可能な限りリスクを取って，事業を行う．

第五に，このような経験を積み，さらにリスクに関する情報を蓄積していくのである．

以上のように，経営戦略に伴うリスクを定量化することによって，自らのリスク・ポジションを確定し，積極的にリスクを取り，その経験をフィードバックさせるというサイクルで実施されるものである．

4．企業化と事業多角化

農業経営の事業多角化のうち，加工事業に焦点を当て，経営の企業化とアグリビジネスの関係について見ることにする．用いる資料は『農産物の直販・加工に関する意向調査結果』（農林水産省，2002年）であり，そのうちの加工事業を行っている980戸の結果である．また，経営の企業化度を，「初期段階（法人化を考えていない経営）」「中期段階（法人化を考えている経営）」「後期段階（すでに法人化している経営）」の三つのタイプに分けて分析を行

う．

　表6.1は，事業多角化の契機である．全体では「より多くの所得の確保のため」が最も多く，続いて「関係機関の指導」，「地域おこしの一環として」となっている．本来，ビジネスとしてのアグリビジネスの起業は，経営戦略（多角化戦略）として考えられるものであるが，実際には経営戦略以外の理由が契機となることが多いのである．また，経営の企業化度が異なっても「より多くの所得の確保のため」という回答は最も多いものの，経営の企業化度によって事業開始の契機には差異がある．段階1では「関係機関の指導」，段階2では「自らの判断で生産物の評価（価格決定）を行うため」，段階3では

表6.1　事業多角化の契機　　　　　　　　　　　単位：％

	全体	企業化度		
		1	2	3
1. より多くの所得の確保のため	58.4	57.2	70.2	53.9
2. 関係機関の指導	22.8	24.1	18.2	12.4
3. 地域おこしの一環として	21.0	9.1	34.0	21.3
4. 自らの判断で生産物の評価（価格決定）を行うため	19.7	18.0	32.1	19.9
5. 経営の多角化のため	18.9	15.4	30.6	41.1
6. 消費者との交流がしたいから	14.5	12.0	30.9	15.5
7. 労働力にゆとりができたため	4.6	5.1	3.6	2.0
8. 知人からの紹介	4.4	4.0	7.9	3.5
9. TV，新聞，雑誌記事などで事例を見聞して	2.9	3.3	1.1	0.6
10. 資金にゆとりができたため（新規投資先として）	1.7	1.8	1.4	0.0
11. その他	21.1	22.7	21.6	5.0
12. 無回答	0.8	0.4	0.2	1.8
効果の発現頻度（回答者数に対する1から11の回答総数）	191.5	173.4	252.1	178.4

出所：『農産物の直販・加工に関する意向調査結果』農林水産省，2002より作成．
　注）加工事業を実施している経営について集計した．
　　　経営の企業化度を，1（法人化を考えていない経営），2（法人化を考えている経営），3（すでに法人化している経営）の3段階に分類した．

「経営の多角化のため」という回答が相対的に高くなっている．つまり，企業化度が低い段階から高い段階にかけて，事業開始の契機は，「外部からの働きかけ→所得確保→経営戦略」というように変化しているのである．

表6.2は，事業多角化の効果である．企業化度の段階1では，事業効果は，発現頻度が低いことからも明らかなように限定的なものであり，またとくに経営管理上の効果が弱いことがわかる．しかしながら段階2になると，多種多様な効果が表れており，所得獲得の効果および経営管理上の効果が高くなる．そして段階3では，効果の発現は特定の領域に集中するようになり，とくに経営管理上の効果が強く表れている．効果の発現頻度だけを見ると，段

表6.2　事業多角化の効果　　　　　　　　単位：％

	全体	企業化度		
		1	2	3
1. 自らが生産・加工・販売（価格決定）を通してできる	39.9	39.2	48.4	39.6
2. 商品を高く売ることができ，所得が増加する	31.9	31.3	39.7	30.7
3. 年間を通じて仕事が確保できる	29.4	25.3	42.1	56.5
4. 消費者との交流やニーズ（要望）の把握ができる	26.9	29.9	46.6	27.7
5. 所得の変動を減らし経営が安定化する	26.6	23.8	41.4	36.3
6. 高齢者の生きがい確保に貢献できる	19.0	19.1	23.4	10.7
7. 女性の活動の場が確立される	17.5	17.3	26.5	8.9
8. 地域・生産グループの連携が強化される	16.5	15.7	26.7	18.3
9. 経営者としての意識が高くなる	14.0	11.7	24.3	24.8
10. 若い人が魅力を持って取り組むことにより後継者の確保ができる	10.6	7.0	26.5	22.1
11. 雇用の面で地域に貢献できる	5.7	4.5	24.5	16.3
12. その他	6.0	6.2	7.5	4.2
13. 無回答	1.9	1.7	0.3	0.8
効果の発現頻度（回答者数に対する1から12の回答総数）	248.7	235.0	378.7	298.5

出所：表6.1と同じ．

階2で最も高くなっている．様々な効果が表れることは評価できるものの，この段階では，事業多角化に様々な方向からの力が加わっているとも言える．すなわち，様々な効果の間でどのように調整をしていくのかを考える必要がある．

表6.3は，事業多角化の問題点である．まず，問題点の発生頻度は企業化度とあまり関係がなく，発展過程において常にある程度の問題点を抱えていることがわかる．企業化度に関係なく最も回答が多い問題点は「設備投資の負担が大きいこと」であるが，企業化が進むに連れ，急速にその負担が大きくなっていることがわかる．また，「商品の安全性に対する最終的な責任をとる必要があること」という回答は，安定的に高い回答割合であり，食品の安全性が企業化の進行に関わらず常に問題となる重要なポイントであることがわかる．その反面，「売上が消費者の嗜好に大きく左右される恐れがあること」という回答は減少傾向にあり，企業化とともにマーケティング問題を解決していっていることがうかがえる．しかしこのことは，経営の発展のためには，消費者の嗜好変化への対応が不可欠であることを意味している．

表6.3 事業多角化の問題点　　　　　　　　　単位：%

	全体	企業化度		
		1	2	3
1. 設備投資の負担が大きい	47.8	44.7	58.8	70.0
2. 商品の安全性に対する最終的な責任をとる必要がある	40.9	41.8	40.1	37.6
3. 労働負担が増加する	39.9	39.3	45.0	36.5
4. 売上が消費者の嗜好に大きく左右される恐れがある	29.9	31.3	29.9	21.2
5. 販売不振により農業経営が圧迫される	16.9	17.3	13.7	20.6
6. 販売代金の回収に不安がある	5.1	4.6	10.9	2.5
7. その他	3.9	3.0	8.6	5.7
8. 無回答	1.7	1.2	0.7	2.0
問題点の発現頻度（回答者数に対する1から7の回答総数）	187.6	184.2	208.5	198.1

出所：表6.1と同じ．

表6.4は，多角化事業の戦略である．事業戦略の発現頻度は企業化の段階2で最も多く，この段階においては様々な方向性をもった経営戦略が実行されていることがわかる．全体での回答割合が高い戦略は「味や品質面の均一化」であるが，企業化後期段階では回答割合が低く，企業化の進行とともに「味や品質面の均一化」は達成しているためであると考えられる．さらに言えば，それが実現できなければ経営の発展は困難であると考えるべきであろう．一方，企業化度が高まるに連れて，「取扱品目の拡大・新商品の開発」，「従業員の能力アップ」といった回答割合が増加し，製品戦略や組織マネジメントに関する戦略が相対的に重要になってくることがわかる．

しかしながら，表6.5に示したように農業経営の多角化事業の採算は必ず

表6.4 事業の戦略　　　　　　　　　　　　　　　　　　単位：%

	全体	企業化度		
		1	2	3
1. 味や品質面の均一化	47.6	48.7	52.0	35.6
2. 商品の安全性の確保	41.6	41.7	40.1	40.6
3. 販売数量の増大	36.7	36.4	38.4	44.8
4. 作業の省力化	36.5	37.0	31.0	35.6
5. 消費者との交流促進	20.9	19.4	36.3	15.2
6. 新規販売先の開拓（宣伝，広告も含む）	23.8	21.2	37.2	33.3
7. 取扱品目の拡大・新商品の開発	16.7	13.1	33.5	30.7
8. サービスの充実	7.1	5.5	17.3	8.1
9. 従業員の能力アップ	7.0	5.4	12.4	15.0
10. 事業の停止	2.6	3.0	1.6	0.8
11. その他	3.6	2.7	10.2	3.0
12. 無回答	3.4	3.2	1.2	1.5
戦略の発現頻度（回答者数に対する1から9および11の回答総数）	250.0	238.7	312.1	265.9

出所：表6.1と同じ．

表6.5 事業の採算見込み　　　　単位：％

	全体	企業化度		
		1	2	3
1. かなりの利益がある	6.0	4.1	16.7	10.1
2. まあまあの利益がある	71.6	73.6	63.2	71.4
3. ほとんど利益はない	18.7	19.2	18.4	16.6
4. 赤字	2.4	2.7	0.9	1.5
5. 無回答	1.4	0.4	0.8	0.4

出所：表6.1と同じ．

しも高いものではない．赤字もしくは利益がほとんどないという事業不振の経営が全体の約2割を占めている．事業が大きな利益を生み成功している経営の割合は1割にも満たない．このように，事業多角化のリスクは低くはなく，また経営間で事業成果の格差も大きいということが指摘できる．

5．アグリビジネスにおけるリスク・マネジメント

　農業経営の事業多角化とリスクの問題を考えるために，アグリビジネスにおけるリスクとリスク・マネジメントの実態について分析する．用いる資料は，『平成12年度アグリベンチャー支援推進事業報告書』（全国農業構造改善協会，2001年）によるアンケート調査結果（農協や農業法人などのアグリビジネス62事業体の回答結果）である．なお，ここではリスクのうち賠償責任リスクと収益減少リスクに焦点を当てることにする．

　表6.6は，アグリビジネスにおけるリスクの発生状況である．発生頻度が最も高いリスクは「収穫量の減少」で，次いで「不良債権の発生」，「製品の回収」がそれに続く．また，リスクによる損失の発生頻度も，「不良債権の発生」，「収穫量の減少」，「製品の回収」が上位3位を占める．一方，リスクに対する不安を有する割合は，リスクの発生頻度に比べてかなり高いことがわかる．とくに，「異物混入・食中毒」，「営業の停止」についての不安が多い．また，全般的に損害賠償リスクは，リスクの発生や損失の発生が低いにもかか

表 6.6 リスクの発生状況と対策

	リスク発生	損失発生	不安あり	対策あり
賠償責任リスク				
異物混入・食中毒	6	4	58	35
店舗等での過失	3	0	41	23
契約不履行	1	1	16	3
環境汚染	0	0	19	1
収益減少リスク				
原料等の供給停止	0	0	15	4
出荷・販売の停止	2	0	24	7
製品の回収	12	8	43	21
営業の停止	1	0	51	18
不良債権の発生	15	14	35	9
収穫量の低減	18	13	45	13
市場価格の低落	9	8	39	8

出所:『平成12年度アグリベンチャー支援推進事業報告書』全国農業構造改善協会, 2001 より作成.
注) 有効回答数は62である.

わらず,不安を感じる割合が高いことがわかる.しかしながら,リスクへの対策がとられている割合はそれに比べて低く,不安に対する対策の割合は高くても60%程度となっている.

また表6.7に示したように,リスク・マネジメントの体制は,リスクに対して「個別の対応」が多く,外部の人材も「活用していない」経営が多いことがわかる.製品に関するリスク対策については,「従業員の訓練・講習会の実施」や「消毒の徹底」など,基本的な対策が中心であり,組織的,総合的な対策がとられている割合は低い(表6.8参照).また,リスク・ファイナンスによる対策については,保険による対応が,「異物混入・食中毒」や「店舗などでの過失」などを中心に用いられていることがわかる(表6.9参照).しかしながら,リスク・マネジメントを実施するに当たっては,「コスト負担が難し

第6章 農業経営の事業多角化とリスク・マネジメント　89

表 6.7　リスク・マネジメントの体制

リスク・マネジメントの担当	回答数
個別対応	25
担当者を決めている	18
担当部署を決めている	14
意識していない	5
外部の人材活用	回答数
活用している	10
活用していない	52

出所：表6.6と同じ．
注）有効回答数は62である．

表 6.8　製品に関するリスク対策

リスク対策	回答数
従業員の訓練・講習会の実施	20
消毒の徹底	15
品質管理の徹底	9
検査の実施	7
施設の整備・改善	4
HACCPへの取り組み	2
責任体制の明確化	1
食品衛生法に基づく各種届出を励行	1
気象情報の購入	1

出所：表6.6と同じ．
注）有効回答数は44で，自由回答を整理した．

表 6.9　リスク・ファイナンスによる対策

	保険への加入	自己資金の保有	資金の借入	その他	計
賠償責任リスク					
異物混入・食中毒	37	0	0	1	38
店舗等での過失	28	0	1	1	30
契約不履行	0	2	2	3	7
環境汚染	3	0	2	2	7
収益減少リスク					0
原料等の供給停止	0	3	2	3	8
出荷・販売の停止	1	3	2	3	9
製品の回収	17	3	1	3	24
営業の停止等	22	2	2	2	28
不良債権の発生	0	10	1	6	17
収穫量の低減	7	3	1	3	14
市場価格の低落	2	2	2	3	9

出所：表6.6と同じ．
注）有効回答数は45である．

表 6.10 リスク・マネジメントの問題点

問題点	回答数
コスト負担が難しい	28
社内に専門知識を有する人材がいない	23
ノウハウがない	23
リスク・マネジメントに対する関心が低い	20
その他	20

出所：表 6.6 と同じ．
注）有効回答数は 62 で，自由回答を整理した．

い」，「社内に専門知識を有する人材がいない」，「ノウハウがない」などの問題点がある（表 6.10 参照）．

以上のように，比較的大規模な事業体であっても，リスク・マネジメントの体制が十分ではなく，多くの課題を抱えていることが明らかとなった．

6. 結　語

リスク・マネジメントは，大企業でも十分な対応ができていない場合が多い．農業経営の場合，経営規模が小さいこともあり，リスク・マネジメントを担当する部署を持ったり，専門家を雇用したりすることは困難である．しかし，経営者自らがリスクに対する理解を深める必要があり，必要に応じて専門家にアドバイスを求め，リスク・マネジメントに必要な手段を整備することが重要である．

ところで，実際にリスクの発生に直面した際に重要な点がある．それは，経営が社会からの認知を確立しているかどうかということである．社会に認知されるには，ステイクホルダーと経営倫理が鍵となる．ステイクホルダーとは，経営の活動によって利害関係が生じるグループや個人を指し，具体的には，地権者，出資者，従業員，消費者，原材料供給者，農産物流通業者，地域社会などである．経営倫理は，社会的に健全な経営を行う誠実性を求めるもので，経営者は社会に対して経営を代表し，経営の責任を持たなければな

らない．法令の遵守，出資者・地権者に対する義務，従業員の待遇，消費者との公平な関係，自然環境への配慮，地域社会への貢献などが経営倫理として評価されるのである．したがって，多数のステイクホルダーと良好な関係を築き，経営倫理を確立することも，リスク・マネジメントの基礎となると考えられる．

[**注**]

1) 農業経営におけるリスクとリスク・マネジメントについては，木南章「農業経営の外部環境のマネジメント」『農業経営研究』第38巻第4号，pp.15-23, 2000を参照．

第 2 部

農業経営と地域農業

第7章　地域営農の担い手システム形成と投資問題
－インキュベータの意義・限界とその組織構造を中心に—*

1．はじめに

　本稿では地域農業の担い手不在化地域における地域営農システム創出の手法のひとつとして着目すべきインキュベーション方式の意義と限界，さらにその限界を乗り越えるために必要な地域営農システム創出に対する投資問題を検討していく．担い手のインキュベーションは農村人口の高齢化が急速に進行している中山間地域ではじめられてきた方式であるが，今後平地農村においても地域人口の大きな縮小は避けられない．農地の条件は大きく異なるが，担い手不在化への対応として中山間地域での先進的取り組みからわが国土地利用型農業の担い手問題が学ぶべき点は多い．また本稿で重視するのはインキュベーションはじめ内発的アグリビジネスの振興など多様な領域にかかわる総合的な農村地域マネジメントを行う主体そのもののあり方である．これは農村行財政システム変革などと関連する．こうした点についても考察する．

2．インキュベーションの意義

　本稿では，直接耕作型の第三セクター（市町村農業公社）やJA出資型法人などが，オペレータや研修生や職員にOJT方式を適用した後に，農地の「株分け」的転貸を行うなどして計画的に地域農業の担い手創出を図る事業をインキュベーションとよぶ[注1]．

---

*柏　雅之

農業へのU, J, Iターンによる参入希望は各種調査結果などにみられるように潜在的にはかなり多いと推察されている[注2]．しかし，既存農家の専業化も含めてこうした動向が実現するケースはきわめて少ない．グローバル化が進行するなかでの将来の日本農業全般に対する不透明感に加えて，本格的な農業参入にいたるプロセスに関わる障壁，すなわち大きな参入・移行コストの問題がある．農業への参入コストとして以下がある．第一は農地の団地的集積コストである．担い手不在化のなかで農地市場が借手市場となっても，それが良好な農地の団地的集積の容易さに直結しないことによる．土地集積の取引費用問題であるが，とくに農家の平均所有規模が過小な地域では面積当たり当該コストが高い．第二は技術・経営管理能力習得コストである．今後は高度省力化対応の精緻な生産技術体系，高付加価値米生産技術そしてマーケテイング能力などが問われるなかでその重みは増加する．第三は機械の初期投資コストである．第四は職業移動コストである．主に機会費用にかかわる事項だが，非農業部門からの突然の参入に伴うリスクという心理的負担や遠隔地移住の場合はそのための多様なコストも含まれる．以上の諸コストの負担が結果として困難であることが，現実の参入稀少性をもたらす大きな要因であると考えられる．こうしたなかで，インキュベーションは参入コストの軽減をとおして，多くの参入ニーズと現実の成立実態との「乖離」を埋める意義をもちえる．

こうしたインキュベーションは，どのような地域主体がどのような方法で，またどのような論拠にもとづくどのような支援のもとでなされるかが検討事項となる．

3．農業公社をインキュベータとした地域営農の担い手創出

（1）インキュベータ型農業公社の諸形態

インキュベータ型農業公社の事例はまだ多くはない．近年その萌芽がみられる程度である（表7.1）．そのほぼ全てが担い手の不在化が進む中山間地域

表7.1 インキュベータ型農業公社の概要

法人名	特徴
財団法人清里村農業公社	水田型,職員を分離独立,地域営農システムのコア化
財団法人園部町農業公社	水田型,職員を分離独立
社団法人久万町農業公社	水田型,転作水田での施設園芸を核とした研修農場
財団法人津南町農業公社	畑作型（開畑地）,地元農家にOJT方式の委託
社団法人横田町農業公社	畑作型（開畑地）,Iターン者の研修と農地転貸
財団法人羽茂町農業振興公社	果樹型
財団法人生坂村農業公社	果樹型,
財団法人新穂村農業公社	集約的園芸型
財団法人西土佐村農業公社	集約的園芸型
財団法人柏崎市農業振興公社	水田型,

資料：各県資料,ヒアリングによる.

で登場している．その内容は,営農タイプ別には水田型,開畑地での畑作型,果樹や園芸型などがある．担い手として独立させる手法としては,職員あるいは期限付き研修生のOJT方式を経た分離独立が中心となる．OJTの実施方法にもタイプがある．公社オペレータとして研修させる方式と,研修生への給与は行政・公社サイド負担するが研修は公社ではなく地元の専業農家に委託するなどの方式である．創出する担い手に関しても,個別担い手を無計画・分散的に創出する初歩的なものから,計画的に地域営農システムのネットワークの中に創出する担い手を組み込むことを最終目標とするものまで多様である．インキュベーションの意義とは裏腹に,それを現在行っている農業公社の当該事業の実態はいずれも大きな限界をかかえている．本稿では新潟県津南町と清里村のケースからその意義と限界を検討する．

　新潟県では県内中山間地域での直接耕作型市町村農業公社のあり方を誘導するために,1992年から「地域農業担い手公社支援事業」を行ってきた．そのポイントは,「自立経営を志向するものについてオペレータとして雇用し,(中略)地域農業の担い手の育成を図る」というインキュベーション事業の目的明確化と,それを条件とした公社への多様な初期投資支援である．こうしたなかで上記2公社はインキュベーション事業を展開してきた．

(2) 財団法人津南町農業公社の意義と限界
―量的成果と質的問題―

　津南町農業公社では，寄付行為に定める公社事業の筆頭に「農業の担い手の育成事業」を掲げている．1995年に4名の新規就農希望者を全国から募集し，その後2005年現在までに19名の新規参入者を創出した．この事業において最多の新規参入者をだしたのが本農業公社であった．これは開畑地区（国営苗場山麓開畑事業）の担い手不在化への対応が主眼であるが，一部に水田農業経営を行うものも含まれている．

　研修生の世帯主平均年齢は37歳．出身地別にみると首都圏（東京，神奈川，千葉）が58％，長野県が17％，静岡県が8％，新潟県内は17％と，関東，中部地方が圧倒的に多い．研修期間は，最長3年間，その間，県の支援制度を活用して月額15万円の「研修費」と町が建築した住宅（独身寮および世帯住宅）が貸与される．独立時には県の「新規就農支援特別対策事業」により，利用権設定農地の6年間分の借地料の90％が補助される（県60％，町30％）．また，機械購入に関しても同事業により上限750万円で80％（県60％，町30％）の補助も行われる．公社では2名の新規就農指導員をもつが，研修生は初年度は専業農家に派遣され，そこで「OJT」による基礎技術修得がなされる．2年目以降は，公社の機械リースや農地斡旋，そして指導員による一定のアドバイスも受けながら事実上の経営を「研修費」を受け取りながら開始する．3年間の研修費（給与）と受託貸与の下で，これまでに年平均2.3名の新規参入者を毎年輩出してきた事実は評価しえる．

　しかし，独立後の組織化やその後のケアにまで公社は関わらない．また，3年間の「OJT」期間の内容についても当初の「農家委託」を担当する農家により担い手育成の成果に大きな差がでる．さらに，畑作や園芸などの技術や経営管理習得に，こうした比較的ラフな「OJT」方式なるものが適切か否かについては再検討を要する．そして，広大な開畑地域農業を守るためには，孤立分散的に成立させてきた新規就農者らをネットワーキングし，組織的な地域営農システムを構築する必要性が地域農業マネジメント主体（公社やJAなど）には課せられるべきである．

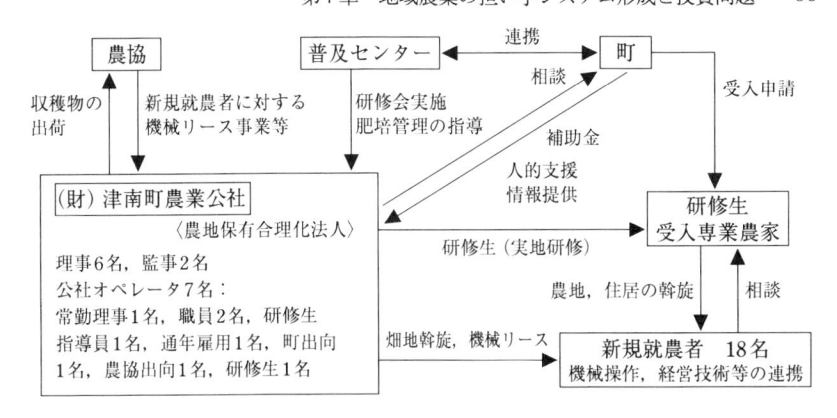

第7章 地域農業の担い手システム形成と投資問題　　99

図7.1 津南町農業公社による新規就農者創出方式

表7.2 創出された新規就農者の概要

農家番号	年齢	就農年次	出身地	家族労働	経営耕地面積(a)	主な作物	年間農業従事日数	販売金額(万円)	農外所得(万円)
①	29	1999	千葉県	1人	480	レタス	240日	900	−
②	29	1999	神奈川県	4人	440	水稲, アスパラガス, 切花	210日	684	132
③	34	1999	東京都	2人	410	水稲, ユリ切花	240日	1,840	−
④	54	1996	神奈川県	1人	360	ニンジン	240日	800	−
⑤	31	2002	静岡県	1人	320	ニンジン, アスパラガス	240日	248	64
⑥	44	1997	新潟県	1人	290	ニンジン, スイートコーン	180日	542	31
⑦	45	2001	新潟県	2人	205	切花, ユリ球根	210日	132	50
⑧	41	1999	長野県	2人	195	切花, ヒマワリ	280日	−	45
⑨	31	2003	長野県	2人	195	葉タバコ, アスパラガス	280日	−	45
⑩	38	2000	東京都	2人	178	アスパラガス, スイートコーン	180	212	132
⑪	31	1999	千葉県	2人	160	切花, ユリ球根, ヒマワリ	210日	203	80
⑫	37	2001	神奈川県	1人	140	葉タバコ, アスパラガス, 水稲	240日	292	51

注：ヒアリングにより作成. 2003年6月現在

表 7.3 新規就農支援特別対策事業活用による新規就農者の借地と機械取得状況

農家番号	公社幹旋農地(a)	借地代負担額（円）			主な機械取得状況	農業機械取得負担額（万円）		
		合計	公的機関	新規就農者		合計	公的機関	新規就農者
①	100	105,000	94,500	10,500	トラクター（2台）	1,011	440	571
②	-	-	-	-	トラクター，収穫機等	-	-	-
③	-	-	-	-	トラクター，管理機等	1,622	592	1,030
④	330	346,500	311,850	34,650	特になし	-	-	-
⑤	230	241,500	217,350	24,150	トラクター	280	224	56
⑥	230	241,500	217,350	24,150	トラクター，播種機等	1,452	410	1,132
⑦	-	-	-	-	トラクター，収穫機等	600	480	120
⑧	130	136,500	122,850	13,650	トラクター，管理機等	750	600	150
⑨	-	-	-	-	トラクター等を申請中	392	申請中	112
⑩	120	126,000	113,400	12,600	トラクター，冷蔵庫等	628	472	156
⑪	120	136,500	122,850	13,650	収穫機等	-	-	-
⑫	-	-	-	-	トラクター，管理機等	467	373	94

注：町資料をもとに共有農地の小作料（10 a 当たり 10,500 円）を算出．農業機械取得欄はヒアリングできたものだけを記載．2003年6月現在．

このように都市部からのIターン者からなる多くの新規就農者輩出という"量的成果"は出しているものの，公社のインキュベータとしての機能は弱く"質的成果"の追求が急務である．今後は公社自前でのOJT実施など育成機能の充実とともに上述の地域農業マネジメント機能が求められる．現在，公社では畑作作業量の増加と収益性向上問題をかかえるなか，限りある職員数では公社内部での手厚い新人教育が困難であるため，地元専業農家への「派遣研修」システムを導入したのである．他方，研修受託農家サイドのメリットは有給（公的支払い）研修生の無償労働力的存在にあり，新人研修生に対する十分な「OJT」方式遂行へのインセンティブにはなりえていない．採算性を問われる公社がその内部で有効な人材養成をなしえるためには，それに

応じた公的コスト支援(インキュベーション・コストに対する妥当な公的支援)を講ずる必要がある．また，効果的な地域マネジメントを行うベースとなる公社の経営基盤確立とそのための経営管理システムの改善，さらに独立者に対する公社の借地の計画的な「株分け」転貸システムの強化なども必要である．その達成には公社の経営パフォーマンス向上が必須であるが，(地方)政府の失敗ならぬ「公社(第三セクター)の失敗」を克服すべき抜本的な組織変革が必要となる．この点は後段で述べる．

喫緊の課題を二点に整理しておく．第一は，質的視座を重視したインキュベーションをおこなうために必要不可欠なインキュベーション・コストに対する妥当な公的負担システムの構築．第二は，インキュベータ自体の組織変革である．第一の点に関しては早くも大きな限界にぶつかっている．県の財政難から2004年度から月額15万円の支給金への補助が打ち切られ，現在町単独でその負担をしているが，町財政にも限界があり2005年度採用の研修生への支給月額は大幅にカットされた．質的に大きな問題を残す津南町のインキュベーション事業は県補助金カットにより大幅に後退を余儀なくされる懸念がある．上記の二点をきちんと担保する制度構築と組織変革をなくして折角の先進的取り組みも瓦解しかねない．

(3) 財団法人清里村農業公社の担い手ネットワーク構想の意義と限界

清里村農業公社の経営実態とインキュベーション事業に関する経営分析は著者の別稿，別著を参照されたい[注3]．本公社の特徴を簡潔に整理すると以下のようになる．①担い手不在化が進む中で"質的に優れたインキュベーション事業"をベースとして地域営農の担い手ネットワークシステムを構築したいという優れて公共性の高い目標(条件不利地域農業の担い手システム創出)を掲げながらも，他方で，②条件不利水田圃場の受け皿となるなど一定の公共性を保持しつつも経営体として経営成長を熱望する意識の存在．このジレンマのなかに本公社はある．この②は，自らの経営的基盤の強化なくして条件不利水田の"最後の受け皿"として持続性をもちえない，そして経営成長をめざす経営体の体質が効果と効率性追求を可能とし，そのなかでベ

ターな公共サービス供給も可能になるという考えに基づく．

　"質的に優れたインキュベーション事業"をベースにした地域営農の担い手ネットワークシステム構築構想とは以下のように整理される[注4]．①オペレータのコスト意識を目覚めさせ，分割管理方式による公社経営の合理化をも図れる「地区ブロック担当制」(「一般ブロック」と「特別ブロック」)導入と業績評価システム．②独立希望者は独立の培養基である「特別ブロック」に編入され1年間の模擬経営をしえること．③独立時には公社のオペレータとして担当していた農地ブロックをそのまま転貸する農地の団地的転貸(「株分け」)．④経営揺籃期にある独立者に対する公社による側面経営支援．⑤「一匹狼」的な独立ではなく，地元出身者の場合は自分の集落での集落営農のコアとして戻す「地元還元型インキュベーション」．⑥独立者がコアとなる「器」である集落営農の公社による創出・活性化活動．⑦こうした集落レベルでの担い手らをネットワーキングし公社は地域営農担い手システムのマネジメント機能を果たそうとする構想．⑥と⑦以外はすでに一定の実現をみた．

　こうした優れたインキュベーション事業は以下のように参入コストを低減しえる．第一は農地の団地的集積コストの低減である．最後の農地の受け皿である公社によって数年かけて団地化され，そのブロック担当によってそこでの作業管理に習熟し地主層との信頼関係も獲得し地元水利慣行にも熟知し，慣れ親しむに至った農地を独立時に団地単位でそっくりと公社から「株分け」転貸してもらうことの意義は，新規参入者はもとより地元農村出身者にとっても取引費用節減効果としてきわめて大きい．

　第二は技術・経営管理能力修得コストの低減である．一人前になるまで5年は要するといわれる新人育成に関して，新人は新人担当チーフとペアを組む形態で同一の担当ブロックに配属され，熟練オペレータはあらゆる作業項目においてマンツーマンの指導を，自らの作業効率の大幅な低下にもかかわらず，懇切丁寧に行っている．一般ブロックでは技術・生産管理中心,特別ブロックでは販売管理までも視座に入れたより広範な経営管理を学ぶチャンスが与えられる．出身地区(村内出身者の場合)と経験・能力に応じた地区ブロ

ック担当制による OJT 方式と単収などの実績評価主義，そして最終的には特別ブロックにおける模擬的経営の実施という段階的な能力修得システムの意義は大きい．

　第三は機械の初期投資コストの低減である．独立した A 氏の機械装備はコスト節減のため個人有のものは小型の補助機械などのみである．基幹的作業機械は所有していない．トラクタ，田植機は公社の斡旋によって集落生産組織のものを，またコンバインは公社のリースを利用している．公社は A 氏に対して過大な初期投資をさせないように強く指導し，また斡旋やリースなど多様な便宜を図っている．

　第四は職業移動コストの低減である．新卒者の場合もそうだが，とりわけ他産業給与就業者などの参入に関する場合の職業移行コストは大きい．当該コスト低減は以下のようになされる．まず最初は公社職員として参入する．つぎに新人研修の後の一般ブロック時代に自分の能力や適性を考量しえる．そして独立を検討しようとする場合には，まず 1 年単位の特別ブロックへ移行し模擬的経営を行い，独立後の採算可能性の再検討とともに自立した場合の具体的イメージを体験しえる．特別ブロックは意思決定の猶予・最終的見極め期間であるともいえる（リスク節減効果）．以上のような段階システムによって，職業移行コストは大幅に低減されえる．

　しかし，本公社の"良質なインキュベーション"は，他方で以下のような多様なインキュベーション・コストを発生させている．第一は，ベテランオペレータの独立にともなう「新人教育コスト」である．新規の新人指導は，ベテランが担当するブロック作業における作業効率低下をもたらし，またベテランが行ってきた多角部門従事の時間は指導のため消滅し公社にインカムロスをもたらした．第二は，公社が一定の時間をかけてストックしてきた農地のなかの相対的優良地などを団地単位で独立者に転貸することに起因する「団地的優良地転貸コスト」の発生である．第三はインキュベーション後も経営揺籃期にある独立者を相対的優良地転貸の継続などによって一定期間支援するために生ずる「経営揺籃期支援コスト」である．なお，最後のコストの重要な内容の一つは担い手独立後における相対的優良地の追加的転貸であ

る．これは第二のコストと類似性をもつ．こうしたコストの発生は本公社の"質の高いインキュベーション"（地域還元型インキュベーションと地域営農担い手のネットワーキング化推進）に対する意欲を大きく阻害することになる．本公社のインキュベーションはここで限界に直面している．

このように多様なインキュベーション・コストの負担に関しては，仮に公社の事業・組織運営が効率的になされており，かつそこでの収益部門からの資金補填（内部相互補助）によっても償いきれない場合には，妥当な額を公的支援することの必要性につながる．この点に関しては，以下のようにこれを投資問題の文脈で考えていくことが可能となる．

4．地域農業と投資問題

（1）地域営農担い手システム形成と投資問題

これまで，インキュベーションを公社の私経済的視座すなわちコストの視座からみてきた．他方で，これはセミマクロの地域農業維持の視座からは投資問題として理解しえる[注5]．投資とは，将来の利益確保のために一定の資金を現時点あるいは一定期間に特定の用途に投入することであり，そこで重要なことは以下の2点である．第一は，そうした将来の利益と特定の用途の考案・選択である．第二はその考案・選択を担い事業運営する主体，すなわち投資主体の選択であるが，現場レベルでみるならば適切な地域マネジメント主体の形成問題と言える．ここではまず第一の点を述べる．利益の中身とは，清里村の事例に即するなら，高齢化に対応した斬新で高度な地域営農の担い手ネットワークシステムの形成ビジョンを想定しえる．他方，資金を投入する"特定の用途"に関しては，上記青写真（利益の中身）を実現する上で必要となる公社の事業を確定することであり，各地区・集落に人的資本（コア部分）を創出する「還元型インキュベーション」が大きな焦点となり，投資対象となりうる．

ここで留意すべきは，条件不利地域をはじめとする担い手不在化地域においては地域農業振興のための投資活動を継続するための資金調達に困難をきたしている問題である．こうした地域において投資が立ち遅れている理由

は，そこが条件不利であるがゆえの"投資の非効率性"であり，通常の投資採算の尺度に合わず資金投入に対して内部制限が強く働いていることである[注6]．また，長期的視座で忍耐をもって投資リターンを待つべき投資主体が近年とみに農村地域では脆弱化していることを考える必要がある．広域合併した農協や市町村主導の農業公社いずれをとってもその例外ではない．

こうした中にあっても，なお担い手不在化地域の農業維持・振興が必要であり，そのポイントが耕作と土地資源管理の担い手育成であるとするならば，投資の内部制限打開のために公的資金導入が検討される必要がある．それが投入される特定の用途としては，これまでにみてきた地域還元型インキュベーションが意義ある選択肢の一つとされてよい．そしてその投入量は，前述のような公社のインキュベーション・コストが一つの目安となるであろう．その原資は農業予算のみならず，外部性の恩恵を受けるであろう川下など都市住民の負担金も検討対象となろう．

（2） 投資対象としての地域農業マネジメント主体

地域農業振興の戦略的機能を果しうる投資主体を創出し，その主体の中心的事業に対して必要不可欠な資金供給を行う投資の必要が急務である．ここでは現場レベルで細かな投資設計を行う投資主体についてみていく．それは効果的なインキュベーションをとおして各地区・集落に人的資本を形成するなかで地域営農システムを構築することを期待した投資に値する地域マネジメント主体をいかに創出するかである．

その場合，土地利用型農業維持のメリットが農業者のみに止まらないことことを考慮すると，その主体として公民混合経営体（ジョイント・セクター）を考えてよい．ここで注意が必要である．中山間地域を中心に直接耕作型の農業公社が設立されるようになって久しいが，決してその多くが投資対象に足る組織構造・経営体質をもっているとは考えられない．従来のトップダウン型地方行財政システムのなかでの標準行政をつかさどる末端自治体としての組織体質を濃厚に引き継ぐ「第二役場」的性格のものが少なくない．「経営」の発想と能力にかかわる問題である．これでは期待しえる投資対象にはなれない．今こそ投資対象となりうる優れた公民混合経営体のあり方を根底

から考え直す時期に来ている．図7.2は新たな日本型の公民混合経営体についての概念図である．農協，自治体，地場産業，さらに農村内外の民間非営利セクターも含め，地域内外の諸力を結集したパートナーシップ・システムである．パートナーの各セクターは最高意思決定機関（理事会）を構成し，その業務は経営責任の存在する専門スタッフからなる事業運営組織が担う．組織の統括マネージャーとスタッフは農村内外から公募などでリクルートする．理事会と事業運営組織とは契約関係で結ばれ，理事会は必要な資金を調

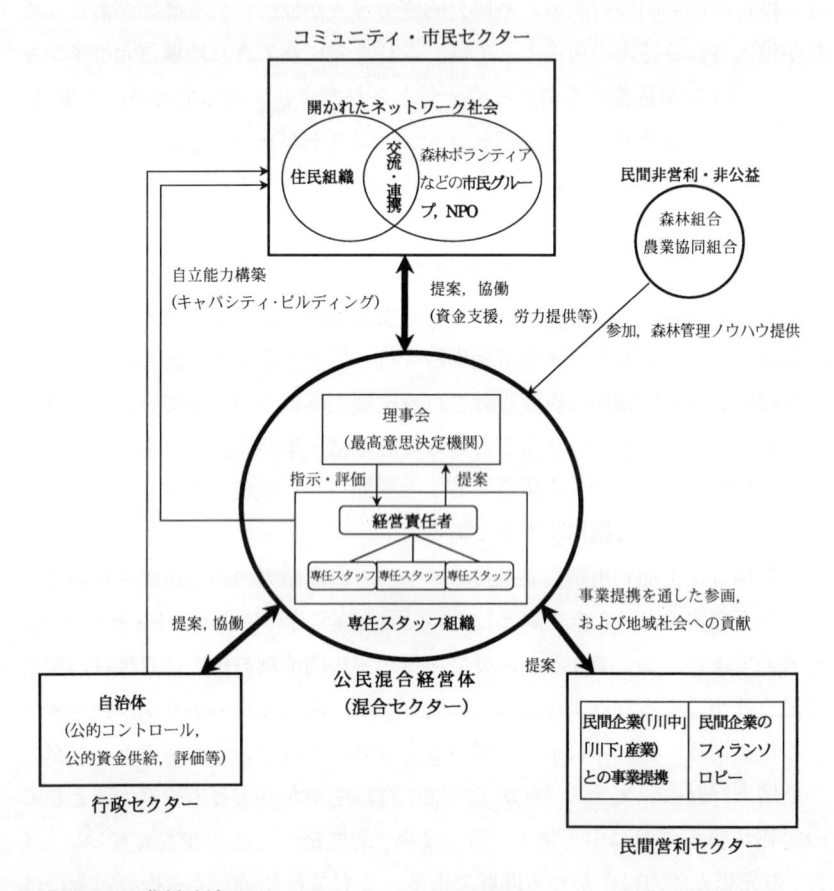

図7.2 農村地域マネジメントのための日本型パートナーシップ・システム

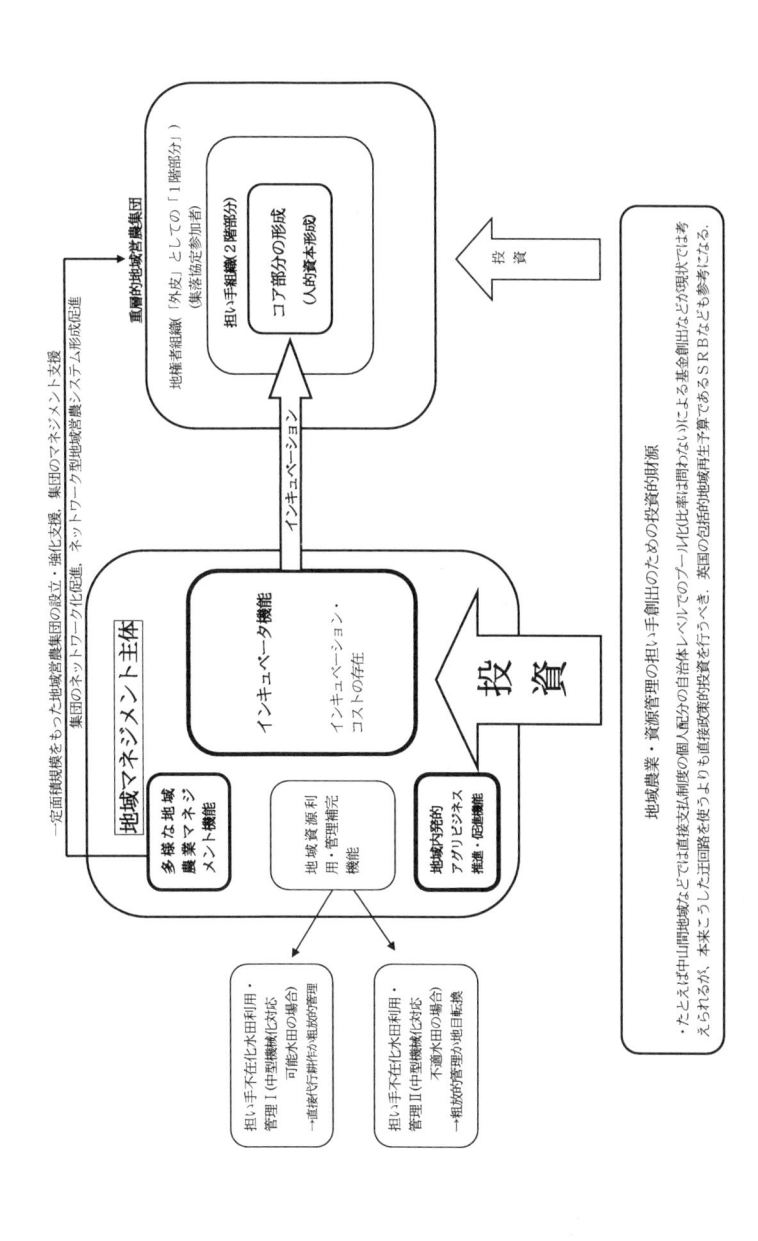

第7章 地域農業の担い手システム形成と投資問題　107

図7.3 地域営農システムの形成と政策的投資

注：大枠で囲んだ「インキュベータ機能」を筆頭に、「多様な地域農業マネジメント機能」、「地域内発的アグリビジネス推進・促進機能」がとりわけ重要な投資対象機能である。

達し，事業運営組織は事業責任を負う．理事会と事業運営組織との関係は行政と特定目的会社間での PFI の関係と比較するとわかりやすい．こうした厳しい緊張関係のなかで，地域農業マネジメント機能に関する効果と効率を追求すべきであろう．

図 7.3 はこうした地域マネジメント主体を軸とした地域営農の担い手創出システムを示す．ここでの主要なキーワードは，投資対象足りうる地域マネジメント主体の創出，投資とインキュベーションによる人的資本形成および人的コアを有する集団営農の創出である．

5．おわりに

土地利用型農業の担い手不在化問題に関しては，地域営農集団をベースに考える場合，集団の近代的な「器」を整えることと同等以上に，そのコア部分の形成が不可欠である．インキュベーションはこうした人的資本の形成を行うものである．そこでは新たにインキュベータ機能を中心事業とする地域マネジメント主体の創出が必要である．インキュベータ機能を軸としつつもこの地域主体は，図 7.3 に示したように地域農業マネジメント機能，地域資源利用・管理補完機能，地域内発的アグリビジネス促進機能など多様な機能が期待される．この地域マネジメント主体は地域農業維持に不可欠なこうした人的資本，社会的資本の形成などを行うに際して必要な公的投資を受けることが考えられるが，その地域主体は投資対象にふさわしい組織と能力をもつ必要がある．図 7.2 は行政，コミュニティ・市民，民間営利の異種セクターからなる意思決定主体と，厳格な契約関係に基き事業を推進しその責任を負う実行主体との重層的な組織構造をもつことが考えられる．

こうした新たなパートナーシップ・システムは，地方行財政のガヴァメントからガヴァナンスへの移行に沿った考え方である．市場，政府，そして民間非営利の各セクターにおける失敗を補完し合い，農村内外の諸力を結集させることで新たな地域経営にのぞもうとするもので，旧来のトップダウン型，標準行政，公共サービス供給の行政独占といったキーワードに対抗する地方行財政システムの転換である．農村においてもこうした内的変革を目指

さなければ，地域農業や農村振興に対する多大な財政支出は"笊に水"となる懸念がある．

[注]
1) 第三セクターによる「株分け」方式によるインキュベーションは，拙著『現代中山間地域農業論』(御茶の水書房，1994年) において，「農地ファンド形成・株分け方式」として，今後支援し促進させるべき第三セクターによる地域農業マネジメント戦略の方法として，かねてから指摘していたものである．
2) こうした指摘は多くある．たとえば，財団法人日本農業土木総合研究所『水土の知』(第15巻，2003年3月) などを参照．
3) 事例の詳細やインキュベーション・コストの計測については，拙稿「中山間地域農業の地域性と再編課題」(『農業経営研究』第33巻第4号，1996年)，拙稿「新食糧法下における中山間地域農業・資源管理の担い手再建問題」(『農業経済研究』第62巻第2号，1997年)，および拙著『条件不利地域再生の論理と政策』(農林統計協会，2002年) を参照．
4) 詳細は前掲・拙著『条件不利地域再生の論理と政策』を参照．
5) この部分は拙稿 (『中山間地域農業の担い手再建問題—日本の農業212号—』農政調査委員会，2000年) に対する生源寺眞一氏のコメント (「中山間地域振興と投資的要素」) において示唆を受けた．
6) 藤谷築次「農業経営の発展と地域条件整備に向けての投資問題」(稲本志良・辻井博編著『農業経営発展と投資・資金問題』富民協会，1999年) なども参照されたい．

第8章 後継者世代の新技術への挑戦と地域農業 *

1. はじめに

近年，減農薬・有機農産物へのニーズや環境保全型農業への意識が高まる中で，航空防除の多かった東北地方や関東地方，新潟県を中心に有人ヘリコプターに代替する形で産業用無人ヘリコプター（以下では無人ヘリ）による防除が急増している．無人ヘリによる防除は，散布幅が5〜7.5 m であり，特別栽培米の圃場や転作圃場をさけて防除を行うことが容易になる．また，暦日防除の有人ヘリと異なり適期防除が可能で，カメムシ防除などの緊急防除にも対応でき，騒音が少ない，防除効果が高いという評価もある．さらに，高性能機（R-MAX, YH-300）の登場で作業能率がアップしたこと，登録農薬の増加で大豆防除が可能になったことも追い風となっている．一方，高齢化の進行とともに真夏の30度を超える中で雨カッパとマスク着用の重労働である地上防除が限界となって，作業強度の低い無人ヘリ防除へと切り替わるケースや，地元にオペレーター賃金が落ちることを期待して導入するケー

表8.1 水稲航空防除面積の推移と無人ヘリコプターの普及（単位：千 ha, 機, 人）

年次		1995	1996	1997	1998	1999	2000	2001	2002
水稲航空防除面積		1328.4	1201.7	1129.3	942.2	826.9	776.9	708.4	649.1
うち無人ヘリコプター		110.6	145.0	186.3	226.2	256.7	308.4	351.6	390.2
	参考：大豆ほか	0.4	1.6	2.9	9.5	21.6	35.2	46.3	61.8
	無人ヘリ機体数	627	822	992	1,151	1,284	1,420	1,558	1,681
	オペレーター数	4,520	3,301	5,037	5,881	6,690	7,459	8,117	8,953

資料：農林水産省生産局植物防疫課

* 宮武 恭一

スもある．こうしたことから，有人ヘリを用いた航空防除が回数，面積とも減少する一方，無人ヘリによる防除は急増しており，2002年には，機体数は1,681機，オペレーターは8,953人に達している（表8.1）．また，延べ水稲防除面積は39万haと，有人ヘリによる防除面積を上回り，転作大豆の防除などにも利用が広がっている．

一方，2000年センサスによれば，水稲防除については，延べ632,751 haの作業受託が行われているが，そのうち94.6％が全国1,906の農業サービス事業体によるもので，中でも無人ヘリ防除を核とした航空防除のみを行う637の事業体が全体の64.8％を担っている（表8.2）．これらの事業体の1組織当たり平均防除面積はそれぞれ314 ha，634 haとなっており，サービス事業体の活動の中でもきわめて大規模な事業となっている点が注目される．

また，無人ヘリの操縦を担うオペレーターには専門の資格が必要であるため，無人ヘリ防除に取り組む各地域では，その育成が急ピッチで進められている．新潟県の場合，NOSAIやJA，行政が助成措置を講じて，オペレーター資格取得を支援しており，2001年9月時点で421人が資格を取得しているが，その年齢構成をみると，20代が31％，30代が31％，40代が32％，50代が5％と若手の割合が高いことが特徴である．とくに，20代については新潟県内の20代の基幹的農業従事者693人の2割に相当する132人のオペレーターが生まれており，無人ヘリ防除は地域の若手農業者が結集する場となっている．

表8.2 水稲防除作業受託の概況

	販売農家	農家以外の事業体	サービス事業体	航空防除のみ*1	合計
受託戸数・組織数	11,985	218	1,906	637	14,109
作業受託面積（ha）	30,842	3,580	598,329	409,855	632,751
1戸・1組織当たり面積（ha）	2.6	16.4	313.9	643.4	44.8
受託面積のシェア（％）	4.9	0.6	94.6	64.8	100.0

資料：2000年農林業センサス
注：*1）全てのサービス事業体から航空防除のみを行うもの以外の事業体を差し引いて算出．

以上のように，無人ヘリの取り組みは，300〜600 ha といった大規模な農業サービス事業として行われ，有人ヘリ防除の中止や地上防除に代替する形で大きな地域貢献を果たしている．また，ごく少数となった地域の若手農業者が，新たな大規模稲作技術に関心を持ち，自ら水田農業のイノベーションの担い手として活動し始めているという点も，地域農業の持続的発展という点から注目される．そこで本稿では，こうした無人ヘリによる共同防除組織の活動を後継者世代が中心となる次世代の農業の芽生えととらえ，無人ヘリ防除組織の特徴と地域農業に与える効果について分析していきたい．なお，分析に当たっては，北海道，東北と並ぶ無人ヘリ防除の先進地域である新潟県を対象とした．

2．無人ヘリ防除の特徴と導入の条件

(1) 防除の実施主体と作業の実際

共同防除の事業実施主体は，NOSAI や航空防除協議会であり，病害虫防除所の助言を得て，薬剤，期間の決定など基幹防除の計画立案を行う．また，事務局として，航空防除の事前通知，防除マップの作成，料金徴収などを行っている．一方，実際の防除作業は，多様な組織によって実施されている．新潟県の例で具体的に見ると，防除面積の約半分は，NOSAI や JA が機体を所有し，農家オペレーターを臨時雇用したり，職員に免許を取得させて作業を実施している．残りの部分については，無人ヘリのメーカー系の防除サービス会社（大型無人ヘリ RPH 2 を用いる県外の防除サービス会社を含む）や農家オペレーターによる防除作業受託組織が受託しており，防除時期が異なるのを利用して，県外の農家オペレーターが機体持ち込みで出稼ぎに来るケースもある．

防除作業は，圃場の手前から奥へとヘリを前後進させる形で無線操縦を行うオペレーターと圃場の奥の側でヘリの位置を確認する合図マンが一組となり実施する．さらに，薬剤の調剤・交通整理をする補助が1〜2名付き，圃場確認のために集落代表が立ち会うケースもある．1フライトで1〜2 ha を散布して（薬剤の散布量は 0.8 l/10 a，搭載可能量は 21〜24 l なので，最大 3

表8.3 新潟県上越地方における防除スケジュールの一例

水稲防除	早稲（あきたこまち） 7/23〜24，スミチオン	基幹防除（コシヒカリ） 8/1〜3，カスラブジョーカー	緊急カメムシ防除 8/11〜13，ジョーカー
大豆防除	1回目，7月下旬	2回目，8月上旬	3回目，8月下旬
	アブラムシ・紫斑病防除（スミチオン・ベルクート）		

注：2001年実績．大豆防除の1〜2回目は水稲防除と3回目は早生水稲収穫と競合する．

ha），薬剤を補給し，おおむね3フライトに1回燃料を補給するというサイクルで，1時間に最大4〜5 ha の防除が可能である．1日の作業は，早朝4時から準備，5時から作業を始め，通勤通学の7〜8時には作業を休んで朝食．8時から作業を再開し，11時ころまで午前中5時間で20 ha 程度の面積をこなすのが典型である．気温の上がる午後は機体のオーバーヒートのリスクが増し，作業能率も落ちるので休むことが多い．

　防除日程については，表8.3に一例を示したが，水稲基幹防除は，防除効果を上げるために，地域で一斉に行われることが重要である．このため，防除協議会などによって設定される防除期間は，極めて限られたものになる．こうした特徴から，農業センサスの航空防除のみを行う事業体にみられるように（表8.4），防除面積別には300 ha を超す組織が5割以上を占めるにもかかわらず，オペレーターの従事する日数は10日未満が約7割を占めており，航空防除がきわめて季節性の高いサービスであることがわかる．このため次に

表8.4 航空防除のみを行う水稲作サービス事業体の概況

	全体	100 ha 未満	300 ha 未満	300 ha 以上
防除面積別 事業体数	638組織 100 %	113 18 %	185 29 %	340 53 %
	全体	1〜9日	10〜29日	30日以上
従事日数別 オペレーター数	4,460人 100 %	3,039 68 %	1,122 25 %	299 7 %

資料：2000年農林業センサス
注：全てのサービス事業体から航空防除のみを行うもの以外の事業体を差し引いて算出．

取り上げるように,無人ヘリ防除組織においては,ヘリの稼働率と採算性が大きな問題となっている.

なお,こうした作業を遂行する上では,事前協議や安全運行の徹底が不可欠である.航空防除は地域の信頼に基づいているという観点からも,飛散や騒音の問題,安全運行のあり方について,航空防除協議会などを核として地元の関係者との十分な事前協議が求められる.また,近年,有機農産物の生産に取り組む農家が増えていることから,こうした区域においては緩衝帯の設置など必要な措置を検討する必要がある(農林水産航空協会 2001).

(2) 経費と採算性

一方,無人ヘリの導入には多額の経費が発生する(表8.5).無人ヘリの取得に当たっては補助事業が用いられることが多いが(作業面積を増やすために広域利用を行う際には,事業対象の市町村とのズレが問題になることがあ

表8.5 無人ヘリ防除のコスト

	費 目	価 額	値 幅	備 考
固定費	機体取得費	1,000万円	900〜1,000万円	R-MAX, YH-300, 償却期間5年 取得年次や装備品により異なる.
	年間保険料	40万円	35〜47万円	機種や事故歴による.
	一般整備費	15万円	10〜18万円	交換部品などにより異なる.
	定期点検費	40万円	33〜44万円	規定飛行時間ごとに定期点検 (100時間,300時間点検など)
	固定費合計 (補助なし)	158万円/年 (248万円)		機体は5割補助での償却費 定期点検費は3年に1度で算出
変動費	燃料費	100円/ha	100〜200円	
	支払賃金 (内訳)	6万円/日		オペ2名(操縦+合図マン) 作業員2名(調剤,圃場確認)
	オペ賃金	2万円/日*	1.0〜2.2万円	実働時間,防除面積による.
	作業員賃金	1万円/日*	8〜10千円	地区の標準賃金に準ずる.
	変動費合計	3,100円/ha		防除面積 20 ha/日として算出
その他	免許取得料 諸経費	50万円/人 4万円程度	40〜55万円	助成金制度での取得が多い. 車両借上費,倉庫賃料,高熱水道料, 会議費,食糧費など

注:2002年度の新潟県内における取り組みについての聞き取りに基づき宮武作成.

る），無人ヘリは機体価格800〜1,000万円という高額機械である．また，事業費としては，年間保険料40万円，部品代などを含む整備費が15万円，一定飛行時間毎の定期点検費40万円が必要である．農家オペレーターを雇用する際の賃金も，特殊技能を要することから1日当たり1.0〜2.2万円と高めの水準である．また，免許取得には40〜55万円の研修費が必要となる（農林水産航空協会の認定が必要であり，各メーカーが講習を実施している）．この他，ガソリンやオイル代（1 ha 100円程度），機体や調剤用水タンクを運搬するための軽トラック2台，農閑期のヘリ保管場所の確保が必要となる．

　防除コストは，機体導入の際の補助率，オペレーター賃金，防除回数，防除面積によって大きく左右されるが，新潟県の場合，防除回数2回の地域が多く（東北では3回が多い），1機当たり延べ防除面積は118〜253 haであるため，薬剤費を除く10 a当たり1回の防除コストは1,000〜1,400円となる（表8.6）．このため作業料金は1,200円前後に設定されているが，これは有人ヘリの防除料金900〜945円と比べて割高なため，適期防除による防除効果の高さなどで委託者の理解を求めるとともに，作業効率アップなどによるコストダウンに努める必要がある．具体的には，チーム編成を工夫して作業ノ

表8.6　新潟県における無人ヘリ防除の実施状況と採算性

1機当たり防除面積				
	1回防除	118 ha	111〜126 haa	23事例中，1回防除 3件，2回防除 13件，3回防除 7件．
	2回防除	226 ha	133〜343 ha	オペが確保できない等で稼働率低かった 3件を除く．
	3回防除	253 ha	145〜314 ha	300 haを越す 3件は大豆を含んでいる．
1日当たり防除面積		20.8 ha	12〜29 ha	初年目等2件を除く 21組織平均 <参考>専門業者では 27〜28 ha
防除料金（薬剤費除く）		1,200円/ha	1,050〜1,300円/10 a	<参考>有人ヘリ防除では 900〜945円/10 a
採算性		補助あり	補助なし	備　考
	年固定費	158万円	248万円	表8.5参照
	変動費	310円/10 a	310円/10 a	表8.5参照
	作業原価	1,009円/10 a	1,400円/10 a	年間防除面積 226 haとして算出
	損益分岐点	177.5 ha	278.7 ha	防除料金 1,200円として算出

注：2002年度「新潟県産業用無人ヘリコプター推進協議会」資料に基づき宮武作成．

ウハウの共有や技能向上を図ったり,マップ作成・現地確認といった十分な事前準備を行うこととともに,防除除外地が増え作業能率が上がらないケースでは,飛散を抑える意味も含めて,団地化などの土地利用調整を進めることが課題となる.一方,作業料金を1,200円として,損益分岐点を求めると,機体導入に5割の補助を得た場合で177.5 ha,補助のない場合は278.7 haとなった.こうした水準は,無人ヘリ防除を独立採算で成立させるには,半額補助を得たとしても,2回以上の防除が行われ,稼働面積が十分確保される必要があることを示しており,防除回数が縮小傾向にある地域では,さらに,転作麦大豆の防除(1機当たり40~80 ha),水稲直播や尿素の葉面散布,除草剤や倒伏軽減剤の散布といった多様な利用機会も検討すべきであろう.

そこで次に,上述のように活動期間が限定され,採算性を確保するには180~280 haといった大規模な活動を必要とする無人ヘリ防除を農家組織として,いかに立ち上げていったか.また,そうした活動が地域農業の発展にいかに影響を及ぼしたのかについて,後継者世代の担い手が主体となった無人ヘリ防除組織を最も早く立ち上げた事例の一つである新潟県旧頸城村(現上越市)のスカイエース21を素材に検討してみたい.

3.若手を中心とした活動の実際

(1)組織設立の経過

旧頸城村では,若手の就農が何年も見られない時期が続いた後,1984年頃から5~10 ha規模の農家の後継者が一人二人と就農しはじめた.彼らは,農業短期大学での研修などで「無人ヘリを飛ばすのが好きになった」,NOSAIから薦められ「とりあえず資格として免許を取っておこう」といった理由で,1991年ころから次々と無人ヘリの免許を取った(新潟県での第一期生も2人いる).そして,1996年には,村役場から「今なら8割補助を得られる」と薦められ,当時の村の20代の農業者5名全員がメンバーとなり,無人ヘリを購入して,スカイエース21を結成したのである.

旧頸城村では,それまで有人ヘリによる航空防除が行われており,「有人ヘリと同額(当時550円/10 a)にすれば,面積は集まるだろう」という見通し

で，年2回の水稲防除を中心にのべ360 ha の防除作業受託を見込んで組織はスタートした．しかし実際には，防除の依頼はほとんどなく，メンバーの圃場（55 ha×2回）しか，防除面積が集まらなかった．このため収支は大幅な赤字となり，オペレーター賃金はなし，逆に1人17万円の追加出資で償還の穴埋めをする結果になった．こうした失敗に対してメンバーは，地域の JA や NOSAI を回ってビラを配布して宣伝したり，航空防除の除外地防除や防除時期が異なるモチ米団地，さらに周辺町村の防除作業まで受託して，作業面積を拡大してきた．また，無人ヘリの販売代理店から県内の防除組織の情報を得て，作業料金を県平均の1,200円/10 a にまで段階的に引き上げた．その結果，1999年には採算面でも1シーズンに一人当たり10～20万円の出役配当を払えるようになったことから，後輩達に参加を募り，活動を拡大するとともに，2000年に中止になった有人ヘリ防除の代替防除や転作大豆の防除の受託を通じて，地域の防除作業の中心的担い手として期待されるようになった．

（2） 地域における評価

スカイエース21が結成され，赤字脱出のため受託面積拡大に努めていた頃，地域においては，減農薬への社会的ニーズが広がり，有人ヘリによる一成防除が困難になる一方で，斑点カメムシや大豆紫斑病といった突発的な病害虫の発生が起きるという相反する問題に直面していた（図8.1）．こうした緊急防除は，有人ヘリ防除では対応が難しく，また，担い手の高齢化や兼業

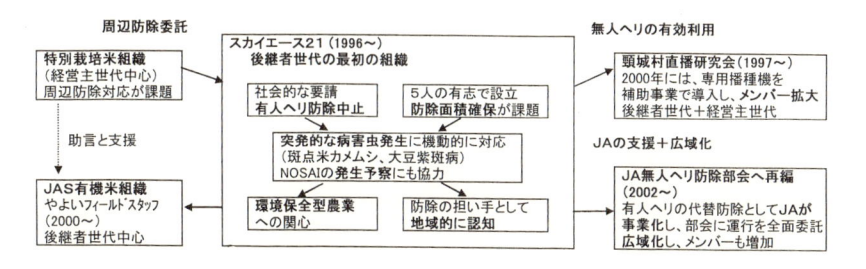

図8.1 スカイエース21を中心にみた防除作業受託の発展と新たな事業展開
　　　注：新潟県旧頸城村での聞き取り調査に基づき宮武作成．

化で，地上防除による対応も困難になる中で，有人ヘリによる防除と比べて機動性に優れた無人ヘリ防除は，それに応える形で防除面積を拡大し，高い防除効果を上げた．さらに，スカイエース21のメンバーは，NOSAIの調査員として病害虫の発生予察にも出役してきた．それらの結果，地域における防除の担い手としての認知が進み，2002年には，JAが事業主体となって新型ヘリを導入し，スカイエース21を再編したJA無人ヘリ部会へ運行を全面委託する形で事業再編が行われ（こうすることで，スカイエースが経験したような作業面積の増減で償還が困難になるリスクはJAが代替することとなった），メンバーの拡充と活動範囲の広域化を実現した．

(3) 波及効果としての若手の活動

一方，無人ヘリ防除を契機に顔を合わせることになった若手農家が連携して，水稲の直播栽培に挑戦したり，米の有機栽培や直接販売を始めるなど，地域水田農業の変革に取り組んでいる点も注目される．法人経営の従業員を含む旧頸城村の20代，30代の青年農業者25名のうち，13名が無人ヘリ組織に参加した他，15名が水稲直播研究会，13名が有機米組織のメンバーとなるなど，地域の若手の過半数を動員した取り組みが，次々と生まれている．

無人ヘリの有効利用を目的に1997年から始まった水稲直播栽培は，補助事業で専用の播種機を導入し，無人ヘリでの散播に比べ倒伏の少ない点播方式に移行しつつ，2002年には経営主世代のメンバーも含め20 haにまで拡大した．こうした後継者世代の担い手達は，10〜14 haといった米政策で理想とされる個別経営体をさらに上回る大規模経営を目標としており，直播栽培のような省力低コスト技術へのニーズがとくに高く，地域における新技術導入のリーダーとなっている．

さらに，若手グループの中からは，安全な農産物を望む消費ニーズに応えつつ，持続的な環境保全型の農業を実現するために，JAS有機米の作付けへの挑戦が始まり，生協への契約販売の取り組みが，転換中を含めて9 haまで拡大しており，減農薬減化学肥料米へも広がりつつある（隣町の1法人も加わった）．スカイエース21は，その立ち上げ以来，特別栽培米に取り組む経営主世代の農家の周辺防除を肩代わりしてきたが，有機栽培の取り組みに際

しては，こうした関係にある特栽米組織の先輩からの助言や支援も重要な役割を果たしており，若手農業者の取り組む事業が相互に関わり合いを持ちながら発展していることが特徴となっている（工藤 2002，高宮 2005 など東北地域の先進事例でもこうした波及効果が見られる）．

4．むすび

　以上のように，無人ヘリ防除の取り組みは，300〜600 ha といった大規模な「農業サービス」事業として行われ，有人ヘリ防除の中止や地上防除に代替する形で大きな地域貢献を果たしている．また，ごく少数となった地域の若手を総動員した形で行われ，彼らが地域農業の担い手として認知されるきっかけとなるとともに，水稲直播栽培の導入や有機米の栽培・販売組織の結成といった波及効果を上げており，経営主世代まで含んだ地域農業の変革につながる動きとして注目される．

　世代別の担い手の変化から地域農業の動向をみると，昭和一桁世代（第1世代）に比べて現在の経営主世代（第2世代）では，専業的な担い手の数が3分の2程度にまで減少しており（表8.7），昭和一桁世代の引退が進むにつれ，農業を集落ぐるみで組織化したり，限られた少数の担い手農家が農地を引き受けて規模拡大を進める傾向が強まってきた．しかし，さらに後継者世代（第3世代）にまで目を移すと，専業的な農業の担い手は，劇的に減少している．こうした傾向は，就農機会が限られる水稲中心の経営が多い東北や北陸地域で顕著であり，20代，30代を合わせた後継者世代の担い手は，北陸全体でも，販売農家182,210戸の2％に満たない3,383人にまで減少している．無人ヘリ組織の活動は，このように担い手の数がごく少数に絞り込まれていく第3世代が中心となる時代の地域農業が進むべき方向について，いくつかの示唆を与えていると考えられる．

　その第一は，無人ヘリ組織の活動は，1機当たり100〜200 ha といった大規模な事業規模が必要であり，防除協議会の協力など地域的認知なしには成立し得ない一方，少数のオペレーターが地域的な農業サービスを一手に担うという性格が強いことから，担い手と地域農業との相互依存的な関係が際だっ

た取り組みとなっている点である．これに関して八木（1994）は，「地域の農業への貢献や経営活動にともなう地域環境形成への貢献など，非市場的価値の分野をも含めた経営存立の社会的意義を広く明らかにすることによって，水田経営の経営基盤の強化を図る」という社会戦略をわが国の水田農業経営におけるとくに重要な戦略と指摘しているが，無人ヘリ組織の活動は，こうした社会戦略に基づく，次世代の地域農業への第一歩として評価できるのではなかろうか．

また第二に，無人ヘリ防除を契機に顔を合わせることになった若手農家が連携して，水稲直播栽培などの新技術を導入したり，米の有機栽培・直接販売を始めるなど，新たな取り組みが連鎖的に生まれている点も見逃せない．これらの事業は互いに結びつくことで，経験や知識，人間関係や信用，さらには共通の体験を通じて生まれる積極的なムードといった見えざる資産を共有し，新事業の立ち上げに伴うリスクやコストを軽減するという機能を生み出している（宮武 2004）．こうした特徴から，後継者世代の取り組みは，今後経営者となっていく際に求められる経営管理能力と企業家精神を培うインキュベーション機能を持つものとしても期待される．

ただし，個別の経営発展としてみると，無人ヘリ防除は1シーズン1人当たり10～20万円の所得しか生み出しておらず，それ自体が独立した事業となっていない．箱施用剤やコシヒカリBLの普及により防除ニーズが喪失するといった事業リスクもある．また，直播栽培や有機栽培の導入には高度な栽培管理が必要で，それを習得し経営改善につなげるには時間がかかる．有機米栽培組織への参加には，生産物の販売管理を含めたビジネスモデルの変更が必要といった問題もある．このため彼らの挑戦を地域水田農業の変革につなげていくためには，さらに関係機関による息の長い支援が期待される．

最後に，担い手同士の連携が広域化しつつある点にも注目しておきたい．頸城村で，新たに生まれた無人ヘリ部会の2004年の作業面積は3町村1,024haにまで拡大しているが，こうした広域連携の取り組みとしては，1995年に新潟県で「新潟県無人ヘリコプター推進協議会」が設立されたのを皮切りに，秋田県でも「大曲地域無人ヘリ組織協議会」が設立されるなど，全県や地方

表8.7 北陸地域における基幹的農業従事者数の推移　　（単位：人）

年　齢	1990年	1995年	2000年	世代区分
15～19歳	47	39	38	第3世代 後継者世代
20～24	451	320	334	
25～29	1,161	545	621	
30～34	2,992	1,295	773	
35～39	6,115	2,847	1,617	
40～44	7,619	5,555	3,066	第2世代 経営主世代
45～49	9,284	6,912	5,783	
50～54	15,310	8,684	7,562	
55～59	24,157	14,981	10,558	
60～64	32,879	26,538	22,133	
65～69	25,216	30,448	30,035	第1世代 昭和一桁世代
70～74	14,122	18,132	26,925	
75歳以上	8,073	10,344	16,828	

資料：農業センサス，1990年は総農家，1995年と2000年は販売農家
注：基幹的農業従事者とは，農業就業人口のうちふだんの主な状態が「主に仕事に従事していた者」をいう．若い世代では，学生やフリーターも農業就業人口にカウントされることが多いため，この指標を用いた．

を単位に協議会が組織されており，作業料金などの情報交換，オペレーターの相互支援，航空防除専用農薬の共同仕入れなどの取り組みが行われている．今後，担い手の数が絞られる第3世代においては，活動範囲の一層の広域化は避けて通れない動きであろう．

[参考文献]

（1）農林水産航空協会「産業用無人ヘリコプターによる病害虫防除実施者のための手引き」2001
（2）工藤昭彦「環境適応としての循環型農業経営構築の課題」農業経営研究 39-4，2002
（3）高宮宣久「究極の循環型農業を目指して」公庫月報 2005年5月号
（4）八木宏典「米生産の国際環境とわが国水田経営の基本戦略」農業経営研究 32-

3，1994
（5）宮武恭一「水田農業における担い手の新たな展開」東北農業研究 22-2，2004
（6）宮武恭一「無人ヘリコプターによる共同防除の課題と展望」農業経営通信 218，2003
（7）長谷川邦一「産業用無人ヘリコプター導入の現状」農業経営者 10 号，1995

第9章　労働市場サービス提供による
　　　　地域農業の支援 *

1．はじめに

　これまで，農業労働力の雇用は，血縁関係または地縁関係に基づくいわゆる縁故関係による相対雇用が主流を成してきた．したがって，農業労働力の雇用に介する労働市場サービス提供の実施例は，北海道の一部の大規模野菜産地[注1)]を除けば稀にみるものであった．ところが，近年においては，縁故関係に依存する雇用方法が機能不全を起しており，これが野菜・果樹産地を中心に多様な労働市場サービスの提供を促している．
　本章では，農業労働力の雇用をめぐって発生する問題が労働市場サービスのニーズとして現れていることを示した上で，当該サービスを野菜・果樹経営に提供している幾つかの実施事例の仕組みと特徴を捉えることにより，労働市場サービスの提供が重要な地域農業の支援手段であることを明らかにしたい．

2．農業労働力の雇用現況

（1）農業における雇用拡大

　農業労働力は農業機械によって積極的に代替され，自営農業労働時間は減少の一途を辿ってきた．2003年の農家1戸当たりの自営農業労働時間（1,703時間）は，1965年（3,057時間）より44.3％減少したことになる．ところが，自営農業労働時間の減少とは裏腹に，農家の雇用依存度は高まっている（図9.1）．農家の雇用労働力への依存度を確認するに当たって，自営農業労働時間に占める雇用労働時間の割合を用いた．同割合は，1981年の3.8％

---

* 李　哉法

を境に，それまでの減少から増加に転じたが，それ以降は専ら増加し続けている．なお，図9.1からは，雇用労働時間数も，雇用労働時間割合と同様に，1981年を境に増加しつつあることがみてとれる．

このように農家の雇用依存度が高まっている背景には，家族労働力の脆弱化とともに，稲作部門に比べて相対的に機械化が憚れている野菜・果樹部門

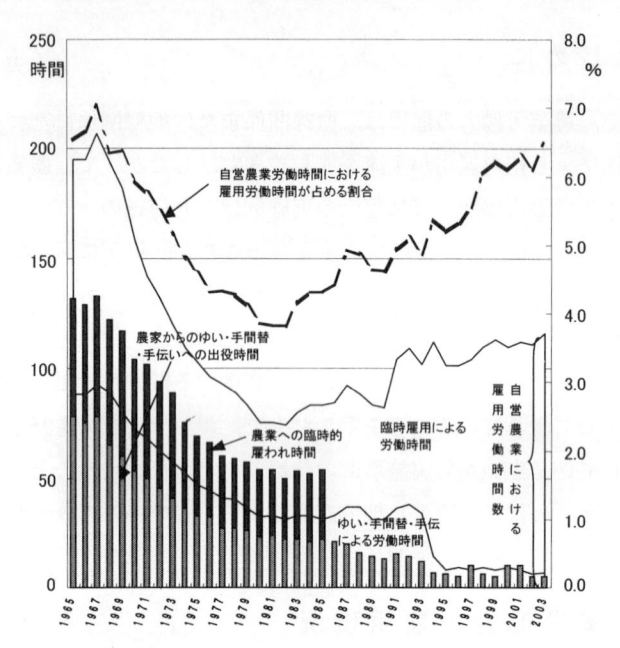

図9.1 農家における雇用労働時間数および雇用労働時間割合の推移
（1965～2003年）

資料：農林水産省「農家経済統計調査」各年度（平成4年まで）および「農業経営動向調査」各年度（平成5年以降）

注：1）累積グラフの合計が雇用労働時間の合計である．
　　2）棒グラフは，農家が出役した時間数を種類別に示したものであり，昭和61年以降はこのような区分は行われておらず，近年は農作業受託への出役時間が加わっている．
　　3）自営農業労働時間に占める雇用労働時間の占める割合＝（ゆい・手間替え・手伝い受入時間＋臨時雇用による労働時間）/自営農業への労働投下時間合計
　　4）平成4年度以降は，標本農家が販売農家のみへと変更されたために，それ以前のデータとの連続性がないことに注意されたい．

の雇用需要がある．「農業経営動向調査」（旧「農業経済調査」）が用いる標本農家において，農業専従者数は，1966年以降に1人を下回り，2003年には0.53人となった．さらに，60歳以上の農作業従事者の労働時間が家族農業労働時間に占める割合は，過去40年間（1963～2003年）において12.5％から51.3％へと上昇した．家族農業労働力の質的・量的減少を雇用労働力によって埋め合わせていることが容易に考えられる．

　基幹作業の機械化体系が確立している稲作に比べて，依然として手作業に強く依存している野菜・果樹経営において雇用需要が大きいことは周知のとおりである．農業センサスにより野菜・果樹経営の雇用経営割合と雇用規模を確認した（表9.1）．雇用農家割合にしろ，雇用農家1戸当たりの雇用規模にしろ，何れの経営部門においても，年雇や臨時雇の雇用拡大が進行してい

表9.1　野菜・果樹作経営における雇用経営割合及び雇用規模の推移　単位：％，人，人日

年度別・雇用形態別 経営部門別・企業形態別			1980年 (農家)	1985年 (農家)	1990年 (農家)	1995年 (農家)	2000年 農家平均	2000年 大規模農家[1]	2000年 農家以外の農業事業体
耕種部門平均	雇用経営割合	年雇	0.1	0.1	0.2	0.6	0.9	9.8	43.7
		臨時雇	15.3	11.9	11.4	8.8	11.3	48.9	10.3
	1経営当たり雇用規模	年雇	2.9	2.4	2.6	2.6	2.9	3.1	51.8
		臨時雇	29.9	34.3	41.8	65.2	65.1	136.9	857.4
露地野菜部門	雇用経営割合	年雇	0.1	0.2	0.3	0.9	1.5	6.0	53.5
		臨時雇	9.5	9.7	11.7	11.4	16.3	42.5	59.4
	1経営当たり雇用規模	年雇	2.6	1.9	1.9	2.0	2.2	2.3	6.2
		臨時雇	72.3	84.0	90.5	95.5	100.7	157.4	924.4
施設野菜部門[2]	雇用経営割合	年雇	1.4	2.8	3.7	6.0	7.3	12.3	74.4
		臨時雇	26.4	27.8	27.2	28.3	32.3	43.8	65.9
	1経営当たり雇用規模	年雇	2.1	2.6	2.5	2.5	3.0	3.2	12.2
		臨時雇	85.1	109.2	130.9	132.5	120.1	146.3	2204.7
果樹部門	雇用経営割合	年雇	0.1	0.1	0.2	0.5	0.7	3.8	45.0
		臨時雇	24.5	21.6	25.1	27.3	33.9	75.2	70.9
	1経営当たり雇用規模	年雇	1.8	1.6	2.7	1.8	1.8	1.9	6.9
		臨時雇	48.1	44.2	52.1	58.1	59.6	110.9	738.1

資料：農林水産省「農業センサス」各年度．
注：1）経営耕地面積5ha以上・販売金額7百万以上の農家である．
　　2）1990年センサスまでは，花卉経営が含まれている．

ることがわかる．2000年農業センサスでは，施設野菜や果樹経営部門における臨時雇の雇用農家割合が30％を超えていることが注目される．なお，大規模農家の雇用農家割合や雇用規模は，農家平均を大きく上回っている．さらに，農業法人経営などの農家以外の農業事業体においては，年雇の雇用が普遍的にみられるほか，臨時雇の雇用規模が農家のそれに比べてはるかに大きい．

（2）雇用労働力の確保方法に生じる変化

農作業については，各々の作業の適期を人為的に調整することは困難であり，自然または作物の生育条件により与えられた作業適期内に当該作業を完結的遂行しなければならない．そこで，農作業の適期に如何にして，迅速かつ安定的に労働力を確保し農作業に投入するかは，常に野菜・果樹経営を悩ましている大きな課題である[注2]．

これまで農業経営が用いる主たる雇用方法は，近隣農家相互間または知人などを介して行う相対雇用であった．ところが，近年においては，雇用労働力を安定的に確保するにあたって，相対雇用以外の方法が求められていることを示す調査結果がある．

関東農政局の調査（表9.2）では，労働力を雇用するに当たって，農協などの協力を必要とする他，ハローワークに求人依頼を提出している農業経営の

表9.2　農業経営における雇用労働力の確保方法

	どこにも相談しない	知人	農協	市町村	ハローワーク
500万未満	57.1	60.7	14.3	10.7	3.6
500〜1000	64.6	66.7	4.2	10.4	0
1000〜3,000	52.3	57.5	15	11.8	3.3
3000万円以上	65.2	43.9	12.1	0	21.2
平均	57.8	56.4	12.5	8.8	6.8

資料：関東農政局「農業経営の安定・発展に資する労働力確保」『食料・農業・農村情勢報告』2001．
注： 1）家族以外の労働力を使用していると回答した者は全体（465人）の58.4％である
　　 2）情報源として与えられた選択肢の中には，「経営改善センター」，「改良普及センター」が含まれているものの，いずれの回答割合は5％未満であった．

存在を確認している．なお，販売金額の3,000万円以上の雇用経営においては，ハローワークの利用度合いが相対的に高いことが注目される（表9.2）．

（3）雇用労働力の確保困難

縁故関係に基づく相対雇用が順調に行われないということは，雇用労働力の確保が困難であることを意味する．農林水産業が実施した意向調査[注3]の中には，雇用労働力の確保に困難を訴える農業経営の姿が映し出されている（表9.3）．同調査によると，農業経営を営むに当たって，労働力に係る問題と

表9.3 農業経営を営む上での問題点（労働力について）　　単位：人，％

区分		回答者数	高齢化	配偶者への負担	後継者不在	雇用労働力の不足	年間の安定的な就労困難	その他
合計		2622	21.4	42.3	28.5	20.7	23.2	4.7
経営部門	稲作	475	25.5	39.2	28.2	18.1	30.7	4.6
	野菜	333	23.1	45.6	29.7	19.5	26.7	4.2
	果樹	296	21.3	38.9	34.1	26.4	23.0	4.7
	施設園芸	654	17.7	43.6	26.5	22.6	23.7	5.2
	その他作物	304	21.7	42.1	28.0	26.6	25.7	3.0
	酪農	231	21.6	48.1	30.7	15.6	8.7	9.1
	肉用牛	145	21.4	40.0	29.0	16.6	16.6	2.1
	その他畜産	184	20.1	40.2	22.3	13.6	15.8	3.3
販売金額	300万未満	154	46.8	27.9	43.5	10.4	13.6	3.9
	300～500	182	34.6	34.1	41.8	17.0	21.4	2.2
	500～700	249	30.1	40.6	37.8	13.3	25.7	2.4
	700～1000	410	22.4	42.4	33.2	21.7	24.6	4.6
	1000～2000	858	18.1	46.9	26.5	23.8	23.4	4.7
	2000～3000	365	15.9	45.2	21.9	21.9	24.4	5.8
	3000万以上	404	11.4	40.1	16.3	22.3	23.3	6.7
モニター年齢	40歳未満	172	1.7	43.0	4.7	39.5	39.0	6.4
	40～49	704	4.8	45.7	22.4	30.8	31.8	6.5
	50～59	998	15.5	44.9	33.3	18.8	24.6	4.3
	60歳以上	748	49.3	35.4	33.2	9.4	9.6	3.1

資料：農林水産省「農業経営の展開に関する意識・意向調査結果」2003.10

して，家族労働力の負担増や高齢化を挙げているものの，雇用労働力の不足を問題として指摘している回答者も全体の20.7％であった．調査対象モニターの一部のみが雇用労働力を導入していることを考慮すれば，雇用労働力の不足を問題視している農業経営は少なくないと言えよう．しかも，雇用労働力不足への回答割合は，販売金額が大きいほど，またモニターの年齢が若いほど目立って高い．

(4) 労働市場サービスに対するニーズ

農業における雇用は，かつての「ゆい・手間替え・手伝い」のような農家間の相互扶助的な性格から臨時雇を中心とする近代的な雇用関係へと急速に変わってきた(前掲図9.1)．また，後に見る労働市場サービスの提供事例からは，野菜産地で働いているパートタイム労働者やアルバイトには周辺地域の市街地に居住する非農家世帯の主婦や大学生が多く含まれている．農家の兼業化や農業就業人口の質的・量的減少とともに，農村地域の都市化，非農家

表9.4 雇用労働力の確保のために，国・自治体等に力を入れてほしいこと

順位	国・自治体等に力を入れて欲しいこと	回答数	割合(％)
1	農業機械銀行の設置・拡充や農作業受委託の推進	1,304	44.8
2	農協や市町村などが中心に職業紹介事業を行なう	1,180	40.5
3	農作業が集中しないような作目の組合せづくり，経営多角化支援	1,101	37.8
4	忙しい時期が違う経営間で労働力をやり取りする仕組みづくり	996	34.2
5	農業に関する研修制度の充実	533	18.3
6	外国人労働者を受け入れやすくするような制度改正	351	12.1
7	職業安定所の事業の充実	295	10.1
8	地元出身者のUターンのためのPR活動	289	9.9
9	農業労働者に対する職業訓練事業の導入・充実	239	8.2
10	農業関係の充実した就職情報誌の発行	238	8.2
	合　計	2,912	100

資料：農林中金総研「平成4年度農業労働力の確保・調整のための調査研究」結果より．

世帯の増加が，農村地域における雇用労働力の供給源の縮小に拍車をかけている．したがって，農業経営が雇いうる労働力を日常的なつきあいの範囲の中で見つけることが困難となり，雇用農業労働力の調達先は不特定多数の求職者を供給源とする広域労働市場へと広がっている．このことが労働市場サービスに対するニーズとして現れている．広域労働市場に存在する不特定多数の求職者に関する情報が乏しく，雇用に資する者か否かを判断するスクリーニングの経験の少ない農業経営にとって，求職者に関する情報の提供や求職者の紹介・斡旋という機能をもつ労働市場サービスが雇用プロセスに果す役割が大きいからである．そうした労働市場サービスに対するニーズが大きいことを表9.4から確認できる．

3．多様な労働市場サービス

（1）労働市場サービスの類型

労働市場サービスは，労働市場において求人と求職の円滑な結合を支援する働きまたは機能である．そして，労働市場サービスは，「求人と求職に関する正確で的確な情報の提供機能（委託募集や雇用情報誌など）」，「求職と求人を結合させるための紹介・斡旋機能（ハローワークを始め各種職業紹介事業）」，「求人と求職のミスマッチを解消し結合を促進する機能（各種職業訓練施設など）」といった三つの機能に区分することができる．また，「人材派遣」と「業務受託」は，雇用契約に介するサービスではないものの，労務サービスそのものを直接提供する機能として労働市場サービスに該当する[注4]．

以下には，野菜・果樹産地において労働市場サービスを提供しているいくつかの事例を整理した．その類型化に当たっては，「情報提供型」，「紹介・斡旋型」，「派遣型」，「農作業受託型」に区分している．雇用のプロセスに当該サービスがどの程度の係わりをもっているかに焦点をあてた区分である．野菜・果樹産地で実施されている労働市場サービス供給事業には，単なる求人または求職者に関する情報提供に留まるタイプ（情報提供型），求人者と求職者の相互の斡旋まで立ち入って行われるタイプ（紹介・斡旋型），農業経営が必要とする労務サービスそのものを提供するタイプ（派遣型または農作業受

託型）等々，様々なタイプがある．

（2）農協などによる多様な労働市場サービスの提供事例[注5)]

1）情報提供型-サポートバンク事業（JAよこすか葉山）

　神奈川県横須賀市は，京阪市場という大消費地に近いメリットを生かし，露地野菜を中心に首都圏へ野菜を供給している．当該地域には，早くから都市化が進み，農業労働力の確保が困難な状況が長らく続いている．サポートバンク事業は，こうした事態を改善すべく，農協が，雇用労働力を必要とする農業経営と農作業を希望する求職者が互いに利用しうる求人・求職情報をまとめた上，必要に応じて開示する仕組みをもって，1998年より実施されている事業である．同事業では，農作業従事を希望する求職者を「募集」し，これに応じた求職者のプロフィールや希望する就労条件（賃金，休日，作業内容など）を情報としてまとめている．一方，求人農家についても，雇用希望人数や就労条件を求人情報として整理している．この求職・求人情報は，農協に保管され，求人者または求職者からの要求があった場合のみ開示されることになる．なお，マッチングについては，農協は係りを持たず，求人・求職者が互いに連絡を取り合って行われる．1998年の事業実施初年度において，求人農家の23戸，求職者の140人が各々応募した．同事業は紹介・斡旋などマッチング過程には関与していないために，そのうち何人の求職者が，何戸の農家に雇われたかは把握されていない．

2）紹介・斡旋型-グリーンサポーター事業（石狩市農業綜合支援センター）

　石狩市農業綜合支援センターは，石狩市や農協が地域農業振興のために，2000年に設立したものである．同センターが受け持つ事業の中に，グリーンサポーター事業がある．同地域においては，米や野菜の価格低迷によって地域農家が大きな打撃を受けることとなり，高い所得が期待できる施設園芸品目（ミニトマトやさやえんどうなど）を新たに導入する動きが見られた．石狩市農協は，このような動きを支援するに当たって，雇用労働力の迅速かつ安定的な確保が，これら新規作物の導入の前提条件であるという判断の下で，労働市場サービスの実施に踏み切った．同事業は，職安法に基づく委託

募集ではあるものの，同センターが求人農家に提供する労働市場サービスの機能は多岐に渡っている．求職者・求人者の情報提供に留まらず，雇用農家に代わって，サポーターの管理業務をも行っている．サポーターを必要とする農家は，雇用労働力が必要な時に，作業実施日の二日前まで同センターにサポーターを要請すれば，その後の手続き（サポーターの手配，作業日，集合場所・時間の連絡など）は同センター職員によって行われる．さらにサポーターの雇用後においても，賃金の計算，賃金明細の作成，賃金の振り込みなどの事務手続をセンターが一括して引き受けている．2002年度には，92人の求職者が募集に応じ，サポーターとして登録した．なお，サポーターのほとんどは札幌市北区や石狩市街地に居住する非農家世帯の主婦である．同年度にサポーターを雇用した農家は47戸である．

3）派遣型－労働力対策委員会（JA帯広市川西支店）

帯広市の川西地区は，昭和20年代後半頃から，旧川西村役場が中心となって道南や東北地域にまで季節農業労働者の確保に出かけるほど，地域内で充分な農業労働力を確保することが困難な地域である．近年においては，家族労働力の域外への流出や高齢化，経営の規模拡大，近隣農家の離農が一層進み，労働力不足問題は深刻さを増している．そこで，1992年には，「川西労働力対策委員会」を設置し，季節農業労働力を安定的に供給できる仕組みを作り上げた．同委員会は，募集に応じた求職者を複数の班に分けた上，雇用農家の要望に応じて，作業員を直接農作業に投入できるよう調整を図っている．労働時間，賃金水準などの就労条件は委員会が取り決める他，雇用に伴って発生する事務的手続きをも委員会が取り仕切って行われていることから人材派遣事業に類似している．調査年度（1998年）において，43人の登録者が11班に属しており，毎年延べ1,500～2,000人日の派遣実績を残している．

4）農作業受託型－野菜農作業受託事業（(有)アグリセンター都城）

宮崎県都城市には，農協の出資により設立した(有)アグリセンター都城がある．同センターは，稲作関連の各種施設の運営とともに露地野菜部門に

特化した農作業受託事業を行っている．これまで，JA都城市の露地野菜の系統共販率は，40％程度で低く推移している．野菜の集荷をめぐる競争が激しい中，生産者の多くが，産地集荷商人を出荷先として選択しているからであるが，その背景には，産地集荷商人が用いる独特な契約方法がある．産地集荷商人は，野菜の収穫前に生産者と買取契約を行い，収穫および運搬を集荷商人自らが行うような方法であり，収穫や運搬にかかった費用は後日精算する仕組みである．このような集荷方法が，雇用労働力の確保が困難な多くの農家を出荷者として確保することに大きく役立った．これを裏返せば，産地集荷商人の収穫および運搬作業の代行が農協の系統共販率低下の原因として働いたということを意味する．そこで，農協は産地集荷商人と同様なサービスを提供すべく，野菜受託事業の実施に踏み切った．この事業は（有）アグリセンター都城に受け継がれることとなり，延べ120戸余りの農家から約60 ha弱の面積を確保し，ゴボウやバレイショなどの収穫作業を中心に受託事業を行っている．ちなみに，同センターでは，直営圃場による露地野菜の生産・販売にも取り組んでいるために，独自の募集を通じて確保した102人の求職登録者を有効に活用し，野菜生産・販売事業と利益の少ない野菜農作業受託事業を効果的に両立しうる基盤を構築していることを特記しておきたい．

4．農業における労働市場サービスの特徴と意義

　本章に取り上げた事例はいずれも，農協などが農家に代わって，周辺地域の労働市場に存在する不特定多数の求職者へアクセスし，農家が必要とする季節農業労働力を確保している．不完全情報市場の典型[注6]ともいわれる労働市場においては，求人者または求職者に関する情報の把握やマッチング過程には少なからぬコストがかかっていることが実証されている[注7]．経済学ではこの「情報探索費用」や「交渉費用」を取引コストとして扱っている．一般に，労働市場サービスの提供は，雇用労働力の使用者自らが労働市場にアクセスするより，雇用過程に発生する「取引コスト」を節約する働きをすると言われている[注8]．表9.5に示した事例においても，求職者の募集，求職者

第9章 労働市場サービス提供による地域農業の支援

表9.5 多様な労働市場サービスの実施例

類型	情報提供型	紹介・斡旋型	派遣型	農作業受託型
事業名	サポートバンク事業	グリーンサポーター事業	労働力対策委員会	野菜農作業受託事業
事業主体	神奈川県 JAよこすか葉山	北海道石狩市農業綜合支援センター	北海道 JA帯広市川西支店	宮崎県(有)アグリセンター都城
事業開始年度	1998年	2000年	1992年	1995年1)
調査実施年度	1998年	2002年	1998年	2002年
地域農業の特徴(主要品目)	都市近郊野菜地帯(キャベツナなど葉菜類)	北海道畑作地帯(施設園芸、バレイショ)	北海道畑作地帯(ナガイモ、小麦)	南九州畑作地帯(ゴボウ、バレイショ)
求人農家募集 ①募集方法 ②募集時期 ③情報把握	①JA通信 ②年1回 ③作業内容、希望年齢、賃金、就業時間、支払方法、食事および交通費の有無など ※研修会あり	①営農計画作成時にアンケート ②年1回 ③作業内容、賃金、雇用期間、勤務時間、労災保険 ※就労条件に関してはセンターが一括決め	①農事組合に案内 ②年1回 ③作業内容、作業日、作業人数など ※就労条件に関しては、委員会が一括決め	①会社のPOP(委託作業のメニュー) ②随時 ③作業内容、作業面積、作業日
求職者募集 ①募集方法 ②募集時期 ③情報把握	①市の広報誌およびJA通信など ②年1回 ③年齢、性別、希望作業内容、農作業経験有無、現在の職業、応募理由、連絡先など ※研修会(年3回)あり	①求人情報誌および新聞折込広告 ②年1回(追加募集あり) ③働ける時間・期間、通勤方法、健康状態、希望作業内容、連絡先、農作業経験有無、賃金振込み先口座 ※面接による把握	①新聞折込広告及び口込み ②欠員発生時 ③不明	①募集広告の配布およびJA退職者を通じた口コミ ②必要に応じて ③人事カードによる管理
登録者の特徴	・非農家世帯の主婦や高齢者が中心。農作業経験あり(35%)	・比較的年齢の若い非農家世帯の主婦層が中心(札幌市、石狩市の市街地居住者:約64%)	・高齢者を中心とした非農家世帯の主婦	・都城市及び周辺地域の非農家世帯の高齢主婦が中心(登録者に占める60歳以上の割合:66%)
雇用成立までのプロセス	求人者・求職者の募集→情報のとりまとめ→求職者の登録→研修会→必要に応じて情報の開始→求人者・求職者双方による交渉→雇用	求人者・求職者の募集→求職者の面接→情報のとりまとめ→求職者の登録→雇用希望→センターによる作業員の確保→雇用→センターによる賃金明細、源泉徴収の作成、賃金振込みなど	求職者の募集→作業員の確保→雇用希望→作業員の派遣	作業委託の希望→登録作業員の確保→作業受託の実施
事業実績(調査年度)	求人農家:23戸、求職者:申込み者140人のうち登録者は77人	雇用希望農家:46戸、登録サポーター:92人、延べ作業時間:約18,000時間	登録作業員:43人、述べ作業時間:約1,600人日/年	登録作業員:102人、受託面積:延べ60ha弱

注: 1)(有)アグリセンター都城の設立年次は2001年であるが、野菜農作業受託事業は、同センターの前身である営農支援センターが1995年から実施してきたものである。

に関する情報の把握，雇用に資する求職者の紹介・斡旋が農協などによって行われているという意味では，農家が雇用に際して支払う取引コストの節約に大きく役立っている．その他にも，労働市場サービスの提供を受けることにより，野菜・果樹農家が享受しうるメリットがある．

一つ目は，作業適期に迅速かつ安定的な労働力の供給が可能となり，生産物の収穫量の増加や品質向上が期待できるということである．求職者の募集・登録により労働力プールが常に用意されているために，労働力の確保・雇用プロセスが滞ることなく進むことは労働市場サービス利用の最大のメリットである．このメリットが享受できれば，不適期作業によるペナルティコスト[注9]を防ぎ，安定的な収穫量や高い品質が保証される．

二つ目は，被雇用者の労務管理に必要な様々なペーパーワーク（作業時間のチェック，賃金の計算，賃金明細および源泉徴収の作成，賃金の振込み等々）から解放されるということである．経営者自らが農作業に従事する農家がほとんどであることを考慮すれば，短期間に集中する雇用期間中の慌しさの中で，雇用に伴って発生するペーパーワークをこなすことは容易ではない．本稿に示した事例（前掲表9.5）のうち，情報提供型を除けば，農協などが一部のペーパーワークを代行しているために，経営者の管理業務の軽減が図られる．ちなみに，この点は，アメリカの大規模農場が季節農業労働者の雇用の際に積極的に活用されているFLCs（Farm Labor Contractors）の利用動機でもある[注10]．

三つ目は，経営の規模拡大，事業領域の拡大，作業および雇用環境の改善など経営成長や経営改善に大きく役立つということである．野菜・果樹経営に関しては，雇用労働力の安定的な供給が見込まれない状況の下では，経営の規模拡大や事業領域の拡大の実現が難しい．また，雇用労働力の確保が困難となれば家族労働力の過重労働が強いられ，現に多くの野菜・果樹農家がストレスや疾病に苦しんでいるという研究結果がある[注11]．雇用環境についても，雇用形態がパートタイムやアルバイトの雇用が主流となりつつある中で，労働関係法に則した就労条件の整備や労務管理に不慣れな雇用農家が少なくない．何れも，労働市場サービスを有効に活用し，労働力の雇用と労務

管理を効率的に行うことによって解消できる問題である．

　最後に，多くの事例を通して，最も注目すべき点は，求職者の募集に，非農家世帯の主婦，高齢者，若い女性の応募が目立っているということである．従来，農作業は3K（きつい，きたない，きけん）のつく仕事として扱われ，農業は就労先として敬遠されていると思われていた．しかしながら，調査先々には手をつないだ高齢者夫婦，未婚の若い女性，他県から移動してくる若いフリーター達，大学生が畑や果樹園で農作業を手伝っていた．彼らが農業を就労先として希望する理由には，「土にふれ自然に接しながら仕事がしたい」，「苦労している農家を助けたい」，「農作業を体験してみた」等々がある．

　野菜・果樹産地における雇用労働力の確保困難は，働き手がいないから発生する問題ではない．農村の域を超えて広がる農業を供給先とする労働市場と農作業現場が隔離されていることに雇用問題の本質がある．野菜・果樹産地にあっては，産地を単位とした労働市場サービスの提供は，雇用労働力不足問題を解決しうる重要な地域農業の支援手段である．

［注］
1) 北海道の大規模産地では，古くから本稿でいう労働市場サービスを実施してきたことを多くの研究成果から確認できる．北海道をフィルドにした研究は，岩崎徹編『農業雇用と地域労働市場—北海道農業の雇用問題』北海道大学図書刊行会，1997の所収論文の引用及び参考文献リストを参照されたい．
2) 野菜・果樹作の品目別・作業別の農作業適期の期間や労働時間に規定される雇用パターンについては李哉泫『野菜・果樹地帯における季節農業労働者の確保と雇用（東畑四郎記念研究奨励事業報告28）財団法人農政調査委員会，2004，23〜26頁を参照されたい．
3) たとえば，野菜・果樹経営を営む認定農業者の30％以上が「雇用労働力の確保」を経営課題として取り上げている（農林水産省「認定農業者の経営実態及び今後の意向（地域就業など構造調査）」2002）．また，近年まで農業営んでいた離農者を対象に実施した意向調査では，農業経営時に困難さを感じた点について，全体（1,

064人)の39.2％が「労働力の確保困難」と回答している(農林水産省「近年まで農業を営んでいた方への意向調査結果」2003).
4) ここでの分類は,民間の活力と創意を活かした労働市場サービスに関する研究会『労働市場サービス産業の活性化のための提言』社団法人全国求人情報誌協会・社団法人日本人材紹介協会・社団法人日本人材派遣協会,2002を参考にした.
5) 各々の事例について,詳細は,李哉汯ほか『農業労働力の需給システムのあり方』JA全中,1999,李哉汯『農業労働力の需給システムの現状と課題』JA全中,2000,李哉汯・星勉『季節就農者広域確保推進活動に関する調査報告書』JA全中,2001 李哉汯,前掲書,2004.を参照されたい.
6) 清家 篤『労働経済』東洋経済新報社,2002.151頁.
7) George J. Stgler, Information in the Labor Market, The Journal of Political Economy, Vol.LXX, No.5, The Univ. of Cicago, 1962 および民間の活力と創意を活かした労働市場サービスに関する研究会,前掲書,2002を参照.
8) 労働市場サービスの利用による取引コスト節約に関するメカニズムについては,李哉汯,前掲書,2004,33〜38頁.
9) J.P. Mmakeham & L.R. Malcolm, *The Farming Game Now*, Cambridge Uni. Press 1996, p.224 ; Ronald D. Kay, William M. Edwards, *Farm MANAGEMENT*, McGRAW-Hill, INC.1994, p 416 を参照.
10) アメリカにおけるFLCsの利用実態については,八木宏典「アメリカにおける農業労働者雇用の現状と諸問題」『農業経営研究』30巻1号,日本農業経営学会,1992を参照.なお,FLCsの利用動機を確認している研究としては,Sabrina Ise, Jeffrey M. Perloff, Stephen R. Sutter, Suzanne Vaupel, Directly Hiring Workers Versus Using Farm Labor Contractors, *Agricultural Personnel Management Program Project Report*, Univ. of California,1994 がある.
11) 品部義博・酒井一博・渡辺明彦「野菜作専業農家の労働生活とストレス」『労働科学』第72巻第7号,労働科学研究所,1996.

第10章　都市農地の保全と市民参加型経営*

1．市民参加型農業経営の概念整理

　都市農地の保全は緊急の課題である[注1]．しかしながら，資産保有目的の農地への課税軽減を認めるほど，都市農家に対する世論は寛容でない．一定の経営努力を行い，都市市民の需要に応えていく農業経営でなければ，都市農家の存続は難しい情勢となっている．こうした中で，2000年に施行された食料・農業・農村基本法では，市民農園整備や都市農村交流の促進，都市部の農業生産振興が定められている[注2]．本章で扱う市民参加型農業経営は，「農地を市民に対して継続的に開放し，農作業への市民参加を導入している農業経営」として捉えられる．収穫物の処分権やリスクテイクは農家側にあり，経営展開の一形態といえる．

（1）市民農園（貸し農園）と市民参加型経営

　これに対し，農地を市民に貸し，年間を通じた意思決定のほとんどを市民に委ねるのが市民農園（貸し農園）である．農地の市民への開放ということであれば，都市農地を全て市民農園に転換し，農家や農業経営は不要ということになりかねない．むしろ，そうではなく，市民参加型農業経営の展開が注目されるのは，①農地所有課税に対する社会的公正と農地保全の両立，②農業技術の継承および農家と都市住民との交流の確保，③市民農園の維持管理，景観問題，④市民側の需要の量と質の問題といった理由が挙げられよう．

　①の農地所有課税問題は，とくに，農家が所有する農地で市民農園が開設されるケースにおいて生じる．市民農園は，必ずしも農家が生業として農業を営んでいるものとはいえず，固定資産税，都市計画税の減免などが行われても，相続税の納税猶予制度までは対象とならない．このため，農地所有者

---

*八木　洋憲

に相続が発生すると，市民農園の継続が困難となることもしばしばある[注3]．一方で，生業とはいえない市民農園の農地所有者に対して，現行以上に課税を軽減し，世代を越えて農地を保有させることは，かつての都市農業批判に見られるように，市民的合意を得られないだろう．

②の農業技術の継承については，都市農業といえども，もともとは，地域の風土にあわせて代々の農業者が様々に技術を伝えてきたという背景がある．農家との交流は，まさに，その地域に代々受け継がれた地域文化との交流ということでもあり，その保全・継承も，農家による体験農園の一つの意義となるだろう．

③の市民農園の維持管理問題としては，細分化された区画を市民が自由に利用することより，一部の区画が管理放棄されたり，景観が不統一になることが指摘できる[注4]．維持管理に要する財政負担だけでなく，苦情への対応をはじめとする管理者の人的負担も無視できない．

④の市民側の需要に関する問題については，市民農園と体験農園の利用者の属性差を示した研究がある．ここで，体験農園とは，農園の開設者が，市民の参加者から対価を受け取って，農作業の一部を体験してもらい，多くの場合，収穫物を参加者に提供する形態を指す．三宅(2001)では，体験農園では，農園から見てより遠隔地まで利用者が広がることや，利用者がより若い層に比重が移ることを指摘しているが，筆者の調査結果[注5]では，体験農園の利用者も農園から1km圏の居住者が57％を占め，50〜60代層が中心であるという結果であった．

合崎(2004)では，市民農園の需要について，定量的な予測を行っている．すなわち，人口密度2,958人/km^2(2000年国勢調査)の千葉県我孫子市を対象としたアンケート調査をもとに，市民農園の設備水準，サービス，農園までの距離，利用料，回答者属性などを説明変数とした需要関数を導出している．これを都市部である東京都国分寺市(人口密度9,704人/km^2，2000年国勢調査)に援用してみると[注6]，0.5km圏の住民を対象とした1.3ha規模の市民農園を15カ所設置するプランでは，全体で18.6haの農地(市の生産緑地の2割程度)が保全可能であると推計された．都市部にどれだけの農地が

必要であるかの議論はあるとしても，現状の農地面積を維持する要望の多さや，緑地確保の必要性を考えれば，市民農園だけでなく，農業経営による農地保全が必要であると考えられる．

（2）市民参加型経営の諸形態

市民参加型農業経営の形態としては，以下のような類型が考えられる（表10.1）．

① 体験農園型経営とは，先に触れたように，農業者が市民の参加者から，対価を受け取って，参加者に農作業の一部を体験してもらい，多くの場合，収穫物を参加者に提供する形態を指す．

② 有償援農ボランティアとは，市民の参加者に自発的意思で農作業を手伝ってもらう取り組みのうち，労働の対価としてではなく，地域の労賃水準に満たない程度の謝金を支払うものを指す．

③ 無償援農ボランティアとは，市民の参加者に自発的意志で農作業を手伝ってもらう取り組みのうち，弁当や手土産などの軽微な便宜の提供の他は，作業への謝金を支払わない取り組みを指す．

いま，上記の三つの市民参加型農業経営において，最も生産者から消費者への財・サービスの販売という性格が強いのが①の体験農園であろう．市場における農産物の販売ということに換えて，農業の技術，新鮮な野菜，農業との触れあいといったサービスを提供していると考えられる．利用者と農業者とのコーディネーションは，利用料という価格と，農業体験というサービ

表10.1 市民参加型農業経営の概念整理

市民参加型農業経営		
「農地を市民に対して継続的に開放し，農作業への市民参加を導入している農業経営」		
①体験農園	②無償援農ボランティア	③有償援農ボランティア
・市民から農業経営に対価の支払い． ・農業経営は，農作業体験というサービスを販売． ・農産物市場に近い性質．	・原則無償 ・市民は農業に触れあい，農業経営は作業を手伝ってもらう． ・市場外のコーディネーション．	・農業経営から市民へ一定の謝金が支払われる． ・労働に対する謝礼という性格が強い． ・労働市場に近い性質．

スの内容とのバランスを通じて行われることになるだろう．利用者は，対価に見合う体験を得ようとするだろうし，農業者は，顧客が得られるようにサービスの量と質を調整することになる．一方，②の有償ボランティアは，農業者と利用者の関係が，より雇用に近い関係となる．自発的意志によるボランティアとはいえ，一定の謝金を受け取る以上，ボランティアに責任意識が生じるし，農業者としても一定の作業効率の改善に見合うだけの人数を希望することになる．これに対し，③の無償ボランティアにおいては，上記のようなコーディネーションが行われにくいと考えられる．農業者側も，ボランティアの作業について，強くは要請できないし，ボランティア側も強制される必要はないと考えるであろう．このため，必ずしも必要な数のボランティアが，必要な場面において活動していないというコーディネーション上の問題が生じる[注7]．また，農業者とボランティアが感情的対立に陥る危険性も高いと考えられる[注8]．

　市民参加型経営では，農産物の需要動向への対応や，労働力を含む生産要素の供給動向への対応ということに加えて，市民参加に関する長期・短期のコーディネーションという経営問題に直面する．①長期のコーディネーションは，経営単位あるいは地区単位で，必要なところに必要な参加者を配置することであり，1年程度の期間で行われるものである．その円滑化のためには，研修制度，農業講習制度を含めた参加者の確保が行われる必要があるだろう．また，どのような経営で，どの程度の参加者が必要であるかという情報提供を行っていく必要がある．②短期のコーディネーションは，必要な作業あるいは圃場に必要な参加者を配置するもので，1日～1カ月程度の期間で行われる．こうしたコーディネーションの問題を含めた上で，市民参加の導入が，経営の成立にとってメリットがなければ，都市農村交流の持続は難しいだろう．

　以下では，体験農園型の経営，有償ボランティア，無償ボランティアの順に，経営の実態を整理し，とくに，それぞれの経営経済的メリットおよびコーディネーションの実態を明らかにし，市民参加型経営の持続的な成立可能性について吟味する．

2. 市民参加型農業経営の事例

(1) 体験農園型経営の実態から
1) 国分寺市M農園

国分寺市のM氏は，2000年より，体験農園を開始した．2003年度に市の事業の一環として認定され，50aの生産緑地のうち，30aの生産緑地を1区画30 m^{2}の38区画に区切って体験農園を経営し，農業所得の8割をここから挙げている．利用料は参加費12,000円と農産物代金20,000円の合計32,000円/年である．したがって，30aでおよそ120万円の粗収益となる．収益性も高いので60区画を目標に増やしていきたいという意向である[注9]．

圃場は畝ごとに異なる野菜を作付け，畝をまたぐように幅1.6mずつに区切り，利用者に配分する．講習会は，月に2～4種類で，午前10時～12時の間，共同で作業を行う．各講習会とも週に2回，同一の内容を行う．それ以外の日は利用者による自主管理としており，草取りや防除も自主的にしてくれるという．収穫はなるべく各自にまかせて，手を出さないようにしているという．経営主自身は，およそ週4回くらい畑に来て栽培管理している．掲示板を畑の横に設置し，説明や連絡に用いている．

講習会として共同で作業を行う日は，利用者の9割は参加し，欠席者の区画分も作業する．このため，市民農園で起こるような管理放棄の問題は起こりにくい．また，各期の区画割り当てさえ行ってしまえば，人数の，その都度のコーディネーションは比較的課題となりにくいと考えられる．ただし，その背景には，直売に対応した多品目野菜栽培で培われた，圃場の作付け配置と労働投入配分との知見があることは特筆しておく必要がある．かりに，新たに，M農園のような体験農園に取り組もうとすれば，利用者の見込み人数に応じた労働投入と作付け配置について，綿密な計画を立てる必要があろう．

2) 相模原市A農園

相模原市のH氏は，1991年より，耕作放棄されていた水田1.5 haを14戸の農家から借り受け，体験農園を開始して，消費者との連携を持つようにな

った．2000年にH氏を中心として，農家と消費者が出資をして経営に参画する有限会社A農園として発足した．現在，資本金370万円のうち，取締役のH氏の出資比率が45％，一口5万円としている消費者の出資比率が3割強（23名，うち5名は2004年出資，17名が常時従事者，8名が60日以上従事），残りを趣旨に賛同した農家4戸が出資している．

水稲3.2 ha，畑3.1 haにおいて，露地野菜を中心に年間約40品目の作付けを行っている．収益の中心は，自営の直売所における露地野菜の販売であり，水，土，日の午後2時から開店し，店番も消費者が交代で行っている．他に地元のスーパーや宅配での直売を行い，野菜販売による粗収益は約1,000万円である．また，生産緑地での体験農園指導で90万円（うち経費10万円），野菜と地域住民が作った生ゴミ堆肥との交換により48万円の収益がある（うち36万円が野菜代金，12万円が回収手間賃）．出資者23名を含む，消費者53名は，年間10,000円の会費を支払い，作業時間に応じて米を現物で受け取っている．その配分量は米の収穫量の3分の2に当たり，合計でおよそ7tに達する．これは，米価換算すると約300万円程度になる．

労働投入は，H氏家族が計7,200時間[注10]，消費者が7,000時間（推定）である．早朝から，元肥散布やマルチ設置などの段取りを行い，消費者が到着した時には，作業すべき畑において，種まき，定植，収穫などの作業ができるようにしている．参加連絡は一切していないという．

市民が法人に出資して経営参画をしており，農家による体験農園の開設とは一線を画する部分がある．参加している消費者は，参加費を支出しており，体験サービスの購入という面も大きいと考えられる一方で，米現物の支給が，1時間当たり400円相当となり，一定の参加インセンティブになっていると考えられる．

（2）有償ボランティアの実態から

東京都町田市のNPO法人Tは，2002年11月に農家2戸，生協，および消費者約20名により発足し，現在，参加農家は6戸，登録している市民は約70名である．農家，参加市民ともお互いに，責任を感じてもらうように，ボランティアという言葉は使わず「援農」と呼ぶことにしているという．年会費

は3,000円である.

農家より，援農利用1時間に当たり550円が支出され，そのうち500円は援農者に，50円は事務局経費[注11]とされ，これにより連絡調整担当者1名を雇用している．毎月25日頃に農家は，事務局に来月のどの日に何人の援農を希望するかを申し込む．同時に，援農者側からも同じように，どの日に援農を希望するかが申し込まれ，事務局からは月末に翌1カ月分の援農リストが送られてくる．それぞれの援農者が援農に行く農家は，おおむね固定しているが，急に援農者の都合がつかなくなった場合には，事務局が仲介して，代わりの援農者を割り振る．

利用農家の内，N経営[注12]は，経営主(55)，妻(55)，後継者(28)の3名の家族労働力で援農者を受入れ，畑を3.5 ha経営し，露地野菜をのべ8 ha作付している(キャベツ80 a，ホウレンソウ50 a，ブロッコリーとカリフラワー30 a，サニーレタス30 a，レタス30 a，果菜類60 a，サトイモ60 a，ジャガイモ40 a)，粗収益は2,500万円で，人件費を除いた経営費は750万円，援農者に支払う人件費は500万円となっている．昼食は，各自の負担である．

N経営では，経営の休日である木曜以外は，常時3〜4名の援農者を受け入れ，毎月15人前後の援農者が関わっている．年齢層は25〜69歳と幅広く，女性は3人くらいである．7時45分に援農者が集合して，後継者とともにミーティングをし，出荷調製作業を中心に，8時から後継者の指示で作業を行う．作業の終了はおおむね17時である．ニンジン，サトイモなどの根菜類は収穫作業も任せるが，野菜の定植は運搬役，ホウレンソウなどの葉菜についても収穫は任せない．また，天候が悪くて仕事がない時には事務局に連絡して人数を減らしてもらうという．

援農の導入により，面積は当初の1.2 haから2.3 haも拡大しているが，家族労働の投入時間は年間およそ9,850時間であり，拡大前より6割は増加したという．導入前の推定所得は，約900万円であり，約350万円の増加となっているが，家族労働投入の負担も大きく増加していることは否めない．

(3) 無償ボランティアの実態から

東京都では，1996年より援農ボランティアの養成事業を開始し，2001年よ

り都の農林振興財団の独自事業として取り組まれている．2005年時点で，1,279名が認証され，うち831名が177戸の受入農家で活動している．まず，ボランティア養成講座への参加募集が，市報などで行われた後，7月に座学が2回，7月～12月の間に受け入れ先農家での実習を実施する．なお，国分寺市では，すでに1992年より「市民農業大学」が設立され，その実習圃場で実習が行われている．出席率70％以上を基準に，認証ボランティアとしての修了証が発行され，希望者は，その後も登録ボランティアとして活動する．また財団によるボランティア保険が年間1,000円で利用できる．

1）国分寺市S農園（多品目野菜作）[注13]

東京都国分寺市では，「市民農業大学」で約1年間農業研修を積んだ後，希望者を援農ボランティアとして登録し，受入農家へ派遣するという形をとっている．受入農家は多品目野菜直売経営を中心に21名，派遣されているボランティアは現在約100名であり，性別は男性46％，平均年齢は60.3歳となっている（2002年時点）．市から，JAに運営を委託するという形をとっており，年度ごとに意向調査を行って，ボランティア先を調整している．

同市のS農園は，家族労働力が，経営主（45），妻（40），父（71），母（70）の4人で，経営耕地は4カ所で計2.2 haあり，売上の中心は庭先での直売，経営主母が店番を担当している．

S農園では，1999年よりボランティアを導入している．現在受け入れているボランティアは，50代～70代の男性で，土曜午前に2人，火曜午前と水曜午前に各1名で計4名，3カ年の平均参加時間は283時間/年である．ボランティアが実施している作業は，播種と除草，収穫後の作物の片付けが多いが，いろいろな作業を，季節に合わせて行っている．経営主によると，ボランティアは最初のうちは世話をするのが大変だが，1年もすると仕事を覚え，その日の始めに仕事の内容を伝えれば，大抵のことは任せられるという．しかしながら，ボランティア労働では，作業種や作業時間が限定性されるため，家族労働投入がピークを迎える6～8月にかけては，かえって作業時間が少なくなってしまっている．とはいえ，多品目野菜経営では，季節に応じた多様な作付を行い，様々な作業を任せることにより，ボランティアにとっても飽

きが少なく，ボランティアが望むように農薬散布回数も少なく済ませられるという．

S農園における作付面積，農業所得，および労働投入時間について，ボランティア導入前（5年間平均）と導入後（2年間平均）を比較すると，作付面積はおよそ70 a増加し，所得も約230万円の増加となっている．とはいえ，家族労働投入も推定でおよそ2,600時間増加している．

また，作付内訳では，果菜類（トマト，ナス，キュウリなど）などの，単価が高く，栽培周期の長い野菜から，葉菜類（ホウレンソウ，コマツナ，サニーレタスなど）を中心とした，栽培周期が短い野菜への作付を増やし，播種などのボランティアに依頼可能な作業を増やすという経営展開を行っている．

2）府中市K農園（梨作）

東京都府中市のK農園では，70代の経営主夫婦2人により，自宅から1～2 km離れた25 a，10 aの2カ所の生産緑地において梨を作付している．品種は，'稲城'，'豊水'，'幸水'であり，自宅庭先において宅配申込により販売している．ボランティアは，国分寺市のD氏（50代女性）を中心とする自主的なグループであり，主にD氏がK農園と連絡をとり，日程調整をしている．D氏は，1カ月の電話代が2万円になることもあるという．

K農園へのヒアリング調査（2004年2月）によると，農作業へのボランティア導入希望が最も強かったのは，季節的な労働のピークである授粉作業であった．一方，袋かけ作業に対しては，2003年度は2回の実績があったが，2004年度は経営側から受け入れを断られている．袋かけは，熟練を要する作業であることにもよるが，2度目の作業の際には，人数が多すぎて，十分に目が届かなかったことも理由として指摘している．ボランティアを受入れる際には，人数分の作業用具を用意したり，弁当（700円程度），茶菓子（500円程度）や手土産（400円程度）を購入するといったことが必要なため，人数は多ければ良いというわけではなく，作業種類や経営規模に応じた人数調整が必要である．作業別の最適なボランティア受入人数を算出した例[注14]によると，一定程度以上面積が大きくなると，ボランティアを受け入れても，送迎や説明に時間を取られ，予定された作業期間内に作業が終わらないため，受

表10.2 ボランティア側の不満点の整理

- 不満点1「連絡の責任」：こちらから連絡をして作業の日程を立てるのは，この家くらいで，ボランティアとして参加する場合，普通は，農家側からお願いが来るものだ．しかも，当初の予定をキャンセルして，農家の予定に合わせたのにお礼がない．
- 不満点2「作業時間の長さ」：府中のボランティアは，昼食におにぎり3個を提供するだけで，丸1日作業するというが，ふつうは，半日程度が適当．
- 不満点3「妻の参加」：農家の奥さんが顔を出さない．先月から，立ち仕事ができないらしいが，直売所の番をやっていたのだから，顔くらい出すべき．
- 不満点4「ミスの責任」：堅い梨を間違って収穫してしまったが，そういう梨を持って帰れと言われた．収穫できる早生梨があるのだから，そちらを持って帰らせてもらいたかった．
- 不満点5「送迎」：荷物がたくさんあるのに，仲間を，車で片道15分くらいのJRの駅まで送ってくれなかった．
- 不満点6「手土産」：手土産がなく，お茶菓子も少なかった．

注）2004年8月12日ヒアリング結果より．作業日は8月7日（土）9時〜17時．25aの梨園で除袋作業．ボランティア参加人数は5名．

入人数が限界に達し，とくに，袋かけのように熟練を必要とする作業の場合，比較的少ない受入人数で上限に達してしまうことが明らかにされている．また，圃場分散が拡大すると，移動のための時間を多く要するため，一層小さい面積で上限に達してしまう．

K農園では，2004年度の除袋作業後，ボランティア側リーダーとの間で感情的な対立があり，2年間をもって，このボランティア・グループの受入を中止している．これについて，D氏へのヒアリングにより，表10.2に不満点を整理した．連絡に関する責任の所在，作業時間の長さ，経営側の参加人数，作業の精度に関する対立，送迎，手土産といったことが不満点の中心であった．とくに，D氏の場合，自身が連絡して，ボランティアを集めている以上，彼らに悪い思いをさせたくはないという感情が強い．

3）国立市ボランティア団体R（梨作）

東京都国立市の，ボランティア団体R[注15]は，梨園の人手不足を手伝い，地域の梨園を維持していきたいという市民の願いをもとに，2000年に発足した．梨園は8農園，約25名の会員を中心に，枝かたづけ，ワラしき，花粉づけ，摘果，袋かけ，網はりなどの年間を通じた作業を行い，販売の手伝いも

している．通常，1回当たり，5人程度が参加する．花粉付けの季節には，会員外の体験ボランティアを導入する．活動は年間50日ほどで，9時〜16時が基本であるが，半日だけの参加も可能である．作業に対する報酬はなく，交通費・お弁当も自弁であるが，農家からは，秋の収穫に応じて，収穫した梨がお礼として提供される．

会員は，通信費，事務費として年間2,000円の会費を納入している．ボランティアの連絡役が毎月の10日頃に，会員に写真のような葉書を，郵送もしくは手渡しし，会員は翌月の月間参加可能日を書いて郵送する．この締切りは，25〜26日頃となっている．その後，集まった人数を日付別に表にして，農家側からの連絡を受けて，作業日を調整する．さらに，変更があった場合は，電話連絡を行っている．

3．まとめ

本章のまとめとして，以上の紹介事例および既往研究での調査事例の整理を通じて，持続的な経営展開の可能性について考察を加える．

① 面積規模拡大の可能性

面積的規模拡大を達成している事例は，相模原市のA農園と，有償援農ボランティアの事例である．とくに，後者では，参加市民1名当たりの作業時間は450時間となっており，かなりの関与を行っていることがわかる．参加者の都合によりキャンセルされる場合でも，NPOにより代理の参加者が確保され，確実に参加を見込める有償ボランティアを基礎として，規模拡大を可能としている．A農園でも，相当の現物提供を行い，推定7,000時間という参加を得ている．とはいえ，いずれにしても，家族労働投入の大幅な増大が行われている．

② 集約度向上の可能性

多品目野菜栽培では，集約度の転換が比較的容易に可能であると考えられる．国分寺市のS農園では，無償援農ボランティアの導入に伴い，年間の土地利用率を向上させ，所得の増大につなげている．とはいえ，無償の援農ボランティアは，確実に参加を見込めるものでも，全ての作業を依頼できるも

のでもないため，家族労働投入の増投が可能でないと，所得の向上は難しいことが予想される．

また，体験農園型の農業経営では，1区画3万円程度の固定的収入が見込める．阪口（2003）による分析では，労働投入の節減により，他の集約部門の事業拡大を可能としていることが報告されている．市民の参加者としても，支払った限りの参加を行おうとするため，短期的な参加のコーディネーション自体は問題となりにくいと考えられる．

③ 果樹経営での援農ボランティア

果樹経営では，面積規模拡大や集約性の転換は困難を伴う．こうした経営転換が不可能な場合，ボランティアの参加は，農家側労働投入の節減という効果に留まり，農家側に多くの負担を強いることは期待できない．また，労働投入のピークが短期に集中するため，無償援農ボランティアでは，短期のコーディネーションの実施が，重要性を持つと考えられる．府中市のK農園では，必要な時に，必要な数のボランティアが参加していたとは考えられず，ボランティア側の連絡調整の負担もあって，2年間の継続に留まった．一方，国立市のボランティア団体Rでは，ボランティア団体が会員全体から参加費を徴収し，短期のコーディネーション[注16]を実施することにより，上記のような対立，不満が生じるのを防いでいる．

［注］

1) 後藤（2003）pp. 106-117では，1983, 95, 96年における都市農家の相続において，相続発生農家1戸当たり平均15 a，相続前農地面積の20％が失われていることを報告している．また，生産緑地の買取り申請への対応状況を調査した研究〔渡辺（2003）〕によると，買取りの実施は，申請面積の僅か1.9％であり，斡旋の実施では0.1％に過ぎず，多くが都市的土地利用に転換していることを示している．

2) 同法36条「国は，国民の農業及び農村に対する理解と関心を深めるとともに，健康的でゆとりのある生活に資するため，都市と農村との間の交流の促進，市民農園の整備の推進その他必要な施策を講ずるものとする」「国は，都市及びその周辺

第10章 都市農地の保全と市民参加型経営　149

における農業について，消費地に近い特性を生かし，都市住民の需要に即した農業生産の振興を図るために必要な施策を講ずるものとする」．

3) 三宅(1997)では，愛知県一宮市の市民農園開設農家20戸へのヒアリングから，強い継続意向を示した13戸中，転用，売却機会があれば農園を廃止する可能性を示唆した農家が8戸に及ぶことを示し，このことを根拠に，「しばらく農園が維持されても，遠い将来に渡っての継続性はほとんど保障されていない(p.56)」としている．また，後藤(2003)では，練馬区において，当初，市民農園を生産緑地指定した後，相続発生時には買取り申請に応じる方針が採られていたが，2園の買取り以降は財政的に困難な状況となっていることを報告している(p.158)．

4) 星(1998)は，仙台市の市民農園14カ所を対象に，「2週間以上雑草を放置している，荒れ区画」の割合を調査し，荒れ区画3割以上の農園が4カ所ある一方で，荒れ区画1割に満たない農園は2カ所に過ぎないことを報告している．

5) 東京都内の体験農園利用者に対し，2005年に実施したアンケート調査結果(サンプル数669，回収率46％)．

6) 以下は，合崎(2004)による推計式に，年間利用料5,000円，講習会，指導員なし，休憩施設，農機具保管庫あり，回答者属性は，同居家族3名以上，男性，60歳未満，所得800万円未満を代入して求めた．無回答は利用意向無しに含められている．需要関数は，必ずしも他地域，他時点にそのまま援用することはできないが，最近の首都圏近郊の推計結果であることから，市民の行動は，大きくは異ならないと考えられる．

7) 東京都農林水産振興財団(1996)によるアンケート調査[7]では，援農ボランティアへの参加希望者およびボランティア受入希望農家に対し，希望する作業種類を質問している．ボランティアの希望作業は，播種・定植，収穫作業が多いのに対し，農家が最も希望する作業は，除草作業であった．また，ボランティアは，土日に半日単位での参加を望む傾向が強いのに対し，農家側は，平日に一日単位での参加を希望している．

8) このことについて，後藤(2003)p.174の記述を以下のように整理できる．① 経済活動に対しての無償のボランティアであるため，農家側に強い遠慮心があったり，ボランティア側の都合が優先され，調整が難しくなる．② 逆に，農家側が，

ボランティアを，単に農作業が好きな人達だと考えて，感情的対立が生じる．
9) 後藤 (2003) p.161 では，練馬区の K 農園について，体験農園 50 a において，粗収益 500 万円，費用はおよそ 20％ であることを報告している．また，阪口 (2003) は，練馬区の農業体験農園において，体験農園導入前後の労働投入，所得の変化を推計している．
10) 2004 年 10 月の H 氏へのヒアリング調査による．内訳は，H 氏 3,850 時間，妻 1,950 時間，新規就農研修生 2,400 時間である．
11) 法人 T の事務局経費は概算で 175 万円程度．
12) 2004 年 12 月 N 経営ヒアリングより．作付の内訳は，関東東海北陸農業試験研究推進会議『農畜産物の地産地消の推進について－平成 16 年度秋季研究会資料－』pp. 3-4 (2004 年 10 月) より．
13) ここでの分析の詳細は，八木 (2003) を参照．記述の内容は 2002 年時点．
14) 算出方法の詳細は，八木 (2005) を参照．
15) 2004 年 11 月 10 日に実施したヒアリング調査による．
16) ひとつの支援方策として，IT 技術を用いた「援農支援ネットワークシステム」(八木洋憲・福与徳文：「サービス調整システムおよびその方法」(特許出願 2005-004523)) の開発が行われている，これは，リアルタイムでの援農ボランティアの日程，作業の調整，人数の過不足調整を行えるシステムである．

［引用文献］

(1) 合崎英男・遠藤和子・八木洋憲 (2004)：「潜在的利用世帯の意向に配慮した市民農園の整備支援」『農業土木学会誌』72-11, pp. 933-936.
(2) 後藤光蔵 (2003)：『都市農地の市民的利用－成熟社会の「農」を探る－』日本経済評論社．
(3) 阪口知子・大江靖雄 (2003)：「都市農業としての体験農園の経営的可能性－練馬区農業体験農園を事例として－」『2003 年度農業経済学会論文集』pp. 108-113.
(4) 東京都農林水産振興財団 (1996)：『援農システム推進事業意向調査結果報告書』．
(5) 星　啓・森塚圭一・徳永幸之・須田　熙 (1998)：「開設状況と利用状況から見た地方都市圏における貸し農園整備の方向性」『都市計画論文集』33, pp. 709-

714.

（6）三宅康成・松本康夫（1997）:「市民農園の立地特性と地権者の意向－大都市圏域の愛知県一宮市を事例として－」『農村計画学会誌』16-1, pp.49-57.

（7）三宅康成・松本康夫（2001）:「体験区画を併設した市民農園の実態と効果－岐阜市の市民農園を事例として－」『農村計画論文集』3, pp.37-42.

（8）八木洋憲・村上昌弘（2003）「都市農業経営に援農ボランティアが与える効果の解明－多品目野菜直売経営を対象として」『農業経営研究』41-1, pp.100-103.

（9）八木洋憲・村上昌弘・合崎英男・福与徳文（2005）:「都市近郊梨作経営における援農ボランティアの作業実態と課題」『農業経営研究』43-1, pp.116-119.

（10）渡辺貴史（2003）:「首都圏地方自治体における生産緑地法の買い取り請求と追加指定に関する運用実態の検討」『都市住宅学』43, pp.138-143.

第11章 地域資源を活用した内発型アグリビジネスの課題 *

1. はじめに －課題－

　農産物価格の低迷，後継者不在と高齢化の進行，これらに起因する耕作放棄地の増加など，農村地域は様々な問題を抱えている．個別経営レベルでは付加価値獲得や所得確保が不十分な状態が続いてきたし，地域レベルでは中山間地域における過疎化，耕境の後退や社会的・経済的な活力の低下，さらに都市近郊では都市化・混住化に伴う農業生産環境の悪化などが問題とされて久しい．

　ところが，規模拡大を図ったり，施設化などによる集約化，事業多角化を進める意欲的な個別経営が存在するとともに，市町村や農協，商工会，第三セクターなどが農産物加工や販売，交流事業などを立ち上げて所得や雇用の確保を図っている地域もある[注1]．地域レベルでの取り組みは，地域の農業生産を基礎にしていること，農産物以外の地域資源も活用すること，地域内の資本・アイデア・技術などを基本とすること，事業の主体性を地域内の人々・組織が有することなどの特徴をもっており，「地域内発型アグリビジネス」「地域資源活用型アグリビジネス」あるいは「村おこしアグリビジネス」などとよばれている[注2]．

　これら内発型のアグリビジネスは，既存製品やサービスと競合することが多い．しかし，食べ物に対する信頼感が揺らぎ，一方で人々の多様性が増しているとされる昨今，消費者ニーズも単なる「見栄え」や「安さ」だけではなく，そこに新たなビジネスチャンスが生まれている．具体的には，素性の明らかな食べものを求める人々，都市的空間を移植したようなリゾートではな

＊竹本　田持

第11章　地域資源を活用した内発型アグリビジネスの課題　153

く地域性豊かな農村でのリフレッシュを求める人々が着実に増えており，そうした需要に応えることができる地域が実績をあげている．

本稿では，地域資源を活用した内発型のアグリビジネスをめぐる現段階での課題を概括的に整理し，これからの展開方向を探りたい．

2．「事業」の理解と持続性

（1）ビジネスか，非ビジネスか

市町村，農協，森林組合，商工会，第三セクターなどの地域主体が取り組むものは，農産物加工事業，農産物直売事業，都市農村交流事業など，「○○事業」とよばれることが一般的である．この場合の事業とは何だろうか．最初に，この事業の意味について考えてみたい．

事業とは「① 社会的な大きな仕事．『慈善－』/② 一定の目的と計画とに基づいて経営する経済的活動．『－をおこす』『－に失敗する』」（『広辞苑』）である．和英辞典には多くの単語が示されているが，ここでは business, project, service, scheme などが該当し，大雑把に分類すれば，経済的活動であるビジネス，公益的な印象が強いサービスやスキーム，さらにどちらでも使われるプロジェクトということになると思う[注3]．

行政が関わる農産物加工や都市農村交流の「事業」が，ビジネスとしての事業なのか，それともサービスないしスキームとしての事業なのかは重要である．「○○事業」という名称で予算を計上して施設をつくり，行政自ら直営する，あるいは別組織へ委託運営するなどで開業する場合を考えよう．行政が取り組む事業目的には，当該事業による地域振興－具体的には地域住民の所得を向上させる，就業の場を確保する，地域資源の有効利用を図るなど－が掲げられていることが多いから，本来はそれらが持続的に実現しなければ事業目的が完遂されたことにはならない．ところが，施設をつくること自体が，建設業などを中心とする地域経済に寄与するため，サービスやスキームとしての事業の場合，開業するまでのプロセスそのものが地域振興の目的を果たすこともある．

また開業後，直営の場合はもちろんのこと，委託運営であっても行政は強

い関わりを有することになるが，事業目的に地域振興が掲げられていることによる問題が顕在化してくる．すなわち，サービスないしスキームとしての事業では，地元からの雇用や原料用農産物の購入などが継続することが重要となり，当該事業体が経営として自立しているかどうか，換言すれば収支が見合っているかどうかが軽視されがちなことである．そのため赤字決算が続いていても，地域振興に寄与しているという理由で容認されやすい．具体的には，原材料調達価格や従業員数，雇用条件が事業実績と見合わない状況になっても，調達価格の引き下げや従業員の解雇などは行われにくいのである．

　施設整備に補助金が使われた場合，当該施設の減価償却が十分に行われない事例が少なくないし，市町村所有の施設を維持管理するという名目で管理委託料を支出して運営主体を支える場合もある．そうした対応によってかろうじて事業体の収支を均衡させているという事情があるにせよ，これではビジネスとして自立しているとは言えないであろう．

　それでは，ビジネスとしての対応をすれば問題は解決するだろうか．今度は地域振興とは逆行する事態が生じる．たとえば，農産物加工では原料調達価格を引き下げ，地元産では価格が高すぎる場合には域外産や輸入品も扱うとか，従業員についても正規雇用を減らし，非正規雇用を増やして人件費を抑制するなどである．こうしたことになれば，ビジネスとしての事業が成功していても地域振興にはつながりにくい．農産物価格は上がらず，不安定な就業先が増えただけということになってしまう．

（2）交流事業の持続性

　交流事業を例に，事業の持続性について考えてみたい．都市農村交流に関わる諸団体で構成される「都市と農山漁村の共生・対流関連団体連絡会」は，「農林漁業体験や田舎暮らしなどの都市と農山漁村を行き交う新たなライフスタイルを広め，都市と農山漁村にそれぞれに住む皆さんがお互いの地域の魅力を分かち合い，『人・物・情報』の行き来を活発にした新しい日本再生を目指すことを目的に」共生・対流を推進している[注4]．すなわち，都市と農村の間で人や物，情報が行き来することが交流である．都市と農村の双方が，

自分達にないもの，不足しているものを求め，逆に豊富にあるものを提供するということで成立し，結果として相互が活性化していくことが期待されている．交流の主体には，個人，グループや組織，地域全体などがあるから，交流の組み合わせは多様である．

さて，市町村などによるサービスないしスキームとしての交流事業では，域外から人がやってくる，あるいは地域住民が域外に出かけることで，お互いに交流することができれば，その活動が経済的にマイナスであっても十分に効果的である場合が多い．たとえば，姉妹市町村という提携は，市町村名が同じである，戦時中の疎開先だった，同一の歴史上の人物ゆかりの地であるなど，何らかの接点をきっかけとしたもので，必ずしも経済的メリットを見据えた交流とは限らず，私的・公的な負担をしながら交流を続けているところも多い．

また，農村側の個人やグループが取り組む場合，交流会の企画や準備活動そのものが楽しく，そこから得られる満足感，そして実際の交流機会で得られる充実感などで十分な効果をあげることがある[注5]．これも交流事業であるが，サービスというよりボランティア的「もてなし」とよぶべきものでないだろうか．こうした交流も，ビジネスとは別である．

ビジネスとしての交流事業は，宿泊や飲食，体験，学習，ふれあい，購買などの収益事業を通して，事業体として自立・存続できる経済的成果を得なければならない．本来ビジネスとして取り組むべき交流事業において，ボランティア的「もてなし」，言い換えればホスピタリティ溢れる対応をすれば，利用者は大きな満足を得ることは間違いない[注6]．これは，既存の業者に対する交流事業の大きな優位点であるが，過度のもてなしは利用者に「割安感」を植え付けることになる可能性もある．また，「このレベルが当たり前」と思われてしまうと，その水準を維持しなければならなくなってしまう．結果として，気づいたら「疲れるばかりで少しも儲けがない」という交流には持続性がないのである．

このように，農産物加工事業や交流事業という場合の「事業」は，ビジネスとしての取り組みと，ビジネス以外のサービスないしスキーム，さらにボラ

ンティア的な取り組みという意味を持っている．ビジネスとしてではなく，サービスないしスキーム，あるいはボランティア的な「事業」は，農村側に物心両面の余裕がある限りは魅力的な取り組みである．しかし，こうした事業の主体である自治体の財政や農協の経営状況が悪化し，農産物価格の低迷が続き，さらに農家が高齢化するなど，農村側はますます厳しい現状に直面しているのである．

3．民間業者との競合

（1）農産物加工事業

アグリビジネス事業体が，すでに実績をあげている民間業者と同じ品目の農産物加工事業に参入し，全く同じ土俵で競合するのであれば，既存業者に匹敵するレベルの生産条件を備える必要がある．上述したように，ビジネスとして取り組むなら，質・量ともに十分な原料農産物を確保するために地元だけではなく域外から調達する，あるいは効率的な生産や高度な技術を利用した加工などのために加工工程を域外委託するなど，地域内発的な事業の枠を超えてしまうことがあるかも知れない．ただし，こうした対応をすれば，内発的であるからこそ獲得できる付加価値の一部は失われてしまう[注7]．

また，原料農産物価格が高いことは地元農家にとって望ましいが，加工事業側からみれば原料価格はできるだけ抑えたい．こうした関係は多くの取引で発生するが，地域農業振興を目的とした内発型アグリビジネスでは，農家の所得をできるだけ大きくすることが事業の評価を左右するためにとくに重要である．しかし，既存業者と競合関係にある品目の加工事業にビジネスとして取り組むなら，加工原料用の農産物価格が農家側にとって満足な水準に引き上げられることは難しく，生食用よりも安価で取引されることが多い．

そのため，取引価格水準以外のメリットの実現が求められる．あらかじめ価格が決められた契約栽培のように「畑で計算できること」は，農家側にとって大きなメリットであるし，地元雇用を創出することで地域に貢献することになれば，価格だけが最優先課題となる訳ではない．そこでは，事業の安定的存続に対する信頼感の確立が大切であろう．

また，原料農産物が生食・加工のどちらにも適性を有する作物（品種）であれば，農家側は販売先の選択肢を有することになる．たとえば，転作大豆による豆腐加工を考えよう．転作大豆に対する優遇的な補助金が支払われる場合，どの農家も大豆の完熟を待つ．ところが，完熟大豆として出荷するより，「枝豆」（野菜）として出荷する方が有利なこともあり得る．それが他地域で生産されていない特色あるものなら，なおさら高価格が期待できる[注8]．つまり，より高く販売することを考えるなら，豆腐加工事業が地元にとって必ずしも有利とは言えないことになる．さらに，格外品や落果を原料とする加工事業では，農家側はこれらを少なくする努力を続けるはずである[注9]．

加工業者側からみると，農家のこうした対応は安定的な原料確保を難しくさせる．加工適性に優れた専用品種の導入は，品質面のメリットはもちろん重要であるが，加工側の安定的な原料確保にも貢献する．なぜなら，加工専用品種を生食用として販売することが困難だからである．加工用（ジュース用）トマトの契約栽培は，こうした対応の典型であろう．

なお，農産物加工事業は，家族や親戚に「お裾分け」として送っていた味噌や漬物の評判が高まることで始まる零細なものから，商社などと連携した事業化のように，事業開始当初から売上高が数億，数十億円に達する大規模なものまで，起業段階でも大きな規模格差がある．そして，地域住民の健康維持のため，あるいは品質が生食用としては不向きなために苦肉の策で開発した加工品を，デパートなどの贈答用品にまでランクアップさせて規模拡大した事例もあれば，零細規模のまま堅実な顧客をつかんで安定的な経営を行っているところもある．つまり，販売量・額を大きくする方向だけではなく，他の業者と競合しにくい市場を狙う，あるいはそういった市場を形成する方向もある．

（2）農産物販売事業，交流関連事業

既存の民間業者との競合は，農産物販売事業や交流関連事業でも発生する．販売事業関連でみると，農産物直売所を経営する専門業者がいたり，観光地化した農村部では土産物店や飲食店，宿泊施設が地元農産物を扱っていることも多い．都市ないし都市近郊では，食品スーパーが近隣農家と提携し

た農産物を販売する,あるいは遠隔地の農協や生産者組織,農産物直売所などと提携した「イン・ショップ」を開設しているところもある.

都市農村交流に関わる事業では,大手の旅行代理店が農村滞在型旅行をメニューに加えて積極的に中高年者の顧客獲得に乗り出しているし,小中学生の体験旅行などにも関わっている[注10].さらに温泉旅館やペンションが,農山村にあることや周囲で農業生産が行われていることを前面に打ち出したPRを行う,地元農家から料理用の農産物を調達したり体験などができるように提携する例が増えている.

ところで,スキー民宿や海水浴客向け民宿には農林漁家の経営するものが含まれ,グリーン・ツーリズムやブルー・ツーリズムという言葉のない時代から,農山漁村における重要な宿泊施設であった.これら宿泊施設をはじめとして,飲食施設や土産物店,交流関連事業の多くは地元の人が経営してきたもの,すなわち内発的事業であるものが多く,高級老舗旅館の経営者が地元名士や首長であることも珍しくない.

こうした状況で,第三セクターなどの地域主体が新たな交流関連事業を立ち上げると,地元主体の事業との競合が生まれる可能性がある[注11].もちろん,相乗効果を生むこともあり,例えば規模の大きな(広い)入浴施設,あるいは地域食材を利用したレストランなどが,既存の宿泊施設と連携して利用客にも宿泊施設経営者にも喜ばれている事例がある.

1980年代末に全国の市町村に交付された「ふるさと創生資金」をもとに温泉掘削や施設整備を行ったところも多く,他の補助金や独自財源によって同様の整備を行ったところと合わせれば,公共的な温泉入浴施設は全国的に整備されている.グリーン・ツーリズムのニーズに関する調査をみると,現地で行いたいことは,年代に関係なく圧倒的に「温泉に入る」が高い割合を示す[注12].農家に限らず人を泊めようとすると,風呂とトイレは最初に改修を考える部分であるが,近隣に公共的温泉入浴施設があって連携することができれば,宿泊型の交流が行われやすくなると思う[注13].

一方,近年は都市部を中心に昔ながらの銭湯がリニューアルしたり,天然温泉や薬湯によるスーパー銭湯や健康ランドなどが活況を呈している.これ

らの施設は，周囲に田園空間が広がっているわけでもなく，多くは日帰り形態の施設であるが，風呂でのんびりして美味しいものを食べれば十分と考える人にとって，時間と費用をかけずにリフレッシュできる場として人気がある．国内の温泉地への旅は近隣のスーパー銭湯で代替し，その分を海外旅行に使うというライフスタイルも考えられ，農山村の温泉施設に対して影響を及ぼしているのではないだろうか．この場合は，全く別の場所に競合相手がいることになる．

なお，これまで近隣に交流関連施設がなかったところは，地域内に競合相手は存在しない．しかし，業者などプロの目から見て魅力に乏しかったことが，交流関連施設不在の原因とすれば，事業化に当たっては綿密な調査や検討をしないとビジネスとして成立しにくい．

4. リピーター確保と品揃え・メニューの充実の必要性

内発型アグリビジネスの特徴の一つである，リピーター（repeater）についても付言しておきたい．リピーターとは，定期的に購入する，繰り返し同じ場所を訪れる，特定の民宿などを「第二の実家」のようにして利用するような人々である．

個人差があるので一概に論じることはできないが，同じ品目でも異なる産地・銘柄のものを食べてみたい，行ったことのない場所を訪れてみたいという欲は誰にでもある．逆に，食べ慣れたものを食べ，行き慣れた落ち着く場所でくつろぎたいという保守的な欲もある．

リピーターになるということは，他の場所，もの，サービスなどを犠牲にすることであるから，顧客・利用者にとって大きな魅力が必要になる．交流関連事業の場合，サービスを提供する人が顧客・利用者にとって魅力の一つであるが，農産物および加工品も，高い品質とともにそれをつくっている場や人をセットにして売ることで顧客・利用者の心をつかむことが可能である．畑近くの小さな直売所が人気なのは，売られている農産物の価格・品質とと

もに，畑と農家の人が間近に見られるからである．

たとえばリピーターを確保し，顧客ロイヤルティ（忠誠心）を築く『関係マーケティング』では，既存の顧客，すなわち忠誠心を有している顧客こそが高い収益力をもたらすとしている．なぜなら，「顧客との継続的関係は，単に当該製品の将来の販売を約束するだけでなく，それ以外の製品の売り上げにも寄与し，また口コミを通して顧客ベースの拡張にもつながりうるからである．」[注14]．

地域資源を活用した内発型ビジネスは，大手企業のような大規模PR活動をするだけの資金はないから，こうした関係を構築することが重要である．そのためには，直販や交流の顧客データベースの蓄積はもちろん，品揃えやメニューの充実がきわめて大切となろう．上述したように，他のものを求める欲が存在するからである．他方，事業展開の方向性としても，唯一の品目を作り続けるより多様化し多角化していくことによるメリットがある場合が多い[注15]．加工品の多様化には，量目の調整や詰め合わせの仕方など，パッケージングの工夫も含んでいる．

たとえば，高知県馬路村のユズ加工品は，現在では200数十の品揃えとなっている．ゆずドリンク「ごっくん馬路村」だけでも1本バラ売りの他，6本から30本まで6種類のケース，15本と24本の2種類の木箱，英語ラベル，そして大容量の「おっきいごっくん馬路村」など13品目もあり，数多くの種類のギフト用詰め合わせを用意するなど，たいへん豊富な商品構成である．群馬県中之条町の沢田農協の加工品も，たまり漬や味噌漬などの漬物類で56品目，ジュース，ワイン，ジャム，そして健康茶などで123品目，さらに贈答用のセット商品が22種類あり，やはり全体で200品目を超えている．

一方，兵庫県福崎町の第三セクター（株）もちむぎのやかたは「もちむぎ麺」やカステラなどで19品目，北海道鷹栖町の（株）鷹栖町農業振興公社はトマトジュース「オオカミの桃」や味噌，トマト羊羹などで10品目弱と少なめの品目数で実績をあげているところもある．定番商品が明確であることが一つの要因であるが，その場合でも徐々に商品構成を充実させてきている．

直売施設でも品揃えは重要である．品目に極端な偏りがある，販売品目が

第11章　地域資源を活用した内発型アグリビジネスの課題　161

豊富な時期と乏しい時期がある，季節営業になってしまうなど，季節性を有する作物の大産地ほど安定的な通年営業を行うことは困難である．もちろん，時期による販売品目の多寡，季節営業ということを逆手にとって，それを一つの特徴とした直売施設もある．しかし，姉妹町村，あるいは人気のある他地域 JA 産の農産物や加工品を販売することにより，品揃えを充実させている直売所が多い．

　ちなみに，都市農村交流施設のうち複数サービスの機能を有する複合的施設についてみると，「直売-レストラン」「直売-食品加工」の組み合わせ事例が多いという調査結果がある（図 11.1）[注16]．直売施設における品揃えの充実にとって食品加工が有効であることを示しているが，逆に加工品の販路開拓の一環で直売施設がつくられる場合もあるだろう．ここでのレストランには，直売所内に併設されている小規模な飲食施設も含まれる．

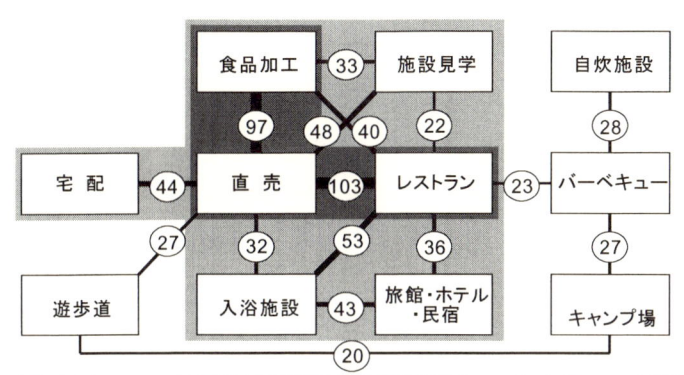

(注)『日本型グリーン・ツーリズム実態調査報告書』財団法人農林漁業体験協会，2001 年におけるアンケート調査結果（竹本田持「市町村アンケート調査による実態の分析」）の組み替え集計

図 11.1　複合的交流施設における提供サービスの関連性
（数字は施設数－3種類の提供サービスがある施設は重複してカウント－．該当数20施設以上の関係のみを表示）

5. まとめにかえて－今後の展開方向－

　地域資源を活用した内発的アグリビジネスは多様な形態を含み，本稿で念頭に置いた農産物加工事業，農産物・加工品などの販売事業，交流関連事業それぞれによって直面する課題は異なる．さらに，加工品の種類，直売事業における店頭販売と通信販売の比率，交流関連では飲食，宿泊，体験，学習，ふれあいなど多彩であるし，加工・販売・交流の複合形態もある．また，事業化の契機や事業主体の違い，事業規模，そして本稿で指摘した事業の意味による違いもある．どのような切り口で区分するかということを含め，形態に応じた課題の整理・検討は別の機会に試みたい．

　ところで，地域における産業振興，事業化に関わる言葉として，地場産業，地域産業（地域企業），そしてコミュニティ・ビジネスなどがある．いずれも農業関連に限定したものではなく，より広義の言葉であるが，地域の特性を生かし，地域資源を活用し，地元が主体性を保持した取り組みという共通点を持っている．

　また，ヨーロッパなどでの事例から，コミュニティによって所有・管理される企業（事業体）を意味する社会的企業という概念にも注目が集まっている[注17]．社会的企業は雇用確保や福祉水準を維持するため，人々の労働と生活の質，コミュニティの質という地域の暮らし全般を視野に入れたもので，さらに広義の概念であると言えよう．

　農村の高齢化は一層進行しており，今後は定年退職などによってリタイアする団塊の世代の「終の住処」ないし「余暇空間」「活動場所」としての役割も期待されている．ところが一方で，財政状況の悪化などを背景に自主・自立的な地域づくりが求められ，公的な支援が徐々に削減される方向にある．市町村とともに農村における重要な地域主体である農協にしても，たとえば高齢者が多いところほど事業収益が見込めないためAコープの撤退を余儀なくされるなど，暮らしを支える組織として十分な役割を果たしているとは必ずしも言えない状況になりつつある．

　そのため，地域資源を活用した内発的アグリビジネス，すなわち農産物加

第11章　地域資源を活用した内発型アグリビジネスの課題　163

工や販売，交流関連の事業体には，今後は地域の暮らしをも視野に入れた事業展開が求められるようになるのではないだろうか．一定の公的な支援や援助を受けつつ，地域の人々が主体性をもつ自立的組織が経営を担う社会的企業の経験は示唆に富んでいる．

　もちろん，現在でさえ事業体としての経営は決して楽ではなく，様々な課題を抱えているのだから，そこに地域の暮らしを支える役割を期待し，かつまた自立的な組織としていくのはかなり困難であり，公的な支援は欠かすことはできない．しかし，自分たちの暮らしは自分たちで守る，つくることが求められるようになっているわが国において，地域における就業の場，所得獲得の場として内発的アグリビジネスへの期待は大きくなると思われる．

［注］
1) 八木宏典『現代日本の農業ビジネス－時代を先導する経営－』農林統計協会，2004年などを参照．
2) 斎藤　修『食品産業と農業の提携条件』農林統計協会，2001年，112～129ページ．
　1980年代の「地域産業おこし」も，地域資源を活用した内発的ビジネスを含むものであった．① 守友裕一『内発的発展の道』農山漁村文化協会，1991年，② 過疎問題懇談会『過疎地域における雇用の増大をめざしての産業振興について』1984年，国土庁地方振興局，および ③ 竹本田持「過疎地域における産業振興の展開と集団組織活動」，長谷川・藤沢・荒樋・竹本『過疎地域の景観と集団』日本経済評論社，1996年所収などを参照．
3) 『和英大辞典第4版』(研究社)には，1［仕事］an undertaking；an enterprise；activity；a project；a scheme；operations；doings，2［実業］(a line of) business；a business；an industry（商工業），3［事績］an achievement；a deed とある．なお，筆者は別の機会にビジネスとプロジェクトという言葉の対比を試みたが，プロジェクトには「公」という概念は含まれないのでサービスないしスキームの方が適当であると考える．
4) 都市と農山漁村の共生・対流関連団体連絡会（オーライ！ニッポン）ホームページ

による．なお，本稿で「農村」と表現する場合，多くは山村や漁村を含むものとして使っている．

5) こうした交流をしている人々は，精神的な充実感について「みんなから元気をもらう」ということが多いという．漠然とした表現ではあるが，交流のもつ効果の一つであることは確かであろう．

6) ホスピタリティ（hospitality）には「親切なもてなし，歓待，厚遇」という意味の他，英国圏で「無料の食事付き宿泊」という意味がある．『ジーニアス英和大辞典』大修館書店．

7) 斎藤：前掲書，113～114ページ．

8) 例えば，竹本田持「山梨県中富町－特産大豆の地産地消方式－」『水田農業経営確立プロジェクトに向けて＜Chapter 2＞』財団法人農村開発企画委員会，2002年所収を参照．

9) 実際には，一定割合の格外品や落果がどうしても発生し，安定的な原料確保ができることが多い．

10) たとえば，福島県喜多方市の小中学生の体験受け入れ（「ふれあい喜多方農業体験塾」）は，地元農協と市がタイアップして旅行会社に提案したものであり，地元主体の取り組みである．しかし，旅行会社が経験を積み，ノウハウを獲得することによって，旅行会社主体のツアーが登場する可能性も否定できないだろう．

11) 農産物加工事業の場合にも，地域主体による新たな事業展開が地元業者との競合を生み出すことは可能性としてはあるが，実際には技術や販路などで協力・提携したり，品目を別にして棲み分けを図るなどの対応をしている場合が多い．

12) 多くのアンケート調査で同じような傾向が認められるが，さしあたり『高齢者交流型グリーン・ツーリズム事例調査研究報告書』財団法人都市農山漁村交流活性化機構，2002年．

13) 商売としてではなく実習や交流などで民泊する場合，問題となるのは食事と入浴である．とりわけ複数の人を泊めることになれば，家族を含めて入浴時間の調整は困難である．なお，たとえば五右衛門風呂など特徴ある風呂をもつ家では，それを使うことが大きな魅力となることは言うまでもない．

14) 大滝・金井・山田・岩田『経営戦略－創造性と社会性の追求－』有斐閣アルマ，1997

年，189～191ページ．

15) 伊丹・加護野『経営学入門第二版』日本経済新聞社，1993年，および八木宏典『農業経営の事業多角化－事業多角化の考え方と現状－』全国農業構造改善協会，1999年参照．

16) 『日本型グリーン・ツーリズム実態調査報告書』財団法人農林漁業体験協会，2001年におけるアンケート調査結果（竹本田持「市町村アンケート調査による実態の分析」）の組み替え集計による．

17) C. ボルザガ・J. ドゥフルニ編，内山・石塚・柳沢訳『社会的企業－雇用・福祉のEUサードセクター』日本経済評論社，2004年．中川雄一郎『社会的企業とコミュニティの再生－イギリスでの試みに学ぶ－』大月書店，2005年．

第12章 農業所得水準と所得形成要因の地域的特徴―中国地方を事例として―*

1. はじめに

　農業経営の地域的特徴は様々な視点から考察することができる．たとえば，作目構成，経営規模，労働力構成，土地利用形態，経営目標などが考えられるが，この中で1戸当たりの農業所得は，現在においても多くの農業経営が目標とする最終的な経営成果を表す一般的・基本的指標である．

　ところで，農業所得の形成は，生産要素の投入量，生産性や利用度，導入作目の内容，などによって影響を受ける．また，こうした要因は地域的に多様であり，何が主要因となって地域レベルでみた農業所得規模が大きな（小さな）値になっているか，を探ることは，種々の地域において農業経営が農業所得規模を高めていく上でのヒントを与えることになると期待される．

　そこで，ここでは中国地方を対象として，市町村を単位とした農業所得水準と所得形成要因の地域的特徴を，重回帰分析を応用することで考察することにしたい[注1]．具体的には，①農業所得水準を説明する重回帰式を作成して，②各説明変数の値が農業所得水準にどの程度のプラス効果，マイナス効果を与えているかを把握することにより，③各市町村の農業所得水準がどの要因によって高まっているか，あるいは低いものに留まっているかを検討する．そして，④農業所得水準や所得形成要因の地域性について考察していく．

2. 重回帰分析とその結果

　ここでは，1999年の中国地方の市町村をサンプルとして，次のような指数

---

* 能美　誠

型の重回帰式を作成した．

$$Y = A(X_1)^{a1}(X_2)^{a2}(X_3)^{a3}$$

　統計データとしては，農業所得を把握することは困難であり，ここでは生産農業所得/戸を被説明変数（Y）に採用する．生産農業所得は概念的にみると，農業粗生産額－物財費を意味しており，所有関係が捨象され，土地，労働，資本に帰属する報酬額と企業利潤により構成されている．換言すれば，生産農業所得＝農業所得＋（借入地地代＋雇用労働費＋借入資本利子）という関係にあり，本来の農業所得よりもカテゴリー的に多くの要素を含んでいるが，農業経営のために投入された生産要素に対する帰属報酬が所有関係に影響を受けることなくすべて含まれるため，地域的視点に立って分析する場合には，むしろ好都合な側面もある．

　なお，生産農業所得データは通常1,000万円を単位として記載されているため，生産農業所得額が1億円に満たない市町村については，被説明変数である生産農業所得/戸の計算値の誤差が大きくなることに配慮して，重回帰分析のサンプルから除外した．中国地方には2000年2月時点において318市町村がみられたが，そのうち生産農業所得額が1億円に満たない市町村は38市町村ほど認められ，その結果，280市町村を重回帰式の計算に利用することにした．

　次に，説明変数については X_1：(生産農業)所得率，X_2：農業従事者数/戸，X_3：資本財装備率（＝物財費/農業従事者数）の三つを採用することにした（基本統計量は表12.1を参照されたい）．これらの説明変数は，試行錯誤で選定した部分もあるが，分析に各説明変数を採用する意味について説明をすると次の通りである．

　まず，農業所得水準は作目構成によって大きく影響を受けるが，作目構成と農業所得との関わりをよく示すのが所得率（X_1）である．土地資源に恵まれていない中国地方の場合，各作物を面積的にどれだけ多く生産するかという視点もさることながら，どのような作目を生産するかによって農業所得水準は大きく影響を受ける．また，所得率は作目構成だけでなく，高付加価値・高品質生産や低コスト（物財費）生産に対する取り組み程度をも反映する．

表 12.1　分析対象変数の基本統計量と重回帰分析結果

(基本統計量)	平　均	標準偏差	最大値	最小値
Y：生産農業所得/戸	53.958 万円	34.721	304.740	15.768
X_1：所得率	33.671 %	6.487	52.027	20.253
X_2：農業従事者数/戸	2.612 人	0.256	3.363	1.824
X_3：資本財装備率	41.712 万円	25.421	169.877	9.821

(重回帰分析結果)	偏回帰係数（ai）	標準偏回帰係数	偏相関係数	F 値
X_1：所得率	1.51346 (0.00619)	0.59173	0.99770	59839.2*
X_2：農業従事者数/戸	0.98003 (0.01088)	0.19805	0.98342	8116.8*
X_3：資本財装備率	1.00953 (0.00231)	1.05906	0.99928	191697.4*
定数項（log A）	− 6.00081 (0.02790)	(A = 0.002477)		

(単純相関係数：対数線形)	Y	X_1	X_2	X_3
Y：生産農業所得/戸	1.00000	0.15310	0.22596	0.81517
X_1：所得率	0.15310	1.00000	0.01825	− 0.41757
X_2：農業従事者数/戸	0.22596	0.01825	1.00000	0.01616
X_3：資本財装備率	0.81517	− 0.41757	0.01616	1.00000

(単純相関係数：線形)	Y	X_1	X_2	X_3
Y：生産農業所得/戸	1.00000	0.20913	0.24495	0.77439
X_1：所得率	0.20913	1.00000	0.03227	− 0.34576
X_2：農業従事者数/戸	0.24495	0.03227	1.00000	0.03640
X_3：資本財装備率	0.77439	− 0.34576	0.03640	1.00000

注：　1)　*は有意水準1％で統計的に有意であることを示している．
　　　2)　偏回帰係数欄と定数項欄の括弧内の数値は，偏回帰係数や定数項の標準誤差を意味している．
　　　3)　X_1：所得率＝（生産農業所得/農業粗生産額）×100
　　　　　X_2：農業従事者数/戸＝農業従事者数/総農家数
　　　　　X_3：資本財装備率＝（農業粗生産額−生産農業所得）/農業従事者数
資料：「生産農業所得統計」（平成11年）
　　　「世界農林業センサス」（2000年）

そうした点で，所得率の採用には意義がある．実際にも，生産農業所得/戸と所得率の間の単純相関係数は0.209で，統計的にも有意性（1％水準）が確認できる．

一方，中国地方の場合，量的，質的の両面において土地資源に恵まれておらず，農業所得水準の規定要素としては土地よりも労働の方が重要だと考えられるため，労働力投入水準（X_2）を採用した[注2]．

最後に，資本財装備率（X_3）は，農業従事者一人当たりにどれだけの物財費を投入しているかを示す変数だが，やはり土地資源に恵まれない中国地方においては，土地面積に制約されることの少ない資本財集約的な生産方法が農業所得水準を高める上で一つの重要な考え方であり，当該変数はそうした生産方法の採用水準を示す指標として重要な意味を備えている．生産農業所得/戸と資本財装備率の単純相関係数も0.774でかなり大きい（1％水準で統計的に有意）．

重回帰分析の結果は，表12.1に載せている．なお，本回帰式の当てはまりはきわめて良好で，自由度調整済み決定係数は0.9987にも達している．また，いずれの説明変数についても偏回帰係数の標準誤差は非常に小さい．単純相関係数とは異なり，偏相関係数は0.983〜0.999でほぼ1に近い値となっている．

次に，偏回帰係数（弾力性）をみると，X_1：所得率の1％増加は生産農業所得/戸を約1.5％増加させ，一方 X_2：農業従事者数/戸と X_3：資本財装備率の1％増加は，生産農業所得/戸を1％前後増加させる．ただし，標準偏回帰係数値からわかるように，三つの説明変数のなかでは，実質的には X_3：資本財装備率が生産農業所得/戸を一番強く左右することがわかる．その一方，X_2：農業従事者数/戸の生産農業所得/戸に対する影響力は相対的にかなり小さく，X_3 の1/5以下にすぎない．

そこで，次節ではこの重回帰分析結果を利用して，農業所得形成要因の地域的特徴を考察していく．

3. 農業所得形成要因の地域的特徴

本節では，生産農業所得水準や所得形成要因の地域的特徴を，生産農業所得/戸の値それ自身や，各説明変数が生産農業所得/戸をどの程度増減させているかに基づいて考察する．その方法は，次のとおりである．

【1】まず，生産農業所得/戸を280市町村の平均値（53.958万円）±5万円を基準にして，次の3ランクに市町村を分類する．

①「生産農業所得/戸＜平均値－5万円」の市町村
②「平均値＋5万円≧生産農業所得/戸≧平均値－5万円」の市町村
③「生産農業所得/戸＞平均値＋5万円」の市町村

【2】次に，①平均値－5万円を下回る市町村に対しては，生産農業所得/戸を平均値－5万円未満という低い水準に留めさせている主要因を把握するため，生産農業所得/戸を平均値よりも10万円以上低めている要因を取り上げる．一方，③平均値＋5万円を上回る市町村に対しては，生産農業所得/戸を平均値＋5万円よりも上回らせている主要因を把握するため，生産農業所得/戸を平均値よりも10万円以上高めている要因を取り上げる．

なお，この場合，各市町村において生産農業所得/戸を平均値よりも10万円以上高めている（低めている）要因は，次のようにして把握する．

$Y0 =$ 生産農業所得/戸の平均値

$Y1 = A(X_1実際値)^{a1}(X_2平均値)^{a2}(X_3平均値)^{a3}$

$Y2 = A(X_1平均値)^{a1}(X_2実際値)^{a2}(X_3平均値)^{a3}$

$Y3 = A(X_1平均値)^{a1}(X_2平均値)^{a2}(X_3実際値)^{a3}$

を求めて，$Y1-Y0$，$Y2-Y0$，$Y3-Y0$ のそれぞれを計算し，その値が＋10万円以上（－10万円未満）かどうかで判断する．

また，②生産農業所得/戸が平均値を挟む前後5万円の範囲内に属する市町村については，こうした計算は行わずに，考察の中では"生産農業所得/戸が平均水準程度の市町村"という位置づけで扱う．

【3】各市町村における生産農業所得/戸の水準や，生産農業所得/戸を平均値よりも高めたり低めたりしている主要因を把握しやすくするため，次の方

第12章　農業所得水準と所得形成要因の地域的特徴　171

法で各市町村の状態を記号で表記する．

　まず，①に該当する市町村は，「生産農業所得/戸＜平均値－5万円」であるため，－記号を最初に付ける．そして，その生産農業所得/戸の水準が偏差値で表した場合に40未満の場合には，－記号の次に"2"という数値を付与する．さらに，「生産農業所得/戸＜平均値－5万円」という状況になっている主要因として，$Yi-Y0$の値が－10万円未満の要因をアルファベット記号で絶対値の大きなものから列挙する．その場合のアルファベット記号は，$X_1=A$，$X_2=B$，$X_3=C$とする．具体的に説明すると，「生産農業所得/戸＜平均値－5万円」で生産農業所得/戸の偏差値が35.0であり，そうした状況をもたらしている主要因がX_1：所得率（$Y1-Y0=-12.5$万円）とX_3：資本財装備率（$Y3-Y0=-18.3$万円）の市町村があるとすれば，当該市町村の状態を表す記号は，"－2CA"となる．

　同様に，③に該当する市町村は，「生産農業所得/戸＞平均値＋5万円」であるが，その水準が偏差値で表した場合に60以上の場合には，最初に"2"という数値を付与する．さらに，「生産農業所得/戸＞平均値＋5万円」という状況を生み出している主要因として，$Yi-Y0$の値が＋10万円以上の要因をさきと同じアルファベット記号で絶対値の大きなものから列挙する．具体的に説明すると，「生産農業所得/戸＞平均値＋5万円」で生産農業所得/戸の偏差値が58.7であり，そうした状況をもたらしている主要因がX_2：農業従事者数/戸（$Y2-Y0=+10.5$万円）とX_3：資本財装備率（$Y3-Y0=+19.5$万円）の市町村があるとすれば，当該市町村の状態を表す記号は，"CB"となる．

　なお，①または③に該当する市町村で，$Yi-Y0$の絶対値がいずれも10万円未満の場合は，－または＋記号（だけ）を記載する．

　最後に，②に該当する市町村の場合は，"0"記号のみを付与する．

　以上の方法で，280市町村の生産農業所得水準や所得形成主要因に関する状態を記号表記した結果を，表12.2と図12.1に示す．

　以上の結果をみると，中国地方における一戸当たり生産農業所得水準や所得形成主要因の地域的特徴が明確になる．まず，鳥取県は沿岸部だけでなく

172　第2部　農業経営と地域農業

表12.2　280市町村の該当類型

市町村名	類型	市町村名	類型	市町村名	類型	市町村名	類型
1.鳥取市	−C	71.川本町	−C	141.加茂町	−C	211.世羅西町	C
2.米子市	A	72.邑智町	−AC	142.奥津町	−C	212.沼隈町	A
3.倉吉市	2AC	73.羽須美村	−C	143.鏡野町	−C	213.神辺町	−C
4.境港市	2C	74.瑞穂町	−	144.勝田町	−C	214.新市町	−C
5.国府町	−C	75.石見町	−A	145.勝央町	C	215.油木町	−C
6.岩美町	−C	76.桜江町	−C	146.奈義町	C	216.神石町	−
7.福部村	2ABC	77.金城町	−A	147.勝北町	−C	217.豊松村	A
8.郡家町	AB	78.旭　町	−A	148.大原町	−C	218.三和町	O
9.船岡町	−C	79.弥栄村	−C	149.美作町	−C	219.上下町	−C
10.河原町	O	80.三隅町	−C	150.作東町	−C	220.甲奴町	O
11.八東町	AB	81.美都町	−C	151.英田町	−AC	221.君田村	−C
12.若桜町	−C	82.匹見町	−C	152.中央町	O	222.布野村	＋
13.用瀬町	−C	83.津和野町	−C	153.旭　町	−A	223.作木村	−C
14.佐治村	2A	84.日原町	−C	154.久米南町	C	224.吉舎町	−C
15.智頭町	−C	85.六日市町	−A	155.久米町	−A	225.三良坂町	O
16.気高町	A	86.西郷町	−C	156.柵原町	−C	226.三和町	C
17.鹿野町	O	87.岡山市	A	157.広島市	−C	227.西城町	−C
18.青谷町	O	88.倉敷市	−C	158.呉市	−2C	228.東城町	2C
19.羽合町	A	89.津山市	−C	159.竹原市	−C	229.口和町	O
20.泊　村	2C	90.玉野市	O	160.三原市	−C	230.高野町	2AC
21.東郷町	2AC	91.笠岡市	O	161.尾道市	−C	231.比和町	−C
22.三朝町	−C	92.井原市	−A	162.因島市	A	232.下関市	CA
23.関金町	2CBA	93.総社市	−C	163.福山市	−C	233.宇部市	O
24.北条町	2AC	94.高梁市	−	164.府中市	−C	234.山口市	−C
25.大栄町	2CAB	95.新見市	−C	165.三次市	O	235.萩　市	A
26.東伯町	2CB	96.備前市	−C	166.庄原市	O	236.徳山市	−C
27.赤碕町	2CA	97.御津町	−C	167.大竹市	−C	237.防府市	−C
28.西伯町	−C	98.建部町	−	168.東広島市	−C	238.下松市	−2C
29.会見町	AB	99.加茂川町	−	169.廿日市市	−C	239.岩国市	A
30.岸本町	＋	100.瀬戸町	−C	170.熊野町	−C	240.小野田市	−C
31.日吉津村	O	101.山陽町	AC	171.江田島町	O	241.光　市	−C
32.淀江町	2CB	102.赤坂町	O	172.倉橋町	A	242.長門市	C
33.大山町	2CA	103.熊山町	O	173.下蒲刈町	−C	243.柳井市	−
34.名和町	2C	104.吉井町	−C	174.蒲刈町	−	244.美祢市	−C
35.中山町	2CA	105.吉永町	−A	175.湯来町	−C	245.新南陽市	−C
36.日南町	C	106.佐伯町	−C	176.佐伯町	−C	246.久賀町	O

第12章　農業所得水準と所得形成要因の地域的特徴　173

表12.2　280市町村の該当類型（続き）

市町村名	類型	市町村名	類型	市町村名	類型	市町村名	類型
37.日野町	－C	107.和気町	－AC	177.吉井村	2CA	247.大島町	－CB
38.江府町	－C	108.牛窓町	2CA	178.能美町	AC	248.東和町	－CB
39.溝口町	－C	109.邑久町	C	179.沖美町	AC	249.橘　町	A
40.松江市	－C	110.長船町	CA	180.大柿町	O	250.由宇町	－C
41.浜田市	－C	111.灘崎町	2CA	181.加計町	－2C	251.玖珂町	－C
42.出雲市	O	112.山手村	AB	182.戸河内町	－C	252.周東町	－A
43.益田市	O	113.清音村	－C	183.芸北町	C	253.錦　町	－A
44.大田市	－A	114.船穂町	2CA	184.大朝町	O	254.美和町	－C
45.安来市	BC	115.金光町	－C	185.千代田町	－A	255.大和町	－CA
46.江津市	－A	116.鴨方町	－C	186.豊平町	O	256.田布施町	－C
47.平田市	O	117.里庄町	－C	187.吉田町	－C	257.平生町	－C
48.鹿島町	－C	118.矢掛町	－C	188.八千代町	－C	258.熊毛町	－C
49.東出雲町	－	119.美星町	O	189.美土里町	O	259.鹿野町	－A
50.八雲村	－C	120.芳井町	O	190.高宮町	C	260.徳地町	－A
51.宍道町	－C	121.真備町	－C	191.甲田町	－C	261.秋穂町	－C
52.八束町	O	122.有漢町	O	192.向原町	－A	262.阿知須町	－C
53.広瀬町	－C	123.北房町	－C	193.黒瀬町	－C	263.楠　町	－
54.伯太町	－	124.賀陽町	C	194.福富町	－C	264.山陽町	－A
55.仁多町	－AC	125.成羽町	－A	195.豊栄町	－C	265.菊川町	C
56.横田町	－	126.川上町	C	196.大和町	O	266.豊田町	C
57.大東町	－CA	127.備中町	2C	197.河内町	－C	267.豊浦町	C
58.加茂町	－AC	128.大佐町	－CA	198.本郷町	－C	268.豊北町	C
59.木次町	－A	129.神郷町	－C	199.安芸津町	－C	269.美東町	O
60.三刀屋町	－AC	130.哲多町	O	200.安浦町	－C	270.秋芳町	O
61.吉田村	－A	131.哲西町	－C	201.豊浜町	C	271.三隅町	C
62.掛合町	－C	132.勝山町	－C	202.豊　町	C	272.日置町	C
63.頓原町	C	133.落合町	－C	203.大崎町	A	273.油谷町	O
64.赤来町	O	134.湯原町	－C	204.木江町	C	274.阿武町	C
65.斐川町	＋	135.久世町	－C	205.瀬戸田町	2AC	275.田万川町	C
66.佐田町	－AC	136.美甘村	－C	206.御調町	－A	276.阿東町	C
67.多伎町	－	137.新庄村	－	207.久井町	C	277.むつみ村	2CA
68.湖陵町	－A	138.川上村	2C	208.向島町	2A	278.須佐町	－
69.大社町	2C	139.八束村	2CB	209.甲山町	C	279.旭　村	－C
70.温泉津町	O	140.中和村	C	210.世羅町	2C	280.福栄村	C

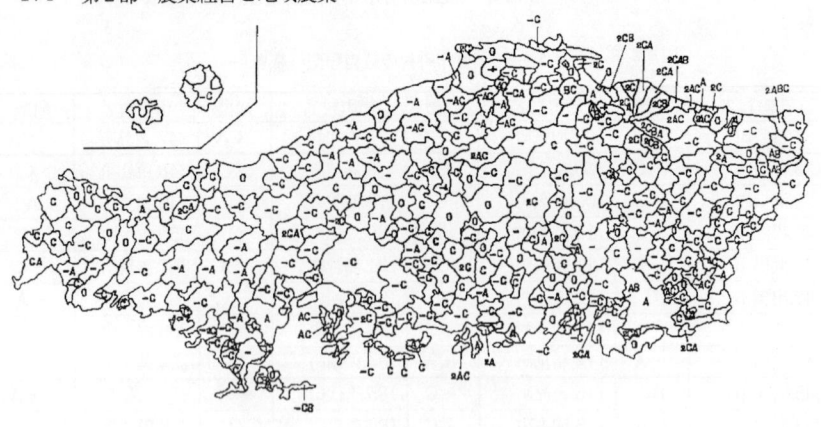

図12.1 各類型市町村の分布状況

　山間部にも，生産農業所得/戸が平均値＋5万円以上かつ偏差値60以上の市町村が多く認められ，資本財装備率や所得率の大きいことがその主要因となっている．スイカ，ナガイモ，ラッキョウ，白ネギ，二十世紀梨などの野菜や果樹生産の盛んなこと，および生産技術の地域的水準の高さが，資本財装備率や所得率の向上をもたらし，その結果として，生産農業所得/戸を相対的に高いものにしている．また，他県と比較して，相対的にではあるが，農業従事者数/戸の多さも生産農業所得水準の向上に作用している市町村が多く見受けられるのも特徴である．

　しかし，同じ山陰地方でも島根県では沿岸部，山間部の両方で生産農業所得/戸の相対的に低い市町村が中心で，その主要因は資本財装備率の低位性にある．また，所得率の低位性が主要因の市町村も見受けられる．鳥取県と比べて，目立った特産物が存在していないことが，その大きな理由である．

　次に，岡山県から広島県の山間部にかけては，生産農業所得/戸の相対的に低い市町村が多く分布している．立地条件の不利性や目立った特産物の存在しないことが大きな理由だが，中には生産農業所得/戸の相対的に高い市町村も点在していることに注目しておきたい．これには，草地資源に恵まれ酪農が盛んな蒜山高原（川上村，八束村，中和村），高原を利用した野菜栽培が盛んな広島県高野町，梨栽培や養鶏が盛んな広島県世羅町，酪農と野菜（ホ

ウレンソウ）栽培が盛んな広島県吉和村，などが該当し，地域資源を有効利用した農業生産の展開や本来的に所得率の高い作目への特化が資本財装備率や所得率を高いものとし，生産農業所得/戸を高めている．

　一方，都市化の進行した岡山県・広島県の沿岸部には，生産農業所得／戸の相対的に低い市町村が多いが（資本財装備率や所得率の低位性が主要因），島嶼部を含めた一部の市町村では生産農業所得/戸が高い．これらの一部市町村ではブドウ，モモ，柑橘などの果樹や花き，野菜に対する従来からの産地活動が資本財の投入水準や所得率の高い農業を実現させ，その結果，相対的に高い生産農業所得/戸を生み出している．ただし，都市化の進展は，農業を衰退させる要因として作用することが多く，農業が都市化の波に呑み込まれる場合には，資本財装備率は高まることなく，農地利用は非農業的土地利用の影響を受けやすい．

　最後に，山口県の場合は，山陽側と山陰側で生産農業所得/戸が異なる．総じて，山陽側に生産農業所得/戸の相対的に低い市町村が多く，山陰側には高い市町村が多い．また，中国山地沿いの市町村も生産農業所得/戸は相対的に低い市町村が多い．山陽側や中国山地沿いの市町村では都市化の影響や立地条件の劣悪性のため，資本財装備率を高めた農業展開や所得率の高い農業生産が行われていないと考えられる．なお，山陰側では，養鶏，野菜，果樹生産の盛んなことが，資本財装備率を高めて生産農業所得/戸の向上につながっている．

　なお，全体的にみて，農業従事者数/戸は生産農業所得/戸にあまり大きな影響を与えていないが，これは農業従事者/戸が年間農業従事日数の違いを含んでいないことが理由の一つであると考えられる．

4．総　　括

　以上，本章では中国地方5県の市町村を対象として，農業所得水準の高低とそれに影響を与えている要因の地域的特徴を，重回帰分析結果を応用することにより考察した．中国地方の場合，固定資本財と流動資本財の両者を含めた資本財装備率の高低が生産農業所得/戸に非常に大きな影響を与えてお

り，生産農業所得/戸の大きさは，資本財装備率の高低によって大きく規定されている．また，所得率の高低が生産農業所得/戸に与える影響も大きい．

　農地資源に恵まれない中国地方においては，農業従事者1人当たりでみた資本財の投入量が農業所得の形成に大きく関わっており，資本財集約型農業をどの程度実現できているかが，地域レベルでみた場合の農業経営の農業所得規模を大きく規定していることがわかる．

［注］

1) ここで採用する重回帰分析の応用法は，著者が以下の文献で行った方法と基本的には同じである．
　①能美　誠「養蚕業の立地要因と地域区分」『農業経営研究』第30巻第2号，1992年，pp.12～21．②能美　誠「養蚕業の盛衰要因および盛衰現象形態に関する地域区分―群馬県を事例として―」『日本蚕糸学雑誌』第62巻第3号，pp.216～222．

2) 上述の280市町村を対象とし，生産農業所得/戸を従属変数，経営耕地総面積/戸，農業従事者数/戸，(後出の)資本財装備率を説明変数として行った指数型の重回帰分析では，経営耕地総面積/戸と生産農業所得/戸の間の偏相関係数が－0.008という結果となり，経営耕地総面積/戸は生産農業所得/戸の高さを説明するのに有効な変数ではないことが確認された．

第 3 部

農業経営の国際的比較

第13章　古代メソポタミアの農耕と社会形成＊

1．経営問題の時間軸

　現代の農業経営問題を扱う論文集に古代社会に関する論考を寄せることに違和感が感じられるのは当然だとしても，それには多少の意味合いがある．現代の農業経営をファミリービジネスとしてとらえたとき，ビジネス領域の経営問題が発生し，その輪郭が形を現し始めたのはいつ頃のことになるのだろうか．もちろん産業革命以降だとしても，それが本格展開したのは20世紀に入ってからであり，その時間軸は精々50〜100年というところであろう．ビジネス領域の問題は，現代という時間軸の中で解決できる問題である．

　それではファミリー領域の問題はどうだろうか．夫婦関係，子供と家族の関係など情愛的な家族関係，その心性，また福祉に関わる問題は，ビジネス社会とともに発生し，いわゆる近代家族の問題として扱えるから，その時間軸はやはり100年以内，前史を含めても200年以内の範囲に収まるだろう．ところが，ファミリー領域の根幹をなす世襲，相続，婚姻，世帯形成，家父長制などの問題を扱うには，その時間軸をかなり長くとらないといけない．このようなファミリー問題は家族の起源と関わるものだが，それぞれの問題に「農家の」という接頭語を付けてみれば，それが現代の農業経営問題の重要な一部分を構成していることがわかる．この分野の問題を扱うときの時間軸はどのようになるのだろうか．

　そこには家族の起源をさかのぼるいくつかの支流が存在している．一つの支流は，中世ヨーロッパ，とくにイギリス，フランス，ドイツなどの自作農にみられる世襲的自営業にたどり着くだろう．別の支流は初期キリスト教思想にみる婚姻教義をさかのぼることになるかもしれない．また，別の支流は古代ローマ帝国ディオクレティアヌス帝の土地改革，税制改革に導くことに

＊斎藤　潔

なろう．さらに，別の支流は古代エジプト王族の婚姻形態を扱い，それがギリシア，ローマ，さらに中世ヨーロッパに隠された大きな影響を与えていることを見いだすだろう．家族の起源の本流を脇目をふらずにたどっていくと，それは人類の起源の探求と同化し，その時間軸はおよそ500万～700万年前にさかのぼる．どの支流をさかのぼるにしても，この分野のファミリー問題を扱う限り歴史視点は欠かせず，それは少なくとも1000年単位の時間軸を要する．すなわち，時代区分からいっても中世から古代を扱うことは奇異なことではない．

本稿でさかのぼるファミリー問題の支流は，人間が歴史上初めて作り上げたメソポタミア文明であり，そこで形成された社会システムからファミリーの原点を想像してみることにある．ファミリーの原点は人間の集団社会が形成され発達してきた，その中にみいだされる．そして，メソポタミアはそうした社会形成が歴史上はじめて実現したところであった．その時間軸はメソポタミアの地に都市国家が誕生する前夜の紀元前3500年頃から社会規範確立とみなせるハンムラピ法典が編纂された紀元前2000年頃までの約1500年間を扱うことになる．

2．文明が生み出した人間社会の基礎要素

「これほど豊かで，これほど密度が高く，これほど複雑で，これほど独創的で，その驚くべき活力が少なくとも3000年間にわたって栄え続けた文明[注1)]」．ジャン・ボテロはメソポタミア文明をこのように賞賛している．よく知られているメソポタミアという名は，メソポタミア独自の言語であるシュメール語でも，アッカド語でも，セム語でもない．それは後のギリシャ人が命名したものであり，「いくつかの河に挟まれた土地」を意味するギリシャ語であった．この名が示すようにメソポタミアはティグリス河とユーフラテス河の両大河の間に形成された平原地帯にあり，現在のイラク領に属する．平原地帯は，砂漠・ステップ地帯で降水量が200 mmを割るほどに極端に少ないのだが，高地地帯では降水量も1,000 mmほどに達する．高地地帯は「肥沃な三日月地帯」として知られ，食用の果実や木の実が豊富で，野生の

羊，山羊，牛，豚も多く生息していた．そしてなによりも野生の小麦と大麦の群落が形成されていたのである．

　人類最初の農耕は，この地帯で小麦と大麦を栽培することから始まったとされている．紀元前10000〜9000年頃のことであった．農耕は人間生活の定住を促進したが，メソポタミアの地に定住集落が見いだせるのは，しばらく後の紀元前6000年頃になる．およそ3000年の間，人々は自然の一部分を構成し，慎ましく暮らしてきた．言い換えると，農耕の生産力はそれだけの食糧しか人間に与えられなかったと言える．そのような状態はこの後も3000年続いた．定住生活の中で，石器・土器，料理技術，編物，織物などの面でめざましい発達がみられたとはいえ，それはいまだ慎ましい生活の範囲内にあった[注2]．

　メソポタミアに文明を生み出すことになるきっかけは，紀元前3500年頃にいくつかの面でもたらされた．その一つは青銅器利用である．青銅器がどこでどのように作られ始めたのかはわかっていない．青銅器利用は，後のギリシア・ローマから東部を除くヨーロッパ地域にもみられるし，インド，中国，朝鮮半島，日本においても青銅器は広く利用されていた．青銅器の利用がただちに文明をもたらすという直接的な因果関係は薄いけれども，最も古い青銅器利用がメソポタミアでみられたことは定説となっている．メソポタミアに文明をもたらしたもう一つのきっかけは農耕面での革命といえる事態であった．かんがい農耕の開始である．農耕については次節で扱うことにして，しばらく青銅器利用の影響をたどってみよう．

　青銅器は農具などの実用具，祭具，そして武具などに広く用いられた．メソポタミアでは青銅器利用以前から異民族との交易が始まっていたが，それはメソポタミアに建築用の資材である石材，材木が乏しかったこと，地理的にアジア，アフリカ，ヨーロッパを結ぶ交通の要衝の地という条件が作用していた．青銅器の普及は交易をより促進したと思われるが，交易取引から契約の思想と習慣が意識され，歴史上初めて登場した文字も交易品の在庫管理や会計簿の必要性から生み出されたものと考えられている．同時期に契約に用いる円型印章も発明されている．取引に貨幣が用いられるのは，しばらく

後の紀元前2000年頃になるが,それもメソポタミアの発明品である.

　交易を通じて人々の生活範囲は定住集落という限定された地域を越え,異民族との異なる社会との交流が促進され,その中で次第に人間社会に共通した生活スタイルを生み出していったようにみえる.

　一方,青銅器は武器にも用いられ,それは紀元前1600年頃のヒッタイトによる鉄器利用によって完結するのだが,人間の攻撃性を目覚めさせることになった.メソポタミアに重装備の軍隊が登場し,異民族の征服が始まった.征服された地域の人々は奴隷となり,ついに人間社会に王族,貴族・エリート市民,一般市民,奴隷という階級が生じることになった.征服活動は,無数に開削された運河などのかんがい施設の建設と維持のための奴隷労働力の確保という意味合いがあった.

　人間社会が階級化し始め,支配-被支配関係が明確になる中でメソポタミアの各地に都市国家が誕生する.都市国家はさらなる征服活動を繰り返し,次第に強大な都市国家に成長した.メソポタミアは農業生産の豊かな地で交通の要でもあったから,異民族が絶えず侵入し,主権者の交代も頻繁であった.メソポタミアに誕生した初めての都市国家は紀元前3100年頃とされている.シュメール最古の都市国家ウルクの遺跡は,全長9.5 kmの城壁で囲まれていた.都市にはジックラトとよばれる巨大な神殿が建設されたが,このような巨大建築が誕生したことは,交易による資材確保,運搬具の開発,建築道具の開発,建築方法,労働力の確保とその管理方法,そして天文学や暦,占星術の発展,イデオロギーなど物質的資源,科学的知識,精神的な成長という様々な条件が満たされていたことを意味する.メソポタミアでは都市国家ごとに信仰する神が異なっていたが,はじめて神に名前が付けられ,宗教とよべるものが生まれていた[注3].

　都市文明のなかでは数多くの創造や発明が爆発的に進んだのであった.「村落のなかで,ばらばらに分散したかたちで存在していた諸技術は,いまでは都市という狭いわくの中におりこめられて凝集した状態におかれ,それは相互に影響し関連しあうことによって,一つの体制をつくり上げるとともに,その連鎖反応は,個々では考えもされなかった巨大な力を発揮するよう

になった[注4]」のである．メソポタミアはその3000年の歴史の中で初めて人間集団の社会とよべるシステムを作り上げ，そこでは社会生活を構成する基礎要素が次々と創造されていった．このような生活の基礎要素は，後にエジプト，ギリシア，ローマ文明を経て，ヨーロッパ社会の基礎を築いた．メソポタミアが「遠い昔の西洋の誕生」と言われる所以である[注5]．

3．都市文明を支えた農耕

「都市は，都市のみによってなりたつものではなく，都市をかこむ食糧その他の生産地としての田園を含めた都市生活圏としてのひろがりのなかで成立しているのであり，農村こそが都市の母胎である．メソポタミアに人類史上，最初の都市が登場するまでには，農村における長い技術蓄積が必要であった．[注6]」

メソポタミアは後背地に肥沃な三日月地帯を抱え，そこは小麦，大麦栽培の起源地であった．しかし，ティグリス・ユーフラテス河が形成した平原地帯に下ると，そこでの年間降水量は極端に低く，天水に頼るドライファーミングも成立しなくなる．この地に都市国家を誕生させ，文明の華を開かせるためには，なによりも農耕の革命が必要であった．それは青銅器利用と同時期の紀元前3500年頃に始まったかんがい農耕の開始に求められる．メソポタミアではチグリス・ユーフラテス河の間に無数の運河が開削され，網の目状になっていた．

メソポタミアは一年が雨季と乾季に分かれており，11～3月にかけて雨季に入り，それが3～5月頃に増水を招いた．農作業は9月に耕起が行われ，その後雨季直面の10月に播種，雨季にはかん水作業，そして3～5月にかけて収穫時期を迎えた．問題は春の増水時である．ユーフラテス河は穏やかな流れの河であるが，ティグリス河は暴れ河で毎年反乱を繰り返し濁流が地を覆ってしまう．それが春の収穫時期と重なるわけである．メソポタミアの人々は農地に休耕地を設け，そこに氾濫した河水を引き込むなどして河川をコントロールしつつ，さらに休耕地に泥土を堆積させて土壌の肥沃化をはかった．ここに至って，ついに人間は自然の一部をなす存在から抜けだし，自然環境

に働きかけその景観をも大きく変えてしまったのである．

　メソポタミアで初めて取り組まれたかんがい農耕は信じられないほどの高い生産性を達成したらしい．一般に古代から中世，近代の18世紀に至るまで麦類の収量倍率は通常2～3倍，かなり良好な条件の下で4～5倍という程度だった．歴史家ヘロドトスは，メソポタミアでは穀類の収穫量が平均して播種量の200倍，豊作時には最大300倍に達すると記している[注7]．テオフラトスでは50倍，念入りに耕作された土地で100倍としている[注8]．これらの驚異的な数値は果たして信頼に足るものなのだろうか．前川和也は発掘された粘土板文書をもとに収量倍率を計測している．紀元前2370年頃のラガシュ文書では，合計9つの耕地について大麦の平均収量を ha 当たり約2,536 l（およそ1,750 kg）と計算し，対して播種量は約33 l と推定した．その収量倍率は約76倍という結果になる[注9]．

　なぜ，メソポタミアではこれほど高い生産性が実現できたのだろうか．かんがい農耕によって麦作収量も高水準に達していたとは言え，より特徴的なことは播種量の低さにみられる．メソポタミアではかんがい農耕において条播きが行われており，役畜の牛に漏斗状の条播機を犁に付けて牽かせていた．これにより麦の播種量はきわめて低く抑えられていたのである．このような緻密な技術はメソポタミア文明の衰退とともに消え去り，残念ながらヨーロッパには引き継がれなかった．後世のヨーロッパでは雑草を抑えるために大量の種子を散播していた．このため，農業革命後の18世紀末イギリスでも条件の良いところで収量倍率はようやく10倍に達するかどうかという水準にあったのである．現代の日本と比較してみても，実験圃場レベルで10 a 収量450 kg に対し播種量は条播で6 kg，その収量倍率は75倍である．現場レベルでは10 a 収量300 kg，播種量10 kg として収量倍率30倍がよいところだろう．

　メソポタミア農耕は驚異的なほどの高生産性を実現していたが，そこに至るまでには多くの様々な技術革新，熟練作業が生み出されてきたことが窺える．そして，メソポタミア農耕が本当にすばらしいのは，紀元前2100年頃から農書に分類される文書が登場し始めることにある．この時期の農書として

「農夫の教え」「農事暦」などの粘土板文書が発掘され，中にはクワとスキがそれぞれの利点を述べて論争する「クワとスキ」のような文書もみられる．農書の登場はメソポタミアの人々が次世代への技術，経験継承を図るための教育手段を重視したことの現れとみなせるだろう．農書という存在は社会が生み出してきたグッドプラクティスという目に見えない無形財産を広く次世代に引き継ぐべきものと意識したことから生まれてきたものだといえる．

アメリカの調査隊がイラクのニップル遺跡で発見した粘土板は紀元前1700年頃のものと見られており，「農民の暦」とよばれる次のような文章が記されていた．「むかし，一人の農夫が彼の息子に教えを伝えていう．畑を耕作するときには，水があまりはいり過ぎないように，灌漑溝，用水路や耕地に注意せよ．耕地に水を注いだならば，耕地が農耕に都合のよい状態になるように，畑の，水のゆきわたった土壌に気をつけよ．てい鉄をつけたウシに耕地をふみつけさせよ．雑草をひきさいたのちに，三分の二ポンド（約300グラム）以下の重さのほそい手斧で，耕地をきれいに地均しせよ．つるはしをふるってウシのひづめのあとをけし，整地せよ．大まぐわで耕地の割れ目をならし，つるはしで畑の四隅まできれいにせよ[注10]．」ここにはメソポタミアの綿密な農耕の内容が記されているとともに，それが農夫の息子に伝えられるという文章スタイルになっている．それは家族内で直系的な継承関係が成立していたことを窺わせる．ただし，メソポタミアで発掘された粘土板文書によっても当時の財産相続のルールには，未だ定まった規範は現れていないようだ．前川和也はシュメールのウル第三王朝（紀元前2000年頃）の知事と神殿に仕える高位官職者の「家」を取り上げ，そのような階級では私有地が存在したとしても，その譲渡が禁止されていたと推測している．土地は国家ないしは都市が保有するとともに，官職に応じた割り当て地が配分され，さらに小作料を支払って賃借した耕地が家の富を蓄積するための有力な手段となっていた．官職という特権の継承については，父から子へ，場合によっては兄弟へと引き継がれていた[注11]．

4. ハンムラピ法典にみる社会規範と家族

本稿の趣旨は，ファミリーの意識，その価値規範がどのように醸成されてきたのかを，人間社会が初めて作り上げたメソポタミア文明の生活史と農耕史とを交叉させて浮かび上がらせることにある．とはいえ，資料的にも限られた中で，その目的にダイレクトに迫ることは筆者の力量では遙かにおよばない．そこで，迂回的な接近ではあるが，世界最古の体系的な成文法といわれるハンムラピ法典を題材として，社会規範と家族の価値規範について取り上げてみようと思う．

1901年～1902年にかけて，イラン南西部にあるペルシャの古都スーサでフランス調査隊は4000行のアッカド語の楔形文字が刻まれた石碑を発掘した．現在パリのルーブル美術館が所蔵するそれは「ハンムラピ法典」とよばれ，バビロニア王国第一王朝第六代の王ハンムラピ[注12]が編纂した法典とされており，およそ紀元前2000年頃に作られた世界最古の体系的な成文法とみなされている[注13]．

ハンムラピ法典はすべて解読されており，282条の法令が刻まれている．ただし，66～99条は後の時代に削り取られ欠損している．内容的には全23章に分かれ，それを現代法の名前に対応させて示すと以下のようになる[注14]．

1. 訴訟法と訴訟手続き法，偽証の罪	1 － 5条
2. 窃盗罪，所有権の審判，その処罰方法	6 － 13条
3. 誘拐罪と奴隷の法規	14 － 20条
4. 強盗罪，強奪如何の処置	21 － 25条
5. 兵士階級に関する諸規定	26 － 41条
6. 農耕地とかんがいに関する諸規定	42 － 66条
7. 委託者（商人）と受託者の諸規定	100 － 107条
8. 居酒屋の女将・ゲシュティンナ	108 － 111条
9. 債権法（債務者，抵当，留置権）	112 － 119条
10. 財産権（動産および信託）の規定	120 － 126条

11. 家族法（婚姻と相続）　　　　　　　　127 − 152 条
12. 刑事法（殺人・近親相姦等）　　　　　153 − 158 条
13. 婚姻法，婚約と結婚　　　　　　　　　159 − 184 条
14. 養子縁組と家族法　　　　　　　　　　185 − 191 条
15. 特殊な刑法規範　　　　　　　　　　　192 − 195 条
16. 傷害罪と反坐法（タリオ規範とその例外）192 − 214 条
17. 医師（外科医療）に関する規定　　　　215 − 223 条
18. 烙印官の規定　　　　　　　　　　　　226 − 227 条
19. 建築家に関する規定　　　　　　　　　228 − 233 条
20. 船頭・船大工の規定　　　　　　　　　234 − 240 条
21. 各種賃貸料と管理責任　　　　　　　　241 − 252 条
22. 人の管理責任と盗難　　　　　　　　　253 − 277 条
23. 奴隷に関する法規範　　　　　　　　　278 − 282 条

　ハンムラピ法典は「目には目を歯には歯を」の同害報復の原則で知られており，たしかにそれは他国に影響を及ぼし，旧約聖書にも記述されることになるのだが，この法令はハンムラピ法典の中でも例外的に単純な法令であって，刑法事案以外の法令については，様相はかなり複雑性を帯びている．それは社会組織が発達するとともに，人間の行動も複雑化していくことの現れだとみることもできよう．ハンムラピ法典という人間が最初に持ち得た体系的な成文法がきわめて高度な内容を含んでいるというのは，法令が幅広い領域にわたっていることもさりながら，そこに明確なあるべき国家社会の理念が語られていることにある．

　法典前文には王の使命が列記されており，整理して示すと以下のようになる．① 都市の整備と復興，開発，② 都市防衛，③ 都市への豊富な物資供給，④ 都市内の住居建設，⑤ 都市境界の確定，⑥ 神殿の整備，⑦ 神殿への参詣，奉献，⑧ 祭礼と聖餐の実施，⑨ 豊富な水を住民に供給，⑩ 水飲み場（かんがい地域）の整備，⑪ 耕地拡大，牧場の整備，⑫ 穀物貯蔵，⑬ 敵の征伐，山賊征伐，⑭ 住民保護，⑮ 法令整備．

　そして法典前文は以下のように締めくくられている．「私（ハンムラピ王）

が王として使わされたのは，人民を支配し，国家に助けをもたらすためであり，それに従って国内に法と正義を定め，もって人民の幸福を繁栄させるために以下の命令を下す．」こうして，以下に282条の法令が示されるわけである．

　法令の中から社会性の高い条文を検討してみよう．メソポタミアでは，物質文明も大きく前進したが，人間の社会性がより早く進化したことがわかるだろう．

・訴訟とその手続き規定

　ハンムラピ法典は，訴訟のデュープロセスに関する告発立証，偽証，裁判官の責任などの条文から始まっているが，条文中にはこの他にも訴訟に関する規定が多くみられる．訴訟がかくも重要だったということは，人間同士の諍いやトラブルが頻繁にみられたということだろうか．そのトラブルとは，条文からみていくと傷害，窃盗，誘拐，強盗，などの刑事案件，損害賠償，契約不履行，債権回収などの民事案件，家族の不実，養子虐待などの家族法案件，軍人・公職にある者の服務違反などの案件にわたっており，そのほとんどは今日の現代社会においても共通にみられるものである．ということは，人間の文明史5000年の歴史において，人間の諍いやトラブルは全く変わっておらず，その面での進歩はなかったといえるのかもしれない．

・所有権意識の発達

　ハンムラピ法典の条文で多く扱われているのは，窃盗や損害賠償など所有権に対する侵害である．しかも所有権とは単に何らかの財産を私有しているという状態にとどまらず，所有権の複雑性がすでに現れている．所有権に関してメソポタミア文明は早くからかなり複雑な段階に入っていたといえるだろう．所有権の複雑性を示す条文として以下のものを上げてみよう．

　第30条「兵役にある者が自分の農地，果樹園，家屋を放置していた場合，それらを3年間占有していた者に対しては，兵役から帰還した者がそれらの返還を請求しても，それは認められず，占有者が正当な所有権者となる．」

　第31条「放置が1年間ならば占有者は請求人に占有した物を返還しなければならない」

これは現代民法でいうところの取得時効の規定である．日本の民法ではそれを第162条で定めており，次のようになっている．「二十年間所有の意思を以て平穏且公然に他人の物を占有したる者は其所有権を所得す ② 十年間所有の意思を以て平穏且公然に他人の不動産を占有したる者が其占有の始善意にして且過失なかりしときは其不動産の所有権を所得す」

メソポタミアで発達した所有権は封建的土地所有の起源をなしたと考えられ，それは不動産の処分権に特徴的に現れている．たとえば，第35, 36, 37条では，国王から兵士に与えられた牛や羊の群，軍人公職にある者の農地，果樹園，家屋について，その売買契約は無効であり，対価が支払われていてもその取引は無効であると規定されている．一方，第39条は個人所有資産の売買取引を認めており，また第40条では「婦女子，商人やある種の企業家は，自分の農地や果樹園を売却することができ，それを購入した者も，その農地や果樹園を活用することができる」としており，私有財産の処分権は認められていた．第40条の条文には婦女子と記されており，つまり妻や娘の財産処分権は規定されているものの，そこに息子は含まれていない．それは第38条で「公職者の農地，果樹園，家屋は，それを自分の妻や娘に決して譲渡してはならない」と規定されており，どうやら公職者の割当農地は父から息子へ継承され，そのため売買を禁じていたものと思われる．ここには家族関係の価値規範が反映されているようにも見える．

・家族法の規定

条文中の家族法に関する規定を見てみよう．第127〜152条がそれに当たる．家族法規定は婚姻契約から始まっており，第128条「妻を娶る際に，誓約書（婚姻契約書）を作成しなければ，その女は妻とは認められない」とされ，契約なき婚姻は無効とされた．その婚姻契約とは男性またはその親と女性の親との契約であり，婚姻は家と家の行為であった．そのことが影響しているのか，第129, 131, 132条では，妻の不義・密通の罰則が設けられている．そのような事態が実際に多くみられたのか，あるいは単なる価値規範として示されたのか，その真偽はわからないが，いずれにせよ妻には強い貞淑という倫理観が課せられたようである．

離婚規定についても示されており,そこには妻の権利が規定されている.第138条「子ども亡き妻を離縁する場合,結納額と持参金を払い戻さなければならない.」また持参金を持ってこなかった妻には離縁に際して絶縁料として銀1マナ(約500 g)を与えることと規定されている.妻側からの離婚請求も認められており,第142条「ある妻が,自分の夫に愛想をつかし『もう決して私を抱かないでほしい』と訴え出た場合には,それを裁判所にて審理しなければならない.その妻の貞操が堅固で,何ら落ち度がみられず,一方その夫が家を空けてその妻をないがしろにしているとしたら,この妻は自分の持参金を持って,自分の実家に帰ることができる.」

家族法規定で注目されるのは近親相姦の禁止が設けられていることである.第155条「父親が自分の息子の嫁と肉体関係を持った場合,その父親は水に投げ込まれる」,第157条「自分の母(実母でも後妻でも)と同衾した者は,その二人とも焼殺される」,第158条「父親の死後,父親と関係のあった女奴隷に子供を産ませた者は父親の家から追放される(廃嫡される)」これらの規定にみられるのは,女性は生涯にわたって一人の男性としか関係を持ってはならないという価値規範であり,それは再婚の禁止を意味していた.例外的に出征している夫が帰らなかったり,逃亡したときに限り再婚が認められていた.

・相続法の規定

相続法規定についてみてみよう.所有権意識からくる私有財産形成,婚姻契約などから窺える家制度の特徴からすると,相続規定にもそのような特徴が現れていると予想されるのだが,だれにどのように相続させるかについての規定は示されていない.優先相続の規定だけが設けられており,第165条「ある者が,自分で判断して一番長所の多い息子に農地,果樹園あるいは家屋を遺贈することを決め,その息子に封印をした法的な証書を作成した場合,この者が死亡した後に,子供たちがその遺産を分割するとき,この息子は父親が彼に譲渡しようとした相続分を受け取ることができる.その後で,残余の財産があれば,それらを他の兄弟たちはすべて平等に分配しなければならない」

第13章　古代メソポタミアの農耕と社会形成　191

　メソポタミアの社会では長子相続も存在したが，それは相続規範として成立していなかった．粘土板文書から相続実態をたどってみると，女子には相続権はなく，その代わりに婚姻に際して婚資が贈与されたこと，相続権を有する男子の子供の間では原則として均分相続であったらしいことがわかっている．

・普及していた養子制度

　メソポタミアでは養子制度が普及しており，法典においても第185条「幼い子供に自分の名前を付けて息子として，その子供が成長したら，その後で実の両親が子供を取り戻すような請求（養子縁組の解消）はできない」などの規定が設けられている．

　ハンムラピ法典を通してかいま見えるメソポタミアの家族像というのは，いわゆる「家」制度の特徴を有していると言える．家父長制についても，第117条に債務返済のために自分の妻，息子，娘を売却することの規定がみられ，家族員，さらに奴隷を含めた世帯員が家の財産扱いされていることがわかる．このような「家」制度の価値規範は，その後ギリシア・ローマ文明を経てヨーロッパに広まり，中世から近代18世紀に至るまでヨーロッパの家族価値規範に影響を与えたのである．

5．文明の衰退

　3000年にわたって繁栄し，人間社会の進歩の方向性を定めたメソポタミアの文明は，紀元前331年のアレクサンドロス大王によるペルシャ征服をもって，その輝かしい歴史に幕を下ろした．とはいえ，それは単に主権者交代の意味合いであって，メソポタミア文明はそれ以前に実質的に崩壊していた．その原因の一つは，皮肉なことにメソポタミアの文明を支えたかんがい農耕に潜んでいた．メソポタミア南部は乾燥地帯であり，地下浸透よりも蒸散量が多かったから，農地にかん水すればするほど，かん水中に含まれる塩分が地表に堆積することになった．土地の塩化集積であるが，当時の記録には「大地が白くなった」という記述があるという[注15)]．このため農地は次第に

荒廃していき，紀元前2100年頃にはすでに収量低下が現れている．大麦は小麦よりも塩化集積に強いため，次第に大麦の作付けが増えていき，紀元前1700年頃には南メソポタミア全域で小麦作付けができなくなるほどに深刻化した．大麦収量もこのころには1/3程度にまで激減していた．都市文明を生み出したかんがい農耕は，その始まりとともにすでに終焉の時期をも定めていたのである．

[注]

1) ポテロ (9) PP.2
2) メソポタミアの地勢，歴史，石器時代についてはポテロ (12)，Erica (13)，ブレンフルト (14)，マイクロソフト (16) を参考にした．
3) ポテロ (11) がもっとも詳しい．
4) 川添 (2) PP.12
5) ポテロ (9)
6) 川添 (2) PP.10
7) ヘロドトス (1) 巻一193 PP.144
8) テオフラトス『植物誌』
9) 前川 (3)
10) 三笠宮 (5) PP.57-60
11) 前川 (6)
12) ハンムラピの名は，ハムラビ，ハンムラビなどの表記があるが，原文字は5文字であり，最後の音が有声音か無声音か判断できないものの，近年ではハンムラピ表記が一般的になっている．
13) ジャン・ポテロは，ハンムラピ法典を判例集だとして本来の意味の法典とは異なるとしている（ポテロ (9)）．しかし，それが社会規範を示していることに変わりはない．また研究者の間では，ハンムラピ法典が実際に施行されたかについても論議が分かれている．
14) ハンムラピ法典の分類，条文解釈については，佐藤 (15) に全面的に依拠した．ただし，表現を一部改めている．

15) ポンティング (7) PP. 112-113

[参考文献]
（1） ヘロドトス『歴史（上）』松平千秋訳　岩波書店 1971
（2） 川添　登『裏側からみた都市』日本放送協会 1982
（3） 前川和也「麦作の生産力」山本・藤縄・早川・野口・鈴木編『西洋の歴史古代・中世編』ミネルヴァ書房 1988
（4） 前川和也「古代シュメール農業の技術と生産力」柴田・板垣・二宮・川北・後藤・小谷・濱下編『生活の技術生産の技術』岩波書店 1990
（5） 三笠宮崇仁編『生活の世界歴史Ⅰ古代オリエントの生活新装版』河出書房新社 1990
（6） 前川和也『家族・世帯・家門』ミネルヴァ書房 1993
（7） クライブ・ポンティング『緑の世界史（上）』石井弘之・京都大学環境史研究会訳　朝日新聞社 1994
　　　原題：Clive Ponting A History of the World 1991
（8） VGカーター，Tデール『土と文明』山路　健訳　家の光協会 1995
　　　原題：Vermon Gill Carter, Tom Dale Topsoil and Civilizaition 1955
（9） ジャン・ポテロ『メソポタミア』松島英子訳　法政大学出版会 1998
　　　原題：Jean Bottero Mesopotamie 1987
（10） 小野寺卓也・川床睦夫『文字の歴史』財団法人中近東文化センター 2000
（11） ジャン・ポテロ『最古の宗教』松島英子訳　法政大学出版会 2001
　　　原題：Jean Bottero La Plus Vieille Religion en Mesopotamie 1998
（12） ジャン・ポテロ『最古の料理』松島英子訳　法政大学出版会 2003
　　　原題：Jean Bottero La Plus Vieille Cuisine du Monde 2002
（13） Erica C.D.Hunter   First Civilizations (Revised Edition) FactsOn File,Inc. 2003
（14） ヨラン・ブレンフルト編『石器時代の人々（上）』大貫良夫監訳　朝倉書店 2004
（15） 佐藤信夫『古代法解釈』慶應義塾大学出版会 2004
（16） マイクロソフト『エンカルタ総合大百科』2004

第14章 英国における農業経営の継承とその持続的成長*

1. はじめに

近年,先進国農業に共通の課題として継承問題が注目されている.継承問題には,産業全体からみた次世代の人材確保という次元と個別経営における後継者確保および経営の継続性確保という次元の二つがあるが,本論では主に後者について論じる[注1].

梅本[4]によれば,個別経営における経営継承問題は,第一に経営の次代を担う後継者を確保できないという問題,第二に円滑な経営継承に向けて経営者がどのような経営対応を行っていくべきかという経営管理上の問題に整理できる.第一の問題は,農業が家族経営によって担われていることから,経営の法人化・組織化による問題の解消が考えられる.ただし,あらゆるトップマネジメントや組織にとり経営継承の方法やプロセスのあり方が究極の問題である(Drucker[7])ことに鑑みれば,経営の法人化・組織化は第二の問題の重要性を減じるものではない.また,経営の維持・発展の源泉である無形資源の存在[注2]は,第二の問題がますます重要になることを示す.有形資産を低コストで次代に移譲する財務上の取り組みだけでは,経営の継続性確保が保証されない[注3]からである.

以上の問題意識から英国農業を眺めると,そこには「ファーマーズ・ボーイ」問題[注4]に代表されるように,後継者による無形資源の継承,経営者能力修得の観点からすればきわめて興味深い材料が提供されている.

そこで本論では,主に後継者による経営継承の視点から,英国における農業経営継承の事例分析を行い,無形資源継承の実態と後継者による農業経営

---

* 内山 智裕

者能力修得プロセスを分析するとともに，継承問題と経営の持続的成長の関連について考察する．

2．課題の設定

英国における農業経営継承研究の代表作としては，農業は Farm Family Business により担われており，その大きな課題として継承・相続・引退問題があるとする Gasson and Errington[6] があるが，これには経営継承をプロセスとして捉え，継承当事者の関係性に注目するという特徴がある．この視点に基づき，米国アイオワ州を事例に詳細な分析を行ったのが内山[2]であり，経営継承には綿密な計画策定が重要となると共に，継承当事者の得意・不得意分野や性格などの影響が強いことを明らかにしている．

農業経営継承の国際比較研究の代表的成果である Errington and Lobley[5] は，経営継承プロセスを権限移譲の進行度と後継者の独自部門の有無という二軸で類型化するとともに，権限移譲の実態について先進国間で比較し，権限移譲の順序に共通性が見られる（継承階梯）と共に，その権限移譲速度には国毎の違いが認められ，とくにイングランドでは速度が遅いことを明らかにしている．

ただし，Errington and Lobley[5] の分析には以下の二点が限界として残る．第一に，調査対象が経営者のみであり，後継者の意向が反映されていない．つまり，経営者の主観的回答がどの程度客観性を持ちうるのか定かでない[注5]．第二に，経営を固定的な「乗り物」として捉える傾向が強い．「乗り物」として経営を捉えた場合，後継者は経営機能を漸進的・受動的に権限移譲されるだけの存在になるが，このような前提は，経営継承を契機とした経営発展，いわゆる第二創業の側面や農業経営の「人的集合体」「情報的資源の集合体」としての側面（稲本[1]）が欠落している点で現実的とはいえない．農業経営者としてのスキルには農場毎に特殊（以下：農場特殊）な要素が強く[注6]，その修得には OJT が最も効率的な方法だとすれば，後継者は農業経営者として不可欠のスキルを構築するために早期に権限移譲を受ける必要がある．しかし，真に重要なのは権限移譲進行度そのものではなく，後継者が

最終的に次代の経営者として必要なスキルを修得することにある.

そこで本論では，第一に権限移譲についての世代間の認識差異，第二に後継者による経営機能遂行のためのスキルの修得方法を明らかにすることで，円滑な経営継承と後継者による経営者能力修得の促進要因を考察することを課題とする.

3．分析視角と対象事例の概要

本論では，上記の課題に対し，英国南西部における農業経営のケーススタディによる接近を試みる．イングランド南西部は，酪農を主とした畜産地帯である．イングランド全体と比べ，小規模農場の多さ，自作地比率の高さなどの農業構造上の特徴を持つ．中でも本論の対象事例が存する Cornwall 州，Devon 州はその傾向が強い．したがって，対象事例となる3農場は，イングランド農業を必ずしも代表していないことに留意する必要がある.

調査方法は，対象事例における経営者および後継者それぞれにインタビューを行う方式をとった．それぞれの「本音」がわかるように個別のインタビューを原則としたが，対象事例における調査時間の制約などもあり，経営者と後継者が同席した状態でのインタビューも含まれている（事例Cが該当）．調査は2003年11月に行った．本論で取り上げるのは以下の3事例である.

事例Aは，Devon 州にて肉牛の繁殖肥育と耕種（主に飼料用）の複合経営を行っている．経営面積は280 ha で，以前は酪農を行っていたが乳価低迷などを理由に2002年に廃止，現在は1996年に開始した廃棄物処理業との兼営である．後継者は農業大学卒業後，2000年に就農しており，農外従事経験はない．また，肉牛は大手小売との契約販売を行っている.

事例Bは，Cornwall 州にて牛羊の繁殖肥育および耕種の複合経営を行っている．経営面積は300 ha である．1953年に現経営者の父が営農を開始してから基本的な部門は変化していないが，後継者が2001年に就農後まもなくして独自部門のエナジークロップを導入するなど，若干の変化が生じている．本事例においても後継者は学卒後の農外従事経験はない.

事例Cは，Cornwall州にて酪農および耕種の複合経営を行っている．経営面積は350 haである．従来は酪農のみであったが，1993年に就農した後継者が結婚後に配偶者の父親が営んでいた耕種農場も担当するようになり，現在の体系となった．

いずれの事例も経営者および後継者が農業に従事しており，廃棄物処理業を兼営する事例Aを除き専業経営である．経営面積規模は地域平均を大きく上回っており，とくに事例B，Cでは労働力も豊富であるという特徴を持つ．

4．権限移譲の状況と認識差異

（1）権限移譲の把握方法

農業経営における経営者と後継者の権限移譲の把握方法については，Errington and Lobley[5]が採用した方法に基づき，13の経営機能各々について，

表14.1 調査事例における権限移譲状況と継承当事者間の認識差異

		事例A			事例B			事例C		
		経営者の回答	後継者の回答	認識差異	経営者の回答	後継者の回答	認識差異	経営者の回答	後継者の回答	認識差異
生産	毎日の作業計画の決定	5	5	0	5	53	2	4	5	−1
	肥料・農薬などの投入物の種類・量の決定	5	3	2	3	4	−1	4	5	−1
	各作業の実施時期の決定	5	5	0	5	3	2	3	5	−2
	作業方法の決定	5	4	1	5	3	2	2	4	−2
販売	生産物の販売時期の決定	5	4	1	3	4	−1	4	5	−1
	生産物の販売交渉	5	4	1	3	3	0	4	4	0
財務	勘定の支払い時期の決定	5	2	3	3	2	1	4	1	3
	機械・装置の種類・形式の決定	5	5	0	3	4	−1	3	3	0
	機械・装置の購入交渉	5	3	2	5	4	1	3	3	0
	取引金融機関の選定と交渉	5	1	4	3	2	1	2	3	−1
戦略	年間計画の作成	5	4	1	3	4	−1	5	4	1−
	長期的な部門編成決定	5	3	2	3	4	−1	4	4	1−
	投資の計画と決定	5	2	3	3	3	0	3	3	1−
	平均値	5.00	3.46	1.54	3.62	3.31	0.31	3.31	3.77	−0.46

出所）聞き取りによる

権限移譲状況を経営者が専ら決定する場合1点,後継者が専ら決定する場合5点,決定を両者で分担して行う場合その状況に合わせて2〜4点と評価する手法を採用する.そして,同じ質問を経営者・後継者各々に別個に聞き取ることで,その認識差異の把握を試みる.

(2) 権限移譲の認識差異とその特徴

表14.1は,各事例における権限移譲について,経営者・後継者各々の回答をまとめたものである.表中で「認識差異」とは,権限移譲状況についての経営者と後継者の評価の差を表し,プラスの場合は経営者による評価が後継者のそれよりも高い(経営者が権限移譲したとみなしている程度よりも後継者のそれが低い)ことを表し,マイナスの場合はその逆(経営者が権限移譲したとみなしている程度よりも後継者のそれが高い)を表している.

事例Aについては,経営者が「(自分は廃棄物処理業に専念しているため)意思決定はすべて後継者に任せてある」と全項目を5(後継者が専ら意思決定を行っている)と評価しているが,後継者はとくに財務関連と戦略関連の意思決定について,経営者の承諾なしには意思決定を行えないとし,両者の認識差異が大きくなっている.

事例Cでは,とくに生産関連の意思決定について,経営者が後継者と共に意思決定を分担していると評価しているのに対し,後継者は自らの意思決定権をより大きく捉えているため,両者の差異が大きい.また,財務分野では逆に経営者が権限移譲を進めていると考えているが,後継者はそれを実感していない.

事例Bでは,とくに生産関連の意思決定について,経営者が専ら後継者に任せているとみなしているのに対し,後継者は親子で意思決定を分担していると考えているために差異が大きくなっている.

以上のように,権限移譲に関する経営者と後継者間の認識差異は事例により多様な出現形態を見せているが,その差異は特定の機能分野に集中する傾向がある.

(3) 小 括

以上のように,経営者と後継者の間には権限移譲についての認識差異が生

じうる．これは，Errington and Lobley[5] による権限移譲の状況把握法の限界を改めて示すと共に，権限移譲という行為そのものが容易でないことを示している．このうち，「経営者が権限移譲したと考えているのに後継者はそれを認識していない」という差異は，意思決定責任者の不在，意思決定の不在を招く潜在的危険性を有している．一方，逆のケースでは，意思決定をめぐり今後経営者と後継者との間にコンフリクトが生じる可能性が指摘できる．

5. 後継者によるスキル修得方法

(1) スキル獲得方法の整理

経営継承と権限移譲の関係を見た場合，既述のように，重要なのは後継者が次代の経営者として必要なスキルを修得することにある．英国では，かつては先代から伝承や経験に基づく知恵を相続することが農業者として成功するための道だとみなされていたが (Martin[11])，スキル修得源はこのようなOJTだけではない．OJTが有効なのは，そのスキルが農場特殊で，その修得にOJTが最も効率的である場合に限られる．

Morgan and Mardoch[12] は，農業経営に必要な知識を「know-what」「know-why」，「know-how」，「know-who」の四つに整理している注7)．このうち，「what」や「why」は必ずしも農場特殊ともOJTが有効とも限らない．「what」は各種メディアによる情報収集が可能であるし，「why」は教育制度などで蓄積可能な知識である．一方，「how」と「who」はより実践的性格が強く，本論で取り上げている権限移譲やスキルとの関連も大きいと考えられる．このうち，「who」に関する知識の必要性にも制約条件がつく．他の3分類の知識が豊富ならば，「who」に関する知識の重要性は下がると考えられるためである注8)．ただし，土地の移動不可能性や地域性を特徴とする農業では，多様な情報の供給源として「who」の果たす役割は大きいと予想される．そこで本論では，後継者が重視するスキル修得方法について「修得源」に着目，整理する．

表 14.2　調査事例におけるスキル修得源

	事例 A		事例 B		事例 C	
	経営者	後継者	経営者	後継者	経営者	後継者
独自の学習	−	−	−	2	7	2
教育	1	5	−	7	−	，
経験	11	1	3	10	4	8
専門家等によるメンタリング	−	8	−	6	−	11
仲間とのネットワーク	−	9	10	7	−	−

注）表 14.1 に挙げた経営機能 13 項目各々について，当該機能遂行に必要なスキル修得源を複数回答で挙げてもらい，集計したものである．例えば，「経験」11 とあるのは，13 項目中 11 項目で「経験」が修得源となると回答したことを示す．
出所）聞き取りによる

（2） 事例におけるスキルの「修得源」

表 14.2 は，対象事例における各経営機能遂行に必要なスキルを得るために必要と考える「修得源」について経営者・後継者各々から回答を得たものである．

事例毎に，スキルの「修得源」として重視されるものは異なるが，共通点も見られる．第一に，経営者のスキルの「修得源」は，特定のものに集中する傾向がある．事例 A では「経験」，事例 B では「仲間とのネットワーク」，事例 C では「独自の学習」および「経験」に集中している．第二に，後継者が「修得源」とするものは多様である．経営者が 1〜2 種類のみ挙げたのに対し，後継者は 4 種類以上の「修得源」を挙げている．第三に，後継者の「修得源」の内訳を見ると，「who」に分類可能な「専門家などによるメンタリング」「仲間とのネットワーク」が重視されている．

これらの共通点を説明する論理としては，就農後間もない後継者は多様な「修得源」を求めるが加齢と共に特定のものに収束していく可能性や，農業情勢の変化により専門家や仲間の意見を取り入れるべく若い世代の農業者の行動が変化している可能性が考えられる．

（3） スキルの「修得源」と権限移譲

後継者のスキル修得に権限移譲が有効な役割を果たすのは，既述のように

表 14.3 調査事例における「経験」重視の有無と権限移譲・意識差異の関係

		経営者		後継者		経営者・後継者とも「経験」を重視する経営機能
		「経験」重視の経営機能	「経験」を重視しない経営機能	「経験」重視の経営機能	「経験」を重視しない経営機能	
事例A	権限移譲度 該当項目数 意識差異	5.0 1.2 1.6	5.0 1 1.0	5.0 1 0.0	3.3 12 1.7	1項目
事例B	権限移譲度 該当項目数 意識差異	4.3 3 0.7	3.4 10 0.2	3.4 10 0.4	3.0 . 0.7	3項目
事例C	権限移譲度 該当項目数 意識差異	3.5 4 −1.0	3.2 9 −0.2	4.1 8 −0.6	3.2 5 −0.2	3項目

注)「権限移譲度」と「意識差異」は,表 14.1 で挙げた各経営機能の得点を「経験」重視の有無で分け平均値を算出したもの.
出所) 聞き取りによる

スキルが農場特殊でその修得に OJT が最も効率的な場合だと考えられる.これは「経験」を修得源にするスキル修得方法と読み替えることができる.表 14.3 は,調査事例において,経営者・後継者が「経験」をスキルの「修得源」として重視することが,権限移譲にどのような影響を与えているか検証を試みたものであるが,以下の傾向を読み取ることができる.

第一に,経営者は「経験」が重要だと考えている経営機能を積極的に権限移譲している.すべての経営機能を後継者に任せているとする事例 A はともかく,事例 B・C では,「経験」を重視する経営機能の権限移譲度は,そうでない経営機能のそれよりも高い.第二に,後継者も「経験」が重要だと考えている経営機能を優先的に権限移譲されていると実感,もしくは権限移譲された経営機能を遂行するには「経験」が重要だと判断している.三事例とも,後継者は「経験」を重視する経営機能の権限移譲度を高いと判断している.第三に,しかしながら,経営者が「経験」が重要と考えている経営機能は権限移譲の認識差異も大きい.これは,経営者と後継者の間で「経験」が重要だ

とみなしている経営機能が大きく異なっていることが一因と考えられる．「経験」が重要だと経営者・後継者の意見が一致する経営機能は，事例Aで1項目，事例B・Cでも3項目にとどまっている．換言すれば，後継者によるスキル修得に「経験」が重要であることは，総論としては継承当事者間で意見が一致するものの，具体的にどの経営機能のスキル修得に「経験」が有効かという各論レベルでは意見が一致しないことが，認識差異につながっているといえる．

（4）小　括

本節では，後継者が多様な「修得源」を用いながらスキル修得を図っていることをみた．このうち，権限移譲と密接な関係があると考えられる「経験」が重要であることは，総論としては継承当事者間で一致するものの，経営機能各論では一致せず，これが権限移譲の認識差異につながっている可能性が明らかになった．また，後継者は「専門家などによるメンタリング」や「仲間とのネットワーク」などのビジネス・ネットワークを重視している．

6．まとめ

本論では，第一に，権限移譲状況について経営者・後継者間に認識差異が存在し，それが意思決定の不在や継承当事者間のコンフリクトを発生させる潜在的危険性があることを指摘した．第二に，後継者によるスキル修得に「経験」が重要であることは，総論としては継承当事者間で意見が一致するものの，具体的にどの経営機能のスキル修得に「経験」が有効かという各論レベルでは意見が一致せず，「経験」を修得源とするスキル修得は，権限移譲を必須とする限りにおいて困難が伴うこと，その一方でスキル修得にはビジネス・ネットワークを初めとした多様な「修得源」が活用可能であることを示した．

円滑な経営継承のためには経営者から後継者への権限移譲が重要である．しかしながら，権限移譲という行為そのものが困難であり，さらに言えば継承当事者間の認識差異に基づく弊害が起こりうることも指摘しなければならない．一方，後継者の経営者能力醸成のためには，スキル修得に有効な多様

な修得源を後継者が活用できるような環境整備が重要である．本論ではビジネス・ネットワークに注目したが，このような修得源も重要な経営資源であり，後継者がそれを活用することが，円滑な経営継承に有効だといえる．

経営継承と経営成長は，ニワトリ-卵の因果関係にある．成長を遂げた農業経営は経営継承の機会が多くなり，経営継承に成功した農業経営は農業発展の可能性が高まる．ここで重要なのは，経営成長のためには経営継承が不可欠であること，また，経営成長を遂げた経営においてこそ，円滑な経営継承に向けた努力が必要であることである．換言すれば，農業経営の持続的成長の「持続性」を担保するのは，円滑な経営継承である．経営成長と経営発展の関係は，今後とも重要な研究課題になると考えられる．

[付記]本論は，拙稿「農業経営継承における権限移譲と後継者の能力育成－イングランド南西部の家族農業経営を事例として－」『農業経営研究』43(3)，2005年を修正したものである．

[注]
1) 継承問題をめぐる「前者」の視点からの考察は，英国を事例に内山[3]で行った．
2) Barney[9]は無形資源を「観察・描写・評価が難しいものの，企業のパフォーマンスに重大なインパクトを与える，企業の利益をもたらす資産」と定義している．
3) Harl[8]は，農業経営継承の目的を，①経営者のリタイア後の生活保障，②子供たちに対する公平な取り扱い，③資産移転コストの最小化，の3点に求めているが，これだけではゴーイング・コンサーンとしての経営の継続性が保証されない．
4) Gasson and Errington[6]は，経営の意思決定への参加が遅れている上に，独自部門も持たない後継者の存在を「ファーマーズ・ボーイ」問題と名付け，英国における農業経営継承問題を象徴する現象としている．
5) 内山[2]は，米国アイオワ州の事例分析から，後継者の「得意分野」の評価は，経営者と後継者の間で認識差異があると指摘している．
6) Leband and Lentz[13]は，農場特殊の人的資本をSoil-Specific Human Capitalとよぶ．

7) Morgan and Mardoch[12]によれば，"know-what"は情報・事実の把握，"know-why"は科学的原理の理解，"know-how"はスキルや実践的知識の修得，"know-who"は情報源や入手方法について，とくに「誰が何を知っているか」に関する社会的スキルである．
8) たとえば，農外ではあるが，カナダでの移民による新規開業を分析したMarger[10]は，十分な人的資本があれば，社会関係資本は起業の成功に必須ではないと指摘している．

[引用文献]

（1）稲本志良（2001）：「「新しい農業経営」の理論的課題」，『農業経営研究』38（4），pp.6-14.

（2）内山智裕（2001）：「農業経営の無形資産継承メカニズム－米国アイオワ州を事例として－」，『農業経営研究』39（2），pp.12-21.

（3）内山智裕（2004）：「英国における農業キャリアパスの存立可能性－イングランド南西部における農業への新規参入者に注目して－」，『農業経済研究』76（3），pp.149-159.

（4）梅本 雅（2004）：「家族経営における新たな経営継承の胎動と展開条件」，『農業経営研究』41（4），pp.88-93.

（5）Errington, A.J. and Lobley, M.（2002）：「Handing Over the Reins：A Comparative Study of Intergenerational Farm Transfers in England, France, Canada and the USA.」，Conference Paper for Agricultural Economics Society.

（6）Gasson and Errington（1993）：『Farm Family Business』，CAB International, p.290.

（7）Drucker, P.F.（1999）：『Management Challenges for the 21st Century』，Butterworth-Heinemann, p.205.

（8）Harl, N.E.（1996）：『Farm Estate and Business Planning』13th Ed, Century Communications Corp., p.438.

（9）Barney, J.B（2002）：『Gaining and Sustaining Competitive Advance』2nd

Ed., Prentice Hall, p. 600.
(10) Marger, M.N (2001) :「The Use of Social Capital among Canadian Business Immigrants」,『Journal of Ethnic and Migration Studies』27 (3), pp 439-453.
(11) Martin, J. (2000) :『The Development of Modern Agriculture : British Farming since 1931』, Macmillan Press, Ltd., pp. 235.
(12) Morgan, K. and Murdoch, J. (2000) :「Organic vs. Conventional Agriculture : Knowledge, Power and Innovation in the Food Chain」,『Geoforum』31. pp. 159-173.
(13) Leband, and Lentz (1983) :「Occupational Inheritance in Agriculture」,『American Journal of Agricultural Economics』65, pp 311-314.

第15章 フランスにおける女性農業者の地位と経営参画
―出産・育児期の働き方から―*

1. はじめに

　かねてより，わが国の女性農業者の地位に関する問題は，無報酬・長時間労働，保有資産のなさ，社会的地位のなさなど，数多くの指摘がされてきた．こうした問題への一つの改善方策として，家族経営協定の締結，夫婦・親子間の認定農業者への共同申請，部門分担・収益配分を行う女性への農業改良資金（女性起業優先枠）の貸付，農業者年金の加入要件の拡大など行われた．しかし，多くの研究で指摘されているように，女性農業者の地位は依然として解決されない問題となっている[4]．とくに，税制（1世帯1事業主制）や社会保障制度など，制度的な要素が大きいなどの点が考えられる[1]．

　こうしたわが国の制度設計の遅れに対し，フランスの GAEC や EARL に代表される制度は，女性農業者の法的地位の確立に格好の事例として取り上げられる．背景には，1980年代以降急速に進んだ少子高齢化，農村・都市の地域間格差の問題にいち早く対処し，また，農業が輸出産業として位置づく農業大国であるにも関わらず，労働力は一貫して減少していることなどから，経営者能力に優れた農業者確保に向けて制度設計を早急に進めたことが影響しているといわれる[6]．主な農業改革としては，青年農業者自立助成や条件不利地域の助成などが挙げられる．また，フランス国全体として，男女・職業を問わず，年金や家族給付などの社会保障が充実しているといわれる．しかし，女性に対する出産・育児への支援や地位の確立など，支援や制度が整えば，女性の経営参画が進むかどうかについては，賛否も分かれよう．

＊藤本　保恵

本稿では，まず，既往文献や統計資料から，フランスにおける女性農業者の法的地位を整理し，その現状を概観する．次に，ブルターニュ地方モルビアン県の実態調査から，女性農業者の地位の状況を示し，農家調査から，とくに女性の参画の阻害要因といわれる出産・育児期の働き方の様子をみる．

2．フランスにおける農業経営と女性農業者

(1) フランスの農業経営と農業者

フランスの農業は，2000年で，664,000の経営によって営まれている．そのうち，個人経営が81％を占め，GAECやEARLなどの組合・会社的な法人経営が18％ある[注1]．EARLやGAECは法人経営といっても，夫婦や親子から構成された家族経営がほとんどであり，多くの農業経営が家族によって営まれている点は，わが国と相違ない．ただし，こうした法人経営の平均経営面積は93 haであり（個人経営は30 ha），全農地面積の42％を保有する．近年は，EARLの形態が拡大傾向し，また，個人経営の規模も拡大するなど，経営形態の発展や規模拡大が進展している（AGRESTE）．

2000年の農業就業人口は，937,000人であり，全就業人口の3.6％である（INSEE）．農業者の男女別の統計はないが，従事する形態の特徴をみると，農業従事者（actifs permanents）は1,155,000人あり，そのうち経営主および共同経営者（chefs d'exploitation et coexploitants）が764,000人（うち経営主664,000人），その配偶者が248,000人，その他家族従事者が143,000人である．また，わが国の農業雇用労働者にあたる恒常的農業労働者（salariés permanents）は144,000人である．家族従事者をフルタイムとパート別でみると，フルタイム495,000人，パート660,000人であり，パートは配偶者とその他家族従事者の占める割合が高い（AGRESTE）．

(2) フランスの女性農業者の地位と歴史的背景

原田(2003), (1996)などから，現在までの女性農業者の法的地位の確立を歴史的に整理すると，1973年，農業に従事しても独立の地位や資格のない家族補助者（aide familiale）であった妻や息子に，35歳未満の未婚の家族従事者の要件を満たすものに対し，経営協力者（associé d'exploitation）という

新たな地位を設定することに始まる．しかし，この地位は女性に対して具体的メリットが乏しく，多くは父子間の任意組合や，より発展した経営形態としてGAECなどが設立され，子供を早期に一人前の農業経営主として自立させる方法として普及した．このGAECの中には，経営主として参加する女性農業者（多くは夫とともに参加する妻であるが，娘や嫁の場合もあった）も増加傾向にあった．さらに，急速な若年農業労働力の減少を背景に，青年農業者自立助成金（DJA）が制度化され（1976年），青年農業者の自立促進助成制度が強化される（1980年）など，青年農業者の育成支援が行われる．このうち，青年農業者が所定の要件を満たし夫婦で自立する場合には，妻の助成金が上乗せされ（1988年改正），家族経営における妻の役割も認められるようになった．

こうした青年農業者の育成支援が強化される一方で，女性農業者の地位の制度化も進展する．主要なものとしては，個人経営で夫とともに農業に従事する妻にも共同経営者（coexploitant）たる地位を得る道が開かれたこと（1980年法）．そして，GAECにおける女性経営主の増加から，夫婦二人でも設立可能なEARLが制度化されたこと（1985年）がある．EARLの設立は，夫婦二人が共同経営主となることも，また，一人が経営主で他方が共同経営者となることも可能である．しかし，こうしたGAECやEARLを設立できない個人経営の女性農業者は，経営に参加する配偶者であっても，依然として，曖昧な地位で実益もほとんどなかった（経営労働に参加する配偶者，すなわち労働参加配偶者（conjoint participant）の地位（1980年法））．1999年，こうした女性の社会保障上の取り扱いを改善することを目的に，新たに協働配偶者（conjoint collaborateur）の地位が設立された．協働配偶者は，報酬を受けることなく（つまり，夫または生産法人の被雇用者＝労働者ではない），実際にかつ恒常的にその配偶者（夫）の農業経営活動に参加することを資格要件としている．これについても，経営主の同意を得て，MSAに届け出をする必要がある．というのは，経営主に保険料の支払い義務があるためである．協働配偶者は，相対的に低率の保険料負担で，本人の名で老齢保険制度に加入する権利があり，また，経営主の相続の際，当然に延払賃金債権

（経営の報酬・利益不払い分を相続時に請求できる権利）を享受する権利が認められる．経営参加の態様は，常時従事（à plein temps）が原則であるが，一定の条件を満たせば短縮時間従事や兼業でもよい．

ところで，農業経営者組合全国連盟（FNSEA）は，「女性農業者（農業経営主の妻）の制度上の地位・資格と特徴ならびに問題点」の資料において，女性農業者の地位ごとに，民事面，社会保障面，経済面，税制面の各側面で適応される制度を分類し，女性農業者の地位向上の推進活動を行っている[注2]．その資料に基づくと，女性農業者の地位は，個人経営における ① 共同経営者（coexploitant），② 協働配偶者（collaborateur），③ 労働者（salarié），④ 権利承継人（ayant droit），そして，法人経営における経営者たる組合員（associé exploitant）として ⑤ EARL と ⑥ GAEC のそれぞれに分類されており，それぞれの地位によって，資産の担保と責任，適応される社会保険料や退職年金，青年農業者自立助成や特別融資，所得税など，細かい設定がある．① 共同経営者は，経営主と共同の経営管理と責任を負い，収入も夫婦で分割され，完全な退職年金がある．② 協働配偶者は，あくまでも経営責任が経営主の受任者の位置付けにあり，特有財産が保護され，延払賃金権があり，退職年金は最低額と，共同経営者より劣るが本人のものになる．④ 権利承継人は，特別な地位はなく，あくまでも経営主の被扶養者であり，本人の退職年金はなく，最低の老齢所得補償である．また，③ 労働者は，被雇用者で，責任と報酬は雇用者との労働契約に基づくものであり，社会保障も被雇用者としてのもので，従属的な地位にある．そして，⑤⑥については，共同経営者の全面的な責任・参加と ① と同様であるが，組合としての資産責任の違いなどある．なお，農業者として職業活動に従事する一人の就業者（農業者：agriculteur）の資格を得たり，地位を選択・取得するためには，経営主（多くは夫，場合によって組合・会社形態の生産法人）の同意を得て，農業社会共済金庫（MSA）[注3] に届け出を行う必要がある．

以上のように，フランスの女性農業者の地位確立の背景には，農業の後継者不足問題に始まり，農家の嫁不足，そして，家族農業経営における女性の地位の明確化という一連の農業・農村地域の課題への対応策とみてとれ，女

性の法的地位も詳細に定められた．わが国においても，同様の農業・農村問題は深刻化するものの，家族経営協定，認定農業者，農業者年金などの補足的な制度改善といえ，フランスの対応と比べると，女性農業者の地位明確化の抜本的な改革には至っていないと言えよう．

(3) フランスの女性農業者の状況

以上の女性農業者の地位の現状を把握するため，現地調査で得たMSAの2003年の資料（統計は2001年）を紹介する[8]．2001年，266,000人の女性が地位を持つとされており，その内訳は，53％が経営主（chefs d'exploitation），31％が協働配偶者（conjoints collaborateurs），6％が労働参加配偶者（conjoints participants），10％が被雇用者（salariés permanents）である．

まず，経営主についてみると，2001年には，男女合わせて582,717人の経営主がいるが，そのうち139,835人（24％）が女性である．その大半が個人経営（57％）における経営主であり，26％が組合・会社形態の法人経営，16％がGAECの構成員である．作目別には，女性共同経営主（l'ensemble des chefs d'exploitation）は，38％が穀物，21％が酪農，12％がブドウであり，男性の分布とほぼ同様である．こうした女性経営主は，その1/3が経営継承によって地位を取得している．主に夫からの経営継承であり，その割合は，2000年の32％から，2001年では46％へと高まっている．一方，男性経営主は，96％が祖母からの継承である．この30年で，夫からの継承による女性経営主は，46％増加した．こうした背景には，1986年から1990年にかけて，経営主の引退年齢を60歳に引き下げたこと，また，90年代初頭，早期退職年金の設立されたことがあり，女性が自身の就業の最後まで夫の後継者になるケースが増大した．夫からの継承であるため，継承された女性経営主の平均年齢は61歳と高齢であり，一方，継承によらない女性経営主の平均年齢は49歳と若い．女性経営主全体の平均年齢は51歳，男性は45歳であり，やはり女性経営主の方が年齢は高い．しかし，20～40歳代の女性経営主は約3.2万人と女性経営主の2割を占め，若い女性の経営主も少なからず存在し，こうした女性は，経営継承によらず，自ら経営主の地位を獲得する経営参画に積極的な女性と考えられる．なお，経営規模に関しては，女性は平均経営面積34

ha，男性は46 haと，女性経営の小規模性，男性経営の大規模性という関係が示される．

次に，協働配偶者と労働参加配偶者についてみると，2001年，83,936人の協働配偶者がおり，このうち6％がこの年新たに地位を獲得した．協働配偶者の地位は，1999年に法制化されているが，2000年の状況と比較すると[注4]，82,055人の協働配偶者があったが，そのうち84％は1999年に労働参加配偶者で，また，15％が1999年には労働参加配偶者ではない女性が直接協働配偶者となった（1％は，2000年の新規就農者）．協働配偶者は徐々に拡大しており，平均年齢も50歳から47歳となり，経営面積も57 haから61 haへと拡大している．また，労働参加配偶者は16,313人である．協働配偶者と労働参加者のうち，約93％が女性であり，また，経営主以外の配偶者は，62％が女性である．それぞれの経営の特徴をみると，協働配偶者の属する経営形態の多くが個人経営であり（83％），GAECの構成員が11％，組合・会社形態の法人経営が6％である．また，労働参加配偶者は，90％が個人経営であり，協働配偶者の方がわずかにGAECなどの組合・会社形態の法人経営が多い程度であり，個人経営で大半を占める点は同様である．作目別には，いずれも34％が穀物であり，協働配偶者は畜産で多く，労働参加配偶者はブドウで多い．また，規模別には，労働参加者は，規模とともに減少し，協働配偶者の方が，大規模経営での比率が高い．

そして，農業労働者（被雇用者）については，原田（2003）によると，そのイメージの低さと夫婦相互の平等意識の強さから，労働者の地位は望ましい選択肢ではなかった．しかし近年では，そのイメージも変わり，EARLといった制度により，一つの選択肢とみなされてきたとある．また，統計として，農業経営者の妻で，農業労働者となっている者の実数は把握できない．

また，フランスでは，農業以外の仕事を持つ農家も多い．農外の仕事に従事する者は，配偶者が70％と大半を占めるが，経営主でも26％が従事する（残り4％は二人とも従事）．また，こうした配偶者の農外就業の職業的地位は，被雇用者が半分，労働者が1/4，中間管理者が1/4である．所得構成も，55％が農業所得，41％が農外所得と，農外所得の占める割合も高い．

3. 女性農業者の経営参画の実際

(1) ブルターニュ地方モルビアン県における女性農業者

調査地のモルビアン県は、フランス北西部に位置した、酪農が盛んな地域である。「L'installation et le maintien des femmes en agriculture（農業における女性の自立と維持）」にある県 MSA 資料によれば、2002年、経営主は11,200人で、うち女性が2,931人（26％）である。50歳以上の女性経営主は、1994年で65％であったが、2002年で47％に低下し、若い女性経営主の割合が高まっている。また、協働労働者および労働参加配偶者1,598人のうち91％が個人経営であり、GAEC が6.1％、EARL が1.2％である。近年は、協働労働者や労働参加配偶者のいる個人経営が減少しているため、比率の上では GAEC が高まっている。EARL はきわめて少ないが、1999年わずか1人が、2002年では19人と徐々に増加している。1999年の協働配偶者の地位設立の影響が大きいと考えられる。また、青年農業者自立助成が認められた女性は、1996年は67人（女性比率25.5％）と最も多く、2000年まで40人程度で推移し、2002年では25人（19.1％）の女性が助成を受けた。

(2) 女性農業者の経営参画の実際

一般的に、女性が就業を継続していく上では、出産・育児が一つの阻害要因となっているが、女性農業者にとっても農業従事を中断・縮小する点では同様であり、その期間によっては、後の女性の農業経営への参画にも影響を与えよう。そこで、ここでは、経営の変遷や家族関係と地位との関連性だけでなく、女性の出産・育児期の働き方と経営参画の実態をみていく。なお、フランスでは、出産時の女性農業者の休業補償手当として、①妊娠から出産までの医療・入院費などの無償給付（現物給付）の他、②農業被雇用者への有給休暇（他産業の被雇用者と同様）、③女性農業者（農業非雇用者）への代替要員の派遣（1977年設立、1999年改正）、④男性農業者の父親休暇（2001年設立）が整備されている[注5]。調査対象の農家は、代替要員派遣組織（SERE-MOR）利用者を中心に選定している点に留意されたい。

表15.1は、調査農家6戸の概要である。経営形態は、個人経営2戸、

第15章　フランスにおける女性農業者の地位と経営参画　213

表15.1　調査農家の経営，女性の地位，役割分担等の概要

事　例	A	B	C	D	E	F
家族構成	本人 (32) 夫　 (37) 長女 (7) 97生 次女 (4) 00生 長男 (7カ月)	本人 (49) 夫　 (43) 長女 (13) 91生 長男 (10) 94生	本人 (45) 夫　 (47) 子　 (13) 91生 子　 (12) 92生	本人 (45) 夫　 (45) 長男 (18) 86生 長女 (15) 89生 次男 (13) 91生	本人 (31) 夫　 (34) 長男 (6) 98生 長女 (3) 01生 次女 (2カ月)	本人 (33) 夫　 (32) 長男 (5) 99生 長女 (4) 00生
経営形態	個人経営	個人経営	GAEC (96年～)	GAEC (90年)→ EARL (93年～)	GAEC→ EARL (01年～)	SCEA (97年～)
法制度上の地位	協働配偶者	共同経営者 (92年～)	共同経営者 (96年～)	共同経営者 (93年～)	経営者たる組合員 (01年～)	経営者たる組合員 (97年～)
経営作目，規模	酪農 　乳牛35頭 　肥育牛32頭 　飼料15 ha	酪農 　乳牛40頭 　飼料60 ha	酪農 　乳牛53頭 　飼料53 ha	養鶏 直売	酪農 　乳牛50頭 　飼料94 ha 　缶詰用野菜	酪農 　乳牛30頭 　飼料101 ha
基幹労働力/雇用などその他労働力	夫，妻(育児休暇中)/CUMAから2人	夫，妻/常雇なし，CUMAから1人	夫，妻(怪我で休業中)，GAEC構成員1人	夫，妻/常雇4人(週35時間)，臨雇1人(1日3時間)	夫，妻(産後休暇中)，/雇用なし	夫，妻
労働条件	7：00～18：00 休日：なし バカンス：なし	7：15～19：30 休日：なし バカンス：夏・冬1週間	7：00～11：00 休日：2週間に1回週末に バカンス：夏3週間，冬1週間	1日5.5時間 休日：2日 バカンス：年間で3週間(分割して)	6：15～19：00 1日8時間 休日：2週間に1回週末に バカンス：なし	6：00から搾乳 休日：2週間に1回週末に バカンス：夏10日間
農作業の役割分担	妻：事務作業 夫：種蒔 夫婦共同：搾乳，経営の意思決定	妻：事務作業 夫：給餌 夫婦共同：搾乳，放牧 CUMA：栽培作業	妻：事務作業 夫：朝の搾乳	妻：解体，販売，雇用・経営管理 夫：飼料栽培，育雛まで作業，会計，経営全般		妻：搾乳，給餌，家畜の世話 夫：畑仕事
農業教育・研修	なし	あり	あり	あり	あり	あり

　GAEC1戸，EARL2戸，SCEA1戸であり，大半が夫婦を基幹とした家族経営である．経営作目は，酪農や養鶏を主幹とする．女性の年齢は30～40代までと比較的若く，協働配偶者1人，共同経営者3人，経営者たる組合員2人と法的な地位が高い女性である．経営は家族経営が基盤であるため，経営継承などにより家族構成員の変化や経営の変遷に大きく影響される．そこで，家族の変化，経営展開，女性の地位に関わる経営の特徴を事例ごとに示す．

　事例Aは，1990年，両親から夫に経営が継承された．妻は，結婚当初，中学校教師であったが，夫とともに農業をやりたいと，長女の産休前から農業に関わり始めた．現在は，協働配偶者の地位を持つ．共同経営者の地位を取得しない理由は，今後，法人にするなら必要もないとのことであった．また，

表 15.1 調査農家の経営，女性の地位，役割分担等の概要（続き）

事例		A	B	C	D	E	F
出産時のSEREMORの利用・出産休暇父親休暇の利用，働き方 ※網掛けは，出産時，農業者であった	第1子	なし 出産まで働く（制度を知らなかった）	なし 出産まで働く（農業者ではなかった）	なし（農業関連会社勤務（被雇用者））	なし（鶏肉販売会社勤務（被雇用者））	なし 農業被雇用者の出産休暇取得（MSA 未加入）	利用 18 週
	第2子	〃	利用 11週休暇 体調が悪く，早期から中断	〃	〃	なし，出産まで働く（経営者だったが，MSA 加入期間不足）	利用 18 週 出産の8週前まで働き，半年後完全復帰
	第3子	利用 16 週 父親休暇 11 日			利用，14週休暇 妊娠6カ月まで働く，3.5カ月後完全復帰	利用 16 週＋2 週延長（土日なし） 父親休暇 11 日	
育児 ※網掛けは，育児期（3歳頃までの間），農業者であった		AM 利用なし 自分で育児	AM 利用や父母手伝いなし 自分で育児学童保育利用	自分で育児 休校日に，父母に預ける	父母手伝いなし（農業従事） ADMR（第3子で2カ月半利用）	研修会議の際，父母手伝い 第1・2子は3歳で幼稚園	週末に祖母病気の際，父母手伝い 学童保育利用
	第1子	3歳で幼稚園	2歳で幼稚園	AM	AM	自分で育児	3カ月で AM
	第2子	3歳で幼稚園	3・4歳で幼稚園	AM	AM，1年間育児	学生雇う	2歳で幼稚園
	第3子	育児休暇中		AM	AM 利用なし	産後休暇中	
出産・育児以外のSEREMORの利用，互助組織等による労力補完		事故・病気の加入	事故・病気を考え 92年加入 バカンスで初めて利用	バカンスと怪我で利用	事故・病気を考え90年加入 本人加入解約 バカンスで利用	夫婦で事故を考え01年加入 バカンス利用なし	病気の際，互助グループ農家，農業経営者組合で労力交換
資格・役職経験			SEREMOR 役員（93・94年），事務局（01年～），副会長（03年～）	農業普及グループの会長，市町村の参事会議員			

出所：聞き取り調査（2004年10月実施）より，筆者作成.
注）AM（assistant maternel）は保育ママ．ADMR は農村の家事援助組織，1日4時間程度．CUMA は農業機械利用協同組合．

法人になれる規模が現在の経営面積では足らず，手続きなどに必要な経費と法人化のメリットを考えたいとのことであった．給与はなく，夫婦共通の口座に収入が入るようになっている．また，申告は，会計士に任せている．

　事例 B は，1981年，夫が父の経営を継承し，経営主になる（父は補助労働者へ）．妻は，学校の司書を辞め夫と結婚し，結婚前から夫と同居し農業を手伝った．結婚後，経営者として農業に従事したいと，1992年，共同経営者になる．農地は，当初，両親からの賃貸であったが，後に購入する．両親が農地を子供に分けているため，夫の兄弟から賃貸する部分もある．現在は，半分自作地・半分借地で，年間150ユーロ/ha を支払う（市内の借地料は，約

4,000ユーロ/ha）．農地は，もともと15 haであったが，夫の継承と妻が共同経営者になった時，拡大している．給与は月給制である．今後は，経営規模を拡大し，GAECへの転換を考えている．また，妻は，現在，共同経営主だが，将来は自らが経営主となり，社会的にも認められたいとのことである．

事例Cの妻は，学卒後，農業で被雇用者として働くことが認められない時代，農業技術の研修を受け，多くの農業関係組織の仕事を15年間経験した．夫も，元民間農業経営のコンサルタントであり，お互い農業被雇用者であった．1996年，両親の引退を機に，両親と経営していたM氏とGAECを更新するため，農業経営構造改善協会（ADASEA）に継承の届け出を行う．現在，構成員は，夫と妻とM氏の3人であり，1人28万フラン，2人58万フランを出資し，GAECの資産を家畜と農業用設備としている．

事例Dは，1990年，妻の両親と夫がGAECを設立．妻が農業に関わり始めたのは，この頃である．父の引退により，妻の母は協働配偶者から経営主へと変わる．一方，妻は，当時，鶏肉販売会社に主に勤務し，法人を作っても収入にならないため，すぐに経営に参画しようと思わなかった．後に，会社が火災に遭い解雇され（1989年），農業経営者になるため，育児のかたわら農業会議所で研修（バカロレアレベル）を1年間受けた．翌1990年，夫と母と3人でGAECを設立した．その後，母の引退によって，1993年，EARLを夫と妻で設立する．なお，夫も30歳まで会計士をしており，二人とも学卒後すぐに農業に就業していなかった．また，農地などの所有は，妻の両親と夫がGAECを設立する際，妻を含む3人兄弟の相続分を夫の持ち株とした（すなわち，妻の相続分をGAECに提供）．この時，法人では買えないため，GAECが利用するように賃貸料を支払っている．そして，EARLの時は，GAECで三等分された持ち株を，母の引退で，母の分と夫の分を妻が買い取り，夫婦で50％ずつにした．

事例Eは，妻は，大学卒業後，農業労働者を2〜3年経験し，BPEAを取得し農業被雇用者として働く．夫は母とGAECを設立し，母の引退を期に，母の株を妻が買い取り，夫婦でEARLを設立した（2001年）．青年農業者自立助成は夫が受け，また，低利子融資を受けている．生活用に共通の口座，農

業収入の口座,借金返済用の口座と分け,給与は夫婦平等である.

事例Fでは,青年農業者自立助成を夫婦ともに受け,妻は,それを受けるために経営者になったという.また,労働者(被雇用者)にいつまでもなることは好まなかった.夫婦ともに農業教育を受けており,第3者から農場を購入し,夫とともに農業を始めている.

以上,6事例の家族の変化,経営展開,女性の地位取得の経緯について示したが,女性の法的な地位取得においては,GAECやEARLなどの設立と,それに関わる親や夫の引退と経営継承の影響が見られた.もっとも,A氏のように経営者の制度上のメリットとそれに関わる法人化のコストを考慮するケース,F氏のように青年自立助成を受けるために経営者になったケースもあり,その一方で,B氏のように自らの意志で経営者になるケースもあった.

しかし,実際の女性の経営参画や労働条件について,表15.1を見ると,販売,雇用・経営管理を行うD氏,部門分担を行うF氏以外は,担当するものが事務作業であり,何らかの地位はあるものの,経営参画が十分に行われているといえない(C氏は,ケガで休業中である).また,労働条件は,休日のない経営がA氏・B氏,バカンスがない経営がA氏・B氏・E氏と,とくにA氏・B氏の休日の確保は十分でなく,C氏・D氏は,休日もバカンスも十分ある.C氏はGAECの構成員がもう一人,D氏は雇用が臨時雇用を含めて5人あり,労働力が確保されているためと考えられる.

また,出産時の対応について見ると,農業者で代替派遣要員(SEREMOR)を利用しない女性は,出産まで働いており,母子の健康の面においては,労働の負担も大きいと思われる.利用しなかった理由として,制度を知らなかったことや保険加入期間の不足を挙げており,出産による代替派遣制度の周知も必要である.代替派遣制度自体は,女性の地位によって差があるものではなく,コンスタントに農業に従事していることと,被雇用者の女性と非雇用の女性農業者の違いであり,被雇用者の女性においては,他産業に就業する女性と同様に出産休暇が利用できる.現行の代替派遣制度は,1999年,派遣員利用の全額補助と利用期間の拡大の大幅な改正が行われ,最短で2週間から利用できるようになった.改正後の利用女性(A氏・E氏・F氏)は,16

第15章 フランスにおける女性農業者の地位と経営参画　217

〜18週と利用期間の最長まで利用している．また，父親休暇は，2002年に設立されたばかりの制度であり，これに該当するA氏とE氏は二人とも利用し，利用期間も11日間と最大である．経営参画という視点からは，こうした代替要員に農業をまかせ，十分に休暇を取ることに否定的な考えもあろう．しかし，調査農家においては，親との同居はないため，基本的には，農作業も育児も，夫婦二人で労働を調整することになる．そのため，出産による女性の労働力の減少分を，夫婦で代替派遣要員を利用することにより，農作業を維持していると考えられる．

　育児については，参画が低く，労働条件が低いA氏・B氏においては，AM（保育ママ）の利用や父母の支援はなく，育児は本人が主である．その他の女性は，AMやADMR（家事援助組織），近所の学生の子守，また，幼稚園に早期に入れるなど，育児を軽減している．なお，C氏とD氏は，農業被雇用者であったため，本人の育児とAMの利用，休校日の父母手伝いがある．E氏は，第1子が3歳で農業者となったため，本人の育児が主である．6事例の中では，D氏が最も経営者として参画し，また，社会的役職にも就き社会参画もしているが，出産の復帰後は，直販の販売管理に関わった．D氏の出産・育児期の働き方からは，AMなどの3歳未満児の育児の支援とともに，ADMRといった家事援助組織の有効性も指摘できよう．また一方で，D氏は，代替要員について，現状では酪農を中心としているため，自分の作業が十分に代替される代替員が確保されなかった．現在は，本人の保険を解約している．農業者の労働と代替要員の労働のマッチングも必要となろう．

4．おわりに

　以上，既往文献・資料の整理を通じ，フランスの女性農業者の法的地位の状況や，農家調査から経営参画の実際について，出産・育児期の女性の働き方からみてきた．本調査においては，法的地位のある女性が，実際に経営参画を積極的に行い，また，労働条件も適切に確保されているようすは十分にみられなかった．ただし，出産に関わる代替要員派遣制度については，女性農業者が地位に関わらず利用でき，女性の過剰労働を軽減させる点，また，

母親だけでなく父親に対する休暇制度があるという点では，評価できよう．また，女性の経営参画の実現においては，こうした出産前後の代替派遣要員制度や育児休暇よりも，農村地域における育児（とくに，3歳未満児）支援や家事援助の重要性が示唆される．

こうしたフランスにおける状況に対し，わが国においては，女性農業者の出産・育児支援に関して，酪農ヘルパーがあげられる．傷病時利用モデル実践事業では，出産による利用もあり，1997〜2003年までで91件（3.2％）の利用がある．平均利用日数は17.3日と，フランスの出産休暇に比べればきわめて少ない[注6]．利用者が利用料金を一部負担しなければならない（農家負担48.3％）ことが影響していると思われるが，こうした制度が有効に活用されることも期待される．また，女性農業者の経営参画については，2000年農業センサスにおいて，男女別に農業経営者が把握されるが，女性は6.7％ときわめて低く，社会的に認められた地位ではない．今後は，女性の経営参画の実態に合い，かつ女性の労働が適性に評価された，社会的・法的地位を構築するとともに，女性の参画の実現に向けた支援が必要であり，また，その表裏の関係にある男性の経営者としてのあり方も問われよう．

［注］

1) フランスの農業法人については，原田（1996），農林水産省（1998），清水（2000）などを参照．
2) 地位別の適用制度の詳細は，原田（2003）p.16に，分類表が示されている．
3) MSA（Mutualite Sociale Agricole：農業社会共済）は，農業者の労災・年金・家族給付などの社会保障を運営する組織である．
4) 原田（2003）に．MSA資料の2000年の統計データが示されている．
5) ③については，農業経営者疾病・出産保険（AMEXA）に属し（出産予定日の少なくとも10カ月以上前に加入），経営労働にフルタイムかパートか，コンスタントに参加していることなどが条件となる．支給対象期間は，通常の出産の場合で最短2週間から最長16週間（異常妊娠，帝王切開，多胎児などの特殊事情により最大で22週間）である．調査地のモルビアン県では，2003年，AMEXAの女性会

員21,075人の18〜40歳1,204人のうち，75人が出産し，代替要員派遣サービスを利用した女性は54人を希望した．うち52人がSEREMORから派遣を受け，2人が自ら代替要員を直接雇用した．また，利用しなかった21人のうち，14人が条件を満たさず，7人は未利用者である．54件の平均利用日数は，88日である．以上の制度の詳細については原田（2003）を，また，出産休暇に関わる代替派遣組織や利用の流れなどについては農業工学研究所（2004）を参照．なお，本稿の農家調査事例の一部についても，農業工学研究所（2004）に紹介されている．

6) 全国酪農ヘルパー協会聞き取り調査（2004年9月）より．

[引用文献]

（1）内山智裕（1999）:「日本型パートナーシップ経営の制度的課題とその実態」，『農業経営研究』，37（1），pp.43-46.
（2）清水 卓（2000）:「フランスの法人経営」，『のびゆく農業』，902，pp.2-29.
（3）農業工学研究所（2004）:「子育てしやすい環境づくりや地域間の多様な交流活動等を通じた地域づくりに資する調査研究」
（4）農山漁村女性・生活活動支援協会（2004）:「女性農業者の法的地位の明確化・強化について―女性農業経営者の位置づけ諸問題検討会報告書―」
（5）農林水産省構造改善局農政部農政課（1998）:「フランスの農業生産法人制度―翻訳と解説―」
（6）原田純孝（2003）:「フランスの新「農業の方向付けの法律」の内容と特徴（8）・完」，『農政調査時報』，550，pp.2-35.
（7）原田純孝（1996）:「フランスの農業生産法人の展開状況―農地制度のあり方との関係に留意して―」，『協同農業研究会会報』，38
（8）MSA（2003）:「Le Statut de conjoint collaborateur et le role de la femme en agriculture en 2001」

（付記）

本稿は，農業工学研究所「平成16年度農村生活総合調査研究事業（農林水産省受託研究）」の調査結果の一部である．

第16章　ブラジルアマゾンの日系農業と森林保全*

1. はじめに

1907～1908年頃を皮切りに，ペルーおよびボリヴィアからブラジル領アマゾンへ入った日本人が400～500名いたという（泉・斉藤1954, 汎アマゾニア日伯協会1994）．彼ら「アマゾン下り」とよばれる人々の多くは，1899年からペルーに送られた契約農業労働者であった．当時日本は，外貨獲得のため盛んに米国に出稼ぎ移民を送っていたが，同国で排日気運が高まる中，代替の移住先を模索していた．ペルーの農場（haciendas）で奴隷のごとく扱われた人々は，帰国もかなわず，砂漠とアンデス（Andes）を徒歩で越えて熱帯雨林へと逃がれ，パラゴム（*Hevea brasiliensis*（Willd.）Muell.-Arg）樹液採取人，河船水夫，都市近郊の野菜栽培者などをしながら，徐々に大河を下って大西洋岸に達した．ペルー移民の不調により，日本はさらに遠方，ブラジル国サンパウロ（São Paulo）州のコーヒー（*Coffea* spp.）プランテーションに着目する．1888年の奴隷制廃止以来，ブラジルでは農業労働力が不足し，導入された欧州移民は過酷な扱いに耐えず，その代替として日本人に期待が寄せられていた．両国政府および移民斡旋業者間の交渉を経て，1908年に笠戸丸が契約農業労働者781名を乗せてサンパウロ州サントス（Santos）港に到着する．一般にはこれをもって日本人ブラジル移住の嚆矢とする．

当初，家族単位でコーヒー園契約労働者として渡伯した日本人は，少しずつ資本を蓄積して土地を購入し，野菜，コメ（*Oryza sativa* L.），綿花（*Gossypium* spp.），バレイショ（*Solanum tuberosum* L.），コーヒーなどを栽培する自営農となり，産業組合を組織して農産物販売および農業資材購入における

---

*山田 祐彰

仲買人の搾取を排除していった．日本人が民族農協に結束し，主として近郊型集約農業で成長するにつれ反日感情が高まる過程は，米国カリフォルニア（California）州の場合と類似していた．米国が1924年移民法で日本人移住を禁じると，その政治的影響はブラジルにも及び，連邦議会で活発な反日ロビイングが展開された．危機感を抱いた現地の日本政府公館は，サンパウロ州への日本人移民集中が問題の根源であるとして，ブラジル国内の低開発地域に新規移民を分散させる方針を打ち出した（生島 1959）．おりしもアマゾンでは，森林の天然ゴム採取に依存した地域経済が，イギリスによるパラゴム種子持ち出しとアジア英領植民地におけるゴムプランテーションの成功によって，崩壊の危機に直面していた．当時のパラー（Pará）とアマゾナス（Amazonas）の両州知事は，国内外資本家に数万〜100万 ha 単位のコンセッションを譲許し，資本導入による農業開発を企図したが，思うように実現しなかった．付与された土地で実際に事業を行ったのは，日米二カ国の企業および個人のみであった．

2．第二次世界大戦前の移住開拓（1928-1945）

当時，戦間期の経済不況が続く中で，資本家は日本政府肝煎りの，大面積のコンセッション付き拓殖事業に魅力を感じて投資し，南米拓殖株式会社（パラー），アマゾニア産業研究所（アマゾナス）の二大事業を中心として，約250万 ha（ほぼ新潟県と長野県の合計面積）の土地を得て事業に取り組んだ．この際，現地で仲介の労をとったのがコンデコマこと前田光世（1878－1941）であった．前田は講道館派遣により米国で柔道普及に努めていたが，その後欧州から南米を興行し，ベレーンの風土が気に入って，「アマゾン下り」の人々の世話で定住していた．今日ブラジルでは柔道，ブラジリアン柔術および K-1 の開祖とされている．

1928年，アマゾン興業株式会社がグァラナ（*Paullinia cupana* HBK.）の故郷として知られるアマゾナス州マウエス市（Cidade Maués）の上流，マウエス・アスー河（Rio Maués-Açu）のほとりに州政府から2万5千 ha の土地を与えられ，グァラナ栽培に着手した．1929年には南米拓殖株式会社が現在の

パラー州トメアスー (Tomé-Açu) とモンテアレグレ (Monte Alegre) に合計100万 ha の州有地を譲許され，カカオ (*Theobroma cacao* L.) 栽培に着手，1930年にはアマゾニア産業研究所がアマゾナス州パリンチンス (Parintins) に100万 ha の州有地を得て開拓を始めた．他にも，マウエスの崎山グループ，パラー州モンテアレグレの大阪YMCAアマゾン開拓青年団，同州カピトンポッソ (Capitão Poço) の前田コンセッション (2万6千 ha) に入った山田グループ，マラジョー島 (Ilha de Marajó) の篠田グループなどの集団が開拓事業に携ったが，アマゾニア産業研究所を除き作物の選択，栽培，市場化が不調で，規模縮小や撤退，転住を余儀なくされた．

アマゾニア産業研究所も，当初目指した台地 (terra firme) 上でのアマゾン特産「永年作物」栽培は諦めた．季節性氾濫原 (varzea) にインドから持ち込んだジュート (*Corchorus capsularis* L.) の中から，尾山良太 (1882 - 1972) が1934年に丈の高い突然変異を見出した．後に，マウエスの日本人たちもジュート栽培に転向する．尾山の外孫にあたるブラジル農牧研究公社東部アマゾンセンター (EMBRAPA Amazônia Oriental) の Alfredo Kingo Oyama Homma 博士によると，アマゾンではジュート以前に小農経営は存在しなかった (Homma 1998)．一般にカボクロ (caboclo : 赤銅色の人) とよばれる混血の現地住民は，大地主の世襲所有する台地森林内でビターキャッサバ (*Manihot esculenta* Crantz.) の自給焼き畑栽培を行ない，パラゴムやブラジルナッツノキ (*Bertholletia excelsa* HBK.) の分布するところでは，樹脂や堅果の採取により細々と生計を立てていた．新作物のジュートは所有権の曖昧だった季節性氾濫原に乾季に作付けされた．上流から運ばれてきた沃土によって無施肥でも3〜4mに育った．日本人移住者の指導で現地人は1〜数 haの土地を開き，自作農としてジュートを播種した．繊維はサンパウロ州タウバテー (Taubaté) に運ばれ，農産物輸出用麻袋に加工された．ブラジルは以前，麻袋原料を英領インドに仰いでいたが，第二次大戦でアジアからの海上輸送が困難となり，アマゾン産麻がこれに代った．同じ理由で，アマゾン産天然ゴム採取も再び活況を呈し（第二次ゴムブーム），コーヒーや穀物などブラジル農産物の欧州輸出も盛んになった．大戦前，アマゾンでは外国資本に

より生産物が直接輸出され，ブラジル「本土」の南部とは経済的結びつきが弱かったが，欧州大戦とジュート産業の興隆により始めて南北間の経済統合を見た．アマゾニア産業研究所自体，日本から製麻機を導入してアマゾンで加工輸出する目論見だったが，ブラジルが連合国側についたため資産は凍結もしくは没収され，ジュート栽培者以外の会社重役はトメアスーに移送軟禁された．その空白に入ったブラジル製麻資本は，日本人ジュート栽培者を普及指導員兼仲買人として用い，繊維の増産を図った．かくして，600人ほどの日本人栽培者家族にブラジル人小農が率いられ，アマゾン本支流2,000 kmの沿岸に展開して，化学繊維の普及する1980年代まで続いて，最盛期ブラジルは世界五大ジュート生産国の一つとなった．繊維の買い付けは，河船行商が生産者に農業および生活資材を現品で高利前貸しし，農産物によって清算する伝統的アヴィアード（aviado）制度を踏襲したため，小農の多くが資本を蓄積するには至らなかった．

　一方，トメアスーの南米拓殖株式会社（南拓）は，目標を「永年作物」のカカオに絞って1929年から台地上森林の開墾を進めていた．前年には，米国フォード（Ford）社がパラー州サンタレン（Santarém）に150万 ha のコンセッションを得，イギリスによるタイヤ原料独占を打破すべくパラゴム栽培を始めている．南拓はフォードに負けぬ投資により，立派な入植地を作って，日本人移民を排除した米国を見返そうと意気込んでいた．ところが，カカオの前作として焼き畑に播種した米が小さな現地市場を飽和させて価格が暴落し，入植者の短期収入の当てがはずれてしまった．また，当時日本は熱帯農業経験が少なくカカオの生態を知悉していなかったため，更に被陰防風樹無しで苗を植え清耕栽培したため，実がなる前に木が枯れてしまった．入植者は困窮して衣食もままならず，悪性の熱帯病も広まって次々と倒れていった．男手の多い家族は，この「緑の地獄」「猛毒マラリア植民地」からパラー州都ベレーン（Belém）やサンパウロ方面へ逃れるため森を伐り開き，陸稲を収穫し脱耕していった．こうしてトメアスーの米はリオ（Rio de Janeiro）市場に「富士山（Monte Fuji）」ブランドで出回った．戦前1929年から1936年までに2,155人が入植したが，1941年時点で留まっていたのはほぼ10分の1

の220人，水車を築き精米業を営んだ少数の裕福な農家を除いて，大半は青壮年男子の働き手が少ない「家族構成の悪い」農家であった．南拓の指導で1934年に野菜生産者組合が結成され，焼き畑や家庭菜園に日本から持参した野菜の種をまいた．それまでアマゾンでは野菜が不足し，上流階級はサンパウロ方面から船でしなびた葉物や根菜類を取り寄せる一方，一般庶民には伝統的なキャッサバ葉と臓物の煮込み（maniçoba）以外，野菜を食べる習慣がなかった．日本人の野菜栽培技術については，1908年頃に始まる「アマゾン下り」の時代から知られていたが，トメアスーからはアマゾンで初めての結球キャベツなど，珍しい野菜が大量にベレーン市場へ出荷され，人々の目を見張らせた．日本人（japonês）と言うかわりに大根（nabo）とよばれたと伝えられる．上流階級は喜んだが，市場が小さいためすぐ価崩れし，野菜生産者組合では，価格維持のため売れ残った野菜を帰りの河舟から「水葬」した．コンデコマ（前田光世）は，イギリス人のメイ夫人と野菜料理を考案し，上流階級を自宅に招いては振舞い，医師らに頼んで新聞記事で野菜食を勧めてもらうなど，困窮した移住者のため協力を惜しまなかった．第二次世界大戦中は，トメアスーがアマゾンの日本人収容所となり，パラー州政府管理下で野菜生産が継続された．

3．コショウの普及と遷移型栽培の展開

野菜生産者組合と入植地自治を仕切っていた「水車小屋階級」の人々は，戦前の出稼ぎブラジル移民の中にあって定着志向が強く，南拓の目標であった「永年作物」確立の志を持ち続けていた．会社は1935年に拓殖を諦め残留移民援護に当たっていたが，このときトメアスー，カスタニャール（Castanhal），モンテアレグレに設けた熱帯農業試験場を閉鎖した．これら試験場には，多種の在来および導入有用樹種が植え付けられていた（生島1959，Yamada 1999）．入植者のリーダーだった加藤友治（1898 – 1956）は，試験場からクチン（Kuching）種コショウ（*Piper nigrum* L.）苗を譲り受け，これを齋藤円治（1891 – 1958）に分与して，二軒の庭先（homegarden）で注意深く育て，観察した．熱帯アジアからのコショウ供給も第二次世界大戦とそれ

に続く各植民地とくにインドネシアの独立に伴い，食糧自給優先政策の影響で低迷し，国際市場が高騰した．1934年に2本の苗から始まったトメアスーのコショウは，終戦の1945年に1万本に増殖，1950年には10万本を越え，1950年代中葉にはブラジル市場を賄った上で南北米州への輸出を開始した．この時期を「黒ダイヤ（Diamante Negro）」ブームとよび，トメアスーに残留した戦前移民は故郷に錦を飾り，世界旅行をし，贅を尽くした「胡椒御殿」を耕地に建築した．彼らはパトロン（patrão）とよばれ，戦後の荒廃した日本から「黄金のなる木」を求めて集まった新移民（1953年から1970年代末までに2,100名弱が移住）を熱帯農業見習兼契約労働者として営農独立まで使用し，胡椒園を拡大していった．しかし，日本人だけでは収穫労働力を賄いきれず，トカンチンス（Tocantins）河とアマゾン南流合流点付近の河岸や中洲に住むカメタ（Cametá）の人々が，300 km以上カヌーを漕いでコショウ摘みにやってきた．彼らは数カ月後の帰郷の際に出稼ぎ賃金を受け取ったが，パトロンに認められ常雇いとなった者はコショウ栽培技術を習得し，トメアスーやカメタで独立自営農となった．前出のHomma (1998) によれば，コショウによって初めてアマゾン伝統のアヴィアード制度が崩れ，小農が資本蓄積を開始した．大戦後，新作物として日系トメアスー総合農業協同組合（CAMTA）によって市場開拓されたため，仲買人（aviador）たちが流通を支配できなかったという．トメアスーのコショウはブラジル国内市場を賄い，国際市場に輸出されて，1960年に100万本を突破した．この頃，ブラジルは世界市場の7％を供給し，うち80％はCAMTAの生産物であった（Staniford 1973）．しかし，2本の苗から挿木増殖したクチン種コショウのモノカルチャーが拡大し栽培が粗放化，過度に化学肥料に依存し，土作り，敷き草，排水管理などをおろそかにしたことと天候不順が重なり，*Fusarium solani* f. sp. *piperis* などによる一斉立枯れが流行した．経営多角化の必要性については，東京大学林学科卒の組合長だった平賀練吉（1902 – 1985）ら一部の指導者が早くから唱えていたが，1970年代に入る頃には入植者全員が真剣に考えるようになった．それでもコショウ栽培に執着する人々は，未だ病気の現れていなかった「無病地」に通作ないし再移住した．ところが，苗はトメア

スーから持ち込み，現地に自生するコショウ属植物にも保菌の疑いが持たれており，結局5〜6年でコショウは枯れてしまった．

　CAMTAでは，東南アジアや中米カリブ海諸国に農事部技師や担当理事を含む調査団を派遣し，コショウの代替作物として有望と目される植物の種苗を入手しては，入植地で普及をはかった．また，現在の国際協力事業団（JICA）に連なる諸組織は，第二トメアスーに設立した試験農場（アマゾニア熱帯農業試験場＝INATAM）に長短期専門家を派遣し，コショウ病害の研究と経営多角化のための新作物の導入，評価と普及に努めた．移住者による熱帯農業研究会を後援し，系統選抜や栄養繁殖，栽培方法について専門家が技術講習を行うとともに種苗や意見を交換させた．また，ブラジル国内外の農業先進地の見学へ農民代表を派遣した．一方，移住者にとってはこれら新作物をどう営農体系に組み込んでいくかが課題であった．収穫まで数年かかる木本作物が主体であるため，管理コストを抑え収入が途切れぬよう作付け計画せねばならない．まずはコショウの枯れた後に残った肥料分と欠株スペースを活用することになった．熱帯貧栄養土壌におけるコショウ栽培は，全面耕起・施肥によらず，タコ壷状の植え穴（深さ40〜50 cm）を2.5 mおきに掘って，有機・化学肥料や刈り取った雑草を投入し，地上高2.5 mの堅木支柱を立てて蔓を這わせていた．欠株が多くなると，除草その他の管理作業にかかる労働投入が非効率的になる．この「勿体無い」タコ壷に，後継作物としてゴムやカカオその他熱帯果樹を植えてみたところ，残肥効果で良く育つことがわかった．CAMTAでは，取引銀行関係者からアイスクリーム原料としてコショウ後作にクダモノトケイソウ（*Passiflora edulis* Sims. form *flavicarpa*）栽培を勧められていた．食用果実をつける*Passiflora*属はブラジルを中心とする南米熱帯・亜熱帯原産の蔓性木本で種類豊富だが，これまでは一般に農家庭先（homegarden）で棚栽培されていた．これをコショウ廃園で経済栽培するには，より簡便な方法が必要であった．農民道場として知られる熊本県松橋町（現宇城市）の肥後農友会農事実習所（松田農場）を優等生で修了した下前原光次（1914 – 1994）は，枯れたコショウ支柱の天辺にワイヤー1本渡しただけのスクリーン仕立てを1972年から行ない，トメアスーと

その近隣に普及した．下前原はこの業績により，ブラジル連邦政府から奥地開拓の功労者に贈られるマレシャル・ロンドン章（Medalha Marechal Candido Mariano da Silva Rondon）を1974年に受けている．連邦政府は本栽培法を制度融資とセットで，貧困に苦しむブラジル東北部の農民に普及したため，トメアスーはじめアマゾンのクダモノトケイソウ栽培者は一時大打撃を被った．

カカオはアマゾン原産 *Theobroma* 属の一種であり，天然には高木樹下で生育する．種苗はパラゴムやキャッサバ同様海外に持ち出され，アフリカやアジアの欧州植民地に普及した．ブラジルではバイア州において研究と改良が進み，湿潤な海岸部丘陵地帯でマメ科被陰樹（*Erythrina* spp. や *Clitoria racemosa* G. Don.）の下に栽培され，州外不出とされた．CAMTAから政治家への働きかけにより，1971年アマゾンに「里帰り」を果し，1976年に世界保健機関（WHO）の化粧品用石油系油脂規制でカカオバターが高騰したのをきっかけに栽培が広まった．かつて南拓は被陰なし，施肥不十分で栽培に失敗したが，今回はコショウ植え穴の残肥効果で生育良好，追肥も行っている．農家はやがて，被陰樹は窒素固定用マメ科樹種でなくとも良いことに気づいた．南拓が1930年代前半に植えたブラジルナッツの大木が数百本入植地に点在して残っていたが，こうした有用高木樹種をカカオ園に植える取り組みが多くの農家で行われていった．制度融資が下りたパラゴムを除くと，被陰を兼ねた高木樹種として最も本数の植えられたのは，天然林のギャップに集団発芽するフレジョー（*Cordia goeldiana* Huber.）であった．材質がキリ（*Paulownia tomentosa* (Thunb.) Steud.）に似ているため，農民は当初山取り苗をカカオの間に植え，日本で林業に従事していた熱心な者は間伐や枝打ちまで行った．このほかマホガニー（*Swietenia macrophylla* King.），イペー（*Tabebuia* spp.），パリカ（*Schizolobium amazonicum* Huber. ex Ducke.），セドロ（*Cedrela odorata* L.），アンジローバ（*Carapa guianensis* Aubl.），バクリ（*Platonia insignis* Mart.）など，1990年代末までに50種ほどの在来種を中心とする高木樹種が植えられていった．現地普及機関は，指定されたマメ科被陰樹を植えないと制度融資を中止すると農家に迫った．一方，カカオの代

りにクプアスー（*Theobroma grandiflorum*（Willd. ex Spreng.）Schum.）を低木層に植える農家も現れたが，カカオ天狗巣病菌（*Crinipellis perniciosa*（Stahel.）Singer.）を媒介するとの嫌疑がかけられ（後に否定），制度融資を受けるためやむなく伐採した者もあった．さらに *Theobroma* 園内には，河岸低地に自生するアサイー椰子（*Euterpe oleracea* Mart.）の種子が野鳥によって撒かれ，良く育ったことから，台地上で体系的に混植されるようになった．アサイーは，アマゾン住民の準主食である果実の外に，パルミットとよばれる新芽を塩茹でにしてサラダに用いるが，株立ちするので，適当に間引けば実と両方収穫できる．このように，カカオ栽培から多様に展開したアグロフォレストリーは，1980年代初めから国内外研究者の関心を集め，1990年代初頭より海外 NGO の注目するところとなり，米国 Cultural Survival が CAMTA のクプアス一果肉を買い付けたことで拡大にはずみがついた．ブラジル政府は1990年代半ば，トメアスーのクプアスー・アサイー混植モデルを採用し，アマゾン小農に融資を行って奨励した．

　さて，一年生作物に始まりコショウ，クダモノトケイソウへのリレー栽培が定着した後，5～6年のコショウ寿命が織り込み済みとなると，後継作物の植付けを前倒しして同時栽培する形態が出現した．すなわち，一年生作物の間の植え穴に2種の蔓性木本植物を植え，コショウは堅木支柱に這わせ，クダモノトケイソウは支柱間にスクリーン形成して同時に果実を収穫する．ジュース原料用クダモノトケイソウの寿命は長くて3年なので，コショウ1作の間に2作できる．蔓植物が6年間，部分被陰および防風帯として機能している間に，株間や列間に果樹や，被陰樹を兼ねた高木樹種を植え込む．こうして，遷移型アグロフォレストリーの原型ができ上った．10～50年ほどで上層木を製材用に伐採し，残枝を焼いて再び一年生作物に戻るのが基本型である．上層木の種類によっては下層木の経済寿命より伐期が短かく，下層木を傷つけぬよう伐採してひこばえで更新する方法もある．また，果樹によっては上層木を必要としないか，あるいは被陰に不適な種類もあり，そのような畑では中低木の段階まで遷移し経済寿命に合わせせて更新していく．アセローラ（*Malpighia glabra* L.）やトゲバンレイシ（*Annona muricata* L.），ア

ブラヤシ (*Elaeis guineensis* Jacq.) などがこれに当たる．1996年にトメアスーの全農家200余戸を調査したところ，本圃で70種類の作物（9割が木本）を300とおりの組み合わせで栽培していた（Yamada 1999）．

4．アグロフォレストリーと森林保全

こうした栽培方法が森林保全につながると注目されるに至った理由は，従来のアマゾンの代表的開発方式である牧場と比較して土地生産性が高く，小農が定着営農できる点にあったと言えよう．

1970年代より主としてブラジル南部から進出した資本家たちは，アマゾン投資への税制優遇恩典に依って数百～数万haの森林を切り開き，牧草の種を撒いた．無施肥で10～20年育成牛を放牧した後，荒蕪地と化した土地を放棄し，新たに有用材択伐後の森林を草地造成していった．牧場予定地内の水辺に住んでいた住民の多くは，都市周縁スラムに移住を余儀なくされた．近年では小農は毎年数haの焼き畑にキャッサバやメイズ（*Zea mays* L.），コメ，マメ（*Phaseolus vulgaris* L.）などの自給穀類を栽培した後，牧草の種を撒き，近隣に進出した牧場主に草地として売ってさらに奥地を開墾するか，都市周縁部に移動する例も見られる．安定した営農が出来ないため，流民となって「プロの土地なし農民運動団体」に組織される者もいると言う．用材伐採や土地占拠を目的とする黒幕が彼らを銃とチェンソーで武装させ，食糧を供給して個人所有林の占拠と木材伐採を強行させるのである．売れる木を切り尽くすと，占拠地は近隣の牧場主に売り払い，次の土地を求め動いていく．アマゾンにおける都市化の比率は7割以上とも言われるが，その中には一部の，裕福な牧場経営者たちと，多数の，スラムの日雇い労働者が含まれている．農村人口が減って都市化が進めば森林破壊も減るのではなく，いよいよ遠隔操作可能な大規模経営が拡大する傾向にある．本世紀に入り，アマゾン南部のマットグロッソ（Mato Grosso）州から「ダイズ（*Glycine max* (L.) Merrill.）前線」が北上し，荒廃牧草地を利用した機械化栽培が進んでいる．ダイズ栽培者に耕起施肥してもらえば土が肥沃化し，草地を再生できるとの考えから，牧草地を貸し出す者が見られる．マラニョン州と境を接する

パラー州北東部では，ダイズの他にコメやメイズの大規模栽培も同様の方式で増え，ベレーン-ブラジリア（Brasília）国道沿いに巨大なカントリーエレベーターのサイロが鈍く光っている．雨季は青々とした畑が地平線まで続き，乾季になると赤い大地に土埃が舞う．この農業景観からは，サンパウロ州の穀倉地帯にいるような錯覚を覚える．やがて穀作が牧場経営を補完し，本来熱帯雨林が茂っていたところへ牧草地を定着させることになるかもしれない．

一方，アグロフォレストリーを行うトメアスーの日系農場では，25 ha（一筆）の耕地で，牧場の最低経営単位といわれる 1,000 ha の草地（放牧育成牛 800 頭前後）と同等の農家収入を挙げていた（Yamada 1999, Yamada and Gholz 2002）．また，前者は 10〜20 名の常雇労働力換算の雇用を創出するが，後者は牧童3〜4人と年1〜2回の臨時除草人夫しか必要としない．さらに，前者では女性や放課後の子どもたちにも収穫作業の雇用があるが，後者ではほぼ皆無である．トメアスー郡では214戸の日系農家（合計所有面積 77,500 ha）の周囲に約5,000戸の小農が集落に分かれ居住している．彼らは自作の傍ら日系農場で働き現金収入を得，同時に栽培技術を習得している．二次林やアグロフォレストの茂る日系入植地を出て牧場地帯に入ると，小農集落も見られなくなる．ところで，塩基置換容量の小さなアマゾン熱帯土壌では，地上部バイオマス蓄積が地力指標となるが，日系農場では25年生アグロフォレストで原生林の50〜60％に回復しているものがあった．これに対し牧場の地上部バイオマスは3 t 程度で，原生林の1％に満たない．草地造成の際は，周囲の小農が食料採取に侵入しないよう，アサイー椰子の茂る河畔林や果樹まで伐り倒してしまう．今日，道路沿いの随所に荒廃放牧地が見られるが，ブラジル政府の政策に従いこれら低生産性農地に小農を定着させるには，開墾当初の肥料融資が不可欠である．主食作（穀類，キャッサバなど）と同時に蔓性木本や果樹など肥料投入可能な商品作物を植え，遷移型アグロフォレストリーに誘導すべきであろう．NGO ではモジュール（module）と称して，成園時の樹冠構成予測図とともに苗を小農に提供しているが，エデンの園のような机上プランには，結実出荷に至るまでのコストや収入に関す

る裏付けが見当らない．1990年代前半から，日系農業者の中には小長野道則（1958 –）のように，自らの経験に基づく遷移型アグロフォレストリー技術を小農に巡回指導する者が現れた．小農経営を安定させることで治安が良くなり，自分たちも安心して営農と生活ができるという．小長野の活動に注目したJICAは彼の推薦する小農をモデルケースとして *Gliricidia sepium* (Jacq.) Steud. 生木支柱を用いた低コストコショウ栽培法を普及するとともに，トメアスー郡内小農集落から熱心な後継者を選抜し，日系農家の協力を得て，全寮制1年のアグロフォレストリー研修コースを2004年から実施している．

2005年1月には，国際林業研究センター（CIFOR）とブラジル農牧研究公社（EMBRAPA）共催で，中南米諸国と世界アグロフォレストリーセンター（WAC, 旧ICRAF）からも研究者が参加し，ベレーンとトメアスーにおいてアグロフォレストリー研究会が開催された．WACの参加者からは，経営的に成功している事例を初めて見たとの率直な感想も聞かれた．CAMTAでは，JICAが1987年に設置した月間冷凍貯蔵能力40tの試験果汁工場を，2006年に月間能力2,400tまで拡充している．市場も米国，欧州，日本に及び，2005年3月には米国からアサイー果汁の有機認証も得た．アサイーはこれまでアマゾンの郷土食品にすぎなかったが，栄養価の高さが世界市場の注目を集め始めている．SAMBAZONを初めとする米国企業やNGOは，アマゾン森林保全のためアグロフォレストリーを推進しようと，CAMTAの果汁買い付けを進めている．その過程で同組合執行部に対し，非日系農家への栽培技術移転と小農出荷組合の設立支援，彼らの生産物の購入と加工について要請があったという．小農の経営が安定し，その移動が抑制されることで，森林破壊に一定の歯止めがかかると予想される．さらに，州・連邦行政および「先進7カ国によるアマゾン森林保全パイロットプログラム（PPG7）」などの政府間協力レベルでは，森林資源を温存しつつ持続的成長を担保する開発オルタナティブの存在が確認されよう．ブラジル政府はついこの間まで，世界の将来世代の資産としてアマゾンの森林を守りたいなら，その見返りとしてブラジルに補償金を支払うべきだと主張していた．ところが，2005

年には，パラー州政府主導で様々な利害関係者（stake holders）を招いて会議を開き，開発ゾーニング確定作業が進められており，森林資源保全の緊要性は漸く地元でも認識されつつある．

5．おわりに

筆者がトメアスーを知ったのは，フロリダ大学（University of Florida）で師事した森林生態学者 Dr. Henry Gholz 教授の友人で，アマゾン人間と環境研究所（IMAZON）設立者のペンシルバニア州立大学（The Pennsylvania State University）教授 Dr. Christopher Uhl を通じてであった．彼は1980年代半ばからトメアスーに入り，教え子の Dr. Scott Subler と日系アグロフォレストリーを包括的に研究した（Subler and Uhl 1990, Subler 1993）．彼らは日系農業者が質素な小屋に住んで，ハイパーインフレや政情不安，強盗の襲撃に脅かされつつも，定着し数十年先を見据えて木を植えることを不思議に思った．ある老移民に尋ねたところ「真面目に耕しておればお天道様が食べさせてくれます」と答えたという．一世には篤農が多く，彼らが庭先（homegarden）で品種や系統の選抜・改良，苗の増殖をし，現地の文化と言葉に通じた二世が労働力を雇用して本圃展開し，生産物を農業協同組合で加工，国際的に販売するという，世代間の補完関係が見られる．ブラジル移住事業百年の成果だが，PPG7参加国中唯一，一千家族の日系農民という人的資源をアマゾンに持つ日本としては，彼らの積極的活用を考えるべきであろう．2004年に JICA 関係者が，イギリス国際開発省（DFID）担当者から，「アマゾンの環境問題が今の状態になるはるか以前からベレーンに事務所を設け，持続的開発に取り組んできた日本は先見の明がある」と誉められたそうである．

［参考文献］

（1）生島重一 1959 アマゾン移住三十年史　サンパウロ新聞社
（2）泉靖一・斉藤広志 1954 アマゾンーその風土と日本人　古今書院
（3）汎アマゾニア日伯協会 1994 アマゾンー日本人による60年の移住史　汎アマ

ゾニア日伯協会

(4) Homma, A.K.O. (ed.) 1998. Amazônia-Meio Ambiente e Desenvolvimento Agrícola. EMBRAPA, Brasília, Brazil.

(5) Staniford, P. 1973. Pioneers in the Tropics — The Political Organization of Japanese in an Immigrant Community in Brazil. University of London/The Athlone Press, London, UK.

(6) Subler, S. 1993. Mechanisms of Nutrient Retension and Recycling in a Chronosequence of Amazonian Agroforestry Systems : Comparisons with Natural Forest Ecosystems. Ph.D. Dissertation, The Pennsylvania State University, State College, USA.

(7) Subler, S. and Uhl, C. 1990. Japanese Agroforestry in Amazonia: A Case Study in Tomé-Açu, Brazil. p. 152-166 in Alternatives to Deforestation: Steps toward Sustainable Use of the Amazon Rain Forest [Anderson, A.B. ed.]. Columbia University Press, New York, USA.

(8) Yamada, M. 1999. Japanese Immigrant Agroforestry in the Brazilian Amazon : A Case Study of Sustainable Rural Development in the Tropics. Ph.D. Dissertation, University of Florida, Gainesville, USA.

(9) Yamada, M. and Gholz, H.L. 2002. An evaluation of agroforestry systems as a rural development option for the Brazilian Amazon. Agroforestry Systems 55 : 81-87.

第17章　中国産大豆の競争力分析
－黒龍江省の生産と流通を中心として－*

　近年，図17.1が示したように，中国の大豆の輸入量が急激に増え，2001年には1,394トンにまで達した．この輸入大豆の影響を受けて，大豆の国内価格が下がり，とくに主産地農民の収入を直撃したため，各方面の注目を浴びた．数多くの研究は，このような状況になった原因を国内大豆の生産規模が小さく，外国産よりコストが高いからだとしているが，果たして中国国内産の大豆のコストが本当に高いのか，高いとしたらなぜ高いのか，そして大豆の競争力に影響している主な原因は何か．大豆の市場競争力を高めるためにはどうすれば良いのか．これらの問題を解明すべく，筆者は大豆主産地の黒龍江省において実態調査を実施した．調査対象は農家，農企業，個人販売商，郷鎮の幹部および地方政府の関係部門とりわけ黒龍江省農村調査隊（以下，

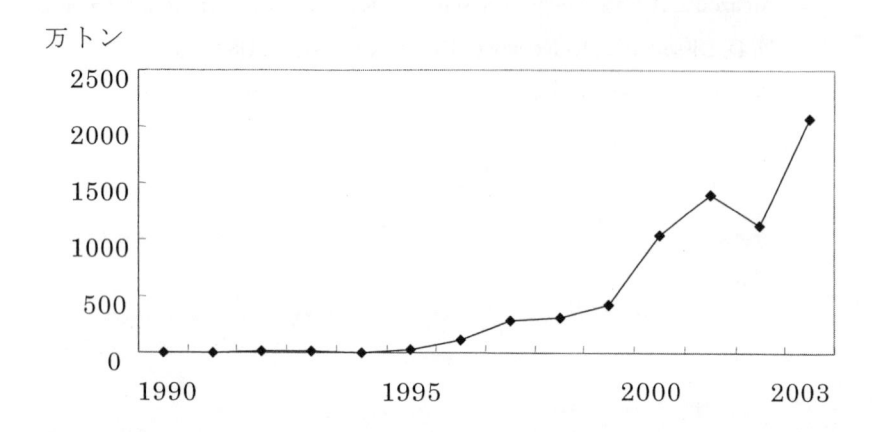

図17.1　中国の大豆輸入量

＊金　洪云

農調隊とよぶ）である．本稿の目的は，これらの調査結果を基に，上述した疑問を解明するところにある．

　大豆の市場競争力を考えるに当たって，まず考慮しなければならないことは大豆の生産コストと収益の問題である．ここでは，まず中国産大豆主産地の黒龍江省の状況を分析し，次にその分析結果を踏まえた上で，アメリカのそれと比較してみることにする．

　表17.1は黒龍江省大豆の生産費と収益についてまとめたものであるが，分析する前に表の数値については若干の説明を要する．黒龍江省農調隊の生産費資料には地代が含まれていないということである．したがって表17.1を作成するに当たって，農業税と土地の請負費を合計し，これを擬制地代として生産費に加算した．

　この表が示した数字によって計算すれば，黒龍江省産大豆のkg当たりのコストは約1.15元であり，2001年の生産者価格はkg当たり1.65元で，キロ

表17.1　黒龍江省大豆の生産費および収益

単位：年，元，％

	1997年		1999年		2001年	
	金額	割合	金額	割合	金額	割合
生産費合計	1.38	—	1.17	—	1.12	—
うち：種子	0.13	9.42	0.10	8.55	0.09	8.04
化学肥料	0.25	18.12	0.21	17.95	0.20	17.86
農業機械	0.20	14.49	0.19	16.24	0.18	16.07
農薬	0.05	3.62	0.06	5.13	0.06	5.36
人件費	0.31	22.46	0.23	19.66	0.21	18.75
地代	0.32	23.19	0.29	24.79	0.29	25.89
ムー当たり生産高（kg）	127.9	—	121.0	—	125.6	—
ムー当たりコスト（元）	176.50	—	141.57	—	140.65	—
ムー当たり粗収益（元）	297.21	—	202.32	—	214.22	—

資料：黒龍江省農調査隊

当たりの純収益は0.50元になる．ムー当たりの生産高が125 kgだとすると，副産品をも加えて，ムー当たりの純収益は60〜70元になる．この計算結果を確認すべく，集賢，富錦，同江などで農家の生産調査を行ったが，その結果は生産費構成や変化の趨勢からみて，上記の生産費資料よる計算と一致していた．富錦市の農家Aは筆者に次のように語っている．「昨年ヘクタール当たり3,700斤取れたが，斤当たり0.8元で売った．コストを除き，税金を払ってからの儲けは900〜1000元ぐらい．」これも農調隊の生産費調査収益資料が示す結果と概ね一致している．

表17.2はアメリカ産大豆の生産費と収益をまとめたものであるが，アメリカを取り上げた理由は何よりも，近年中国へ輸入された大豆のうち，9割近くがアメリカ産の大豆だからである．そして，表17.1と表17.2を比較してみれば，kg当たりのコストはアメリカの方が黒龍江省よりも40％近く高いことがわかる．ただし，土地制度に関しては両国間で大きな相違があるた

表17.2 アメリカ大豆の生産費および収益

単位：年，元，％

	1999年		2000年	
	金額	割合	金額	割合
生産費合計	1.89	—	1.88	—
そのうち：種子	0.15	7.94	0.14	7.45
化学肥料	0.06	3.17	0.06	3.19
農薬	0.19	10.05	0.17	9.04
人件費	0.16	8.47	0.16	8.51
農業機械	0.39	20.63	0.40	21.28
地代	0.61	32.28	0.59	31.38
ムー当たり生産高（kg）	179	—	184	—
ムー当たり粗収益（元）	243	—	249	—
ムー当たりコスト（元）	339	—	346	—

資料：USDA．ただし，全体で占める割合の小さい項目については載せてない．なお，人件費の中には賃労働報酬と機会費用が含まれている．

め，土地のコストを比較する際には慎重を要する．中国の「土地のコスト」は農家が土地を耕作する場合支払わなければならない費用であるが，アメリカの場合はこの「土地のコスト」が地代率で計算されており，いわば土地の機会費用の性格が強い．現実の農業経営者にとっては，実際に彼らが支払った土地のコストではなく，アメリカの場合のコストはいわば一種の理論コストとも言え，かなり高く計算されている．というのは，アメリカの場合大豆に対してkg当たり約2ドルの政府貸付があり，これは形を変えた保護価格と見ることが出来，この価格は理論コストよりは低い訳である．しかし，この保護価格にしろ，あるいは理論コストにしろ，アメリカ産大豆の生産コストが中国黒龍江省産大豆より高い事実には変わりがない．具体的には，化学肥料と農薬に関しては中国のほうが高く，とくに化学肥料はアメリカの3倍ぐらい高いし，労働力コストも3分の1ぐらい高い．その他の項目ついては，すべて中国が低くアメリカが高い．そのうち，農薬は約3分の1，機械費用に至っては約2分の1で低い．

　このように黒龍江省産大豆の生産コストはアメリカより低いが，その訳は以下のような要因に求めることが出来る．第一は，黒龍江省の自然条件が大豆生産に適していることにある．大豆生産に関して，一番適している土壌は弱酸～中性の有機質が豊富で保水能力が高い土壌であり，とくに黒土が最適とされている．黒龍江省の60県の約90％の土地が大豆栽培に適している．自然条件に恵まれているため，黒龍江省産大豆は化学肥料，排水灌水費用，農薬費用などの支出はすべて全国の平均レベルより低い．第二に，同地の農家のコスト意識が強いことが上られる．大豆価格が低くなるにつれて，農家は意識的に生産投入を減らすようになる．それゆえに，黒龍江省産大豆のkg当たりコストは1997年の1.38元から2001年の1.12元に低下している．下げ幅は18.8％である．農家が物的な投入を減らすのは主には資金の回収率を確保するためと言えなくもない．そして，彼らは資金や労働を他の部門に用い，これによって安定的な収入源を確保しようとしている．この傾向は農業部政策法規局が山東など5省での調査した結果とも一致している．つまり，農家の不利な市場価格への対応の仕方としては，栽培面積を減らすのではな

く，物質投入を減らすことによってロスを埋めようとする傾向が見られる．第三に，黒龍江省の機械化レベルが高いことである．黒龍江省の農家一人当たりの耕地面積は0.8 haであるが，大豆生産はほぼ機械化されている．播種機が広く用いられており，これは大幅に種子の使用量を減らし，現在はムー当たりに用いられる種子の量は0.45 kgに過ぎない．除草剤の使用は日常の作業管理を簡易化し，機械を使っての耕作や収穫作業は大幅に労働コストを減らす結果になった．また，全体的に黒龍江省の労賃が低く，その他の大豆生産地と比べて，実際の日雇い労賃が低い．たとえば，2000年の黒龍江省における一日当たりの労賃は8.5元であるが，全国平均，遼寧省，吉林省はそれぞれ10元，11元，9元である．

以上，アメリカとの比較で中国黒龍江省産大豆の生産コストが低いということが明らかになった．にもかかわらず実際市場で販売されている大豆の価格は，逆に黒龍江省産のほうが高いのである．この現象を説明するには，現段階の大豆の流通状況を見なければならない．

中国の農産物の中で，大豆の商品化率は高く，概ね60％以上である．そして食糧流通システム改革が進むにつれて，とくに大豆の価格が自由化されたことにつれて，国有食糧系統を主な流通ルートとしていた大豆の流通形態は変化し，多種多様な形態が形成されつつある．私営企業や個人販売商の購買規模が益々大きくなり，これらの流通主体は大豆流通の中できわめて重要な役割を担っている．

大豆価格が自由化されてから，黒龍江省国有食糧系統は次第に大豆の経営から手を引くようになっている．たとえば2001年食糧系統が買い取った大豆の量は32万トンであり，これは同年黒龍江省全生産量の6％に過ぎない．さらに，そのうちの一部は企業や販売商の代わりに買い取ったものや備蓄するものが含まれている．富錦，集賢，同江での調査で伺えることは，大多数の農家は大豆を郷村間で活躍している販売商に販売するのであって，食糧系統の買付けステーションに地理的に近い農家だけが大豆をステーションに運んで販売しているのである．

それでは，これらの販売商はいかなる販売活動を行っているのであろう

か．今のところ，どのぐらいの販売商が大豆販売活動に従事しているのかを正確に示す数字はない．ただ，富錦から佳木斯へと向かう幹線道路の道路管理ステーションの管理員の話では，大豆販売の季節ではほぼ一日200台以上の大豆を運んだトラックが通過しているという．農家の話では，大豆販売の季節になると，一日当たり3〜4組の販売商が村に訪れ，彼らは大抵30トンの貨物自動車を所有しているという．そしてその販売網は大豆産地至るところに伸ばされている．農家から買い取った大豆は概ね次の3カ所に運ばれている．第一は，省内の大豆加工企業，第二は，南の各省の大豆加工企業が黒龍江省に設立した購買ステーション，第三は，華北地区にある加工工場である．ただし，これらの販売商の規模はまちまちで，また総じて言えば規模がそれほど大きくはない．

　購買形態がどうであれ，流通過程では当然ながら流通コストが発生する訳である．本稿で言う流通コストは大豆が農家の手を離れ加工企業へ運び込むまで各段階で発生したコストのことを指すが，そこには運送，積み下ろし，保管，管理などの費用が含まれる．そのうち，運送費がとくに流通コストに占める割合が高く，現段階の中国大豆流通コストに大きく影響しているが，これは基本的に大豆の購買方式が変わったからといって変わるものではないと思われている．しかし，その他の費用，つまり積み下ろし，保管，管理などの費用は大豆の購買方式とは密接な関係にある．大豆販売商は産地で荷積みをし，自家所有の自動車を運転して直接大豆を省内の加工企業や南の各省の大豆加工企業が黒龍江省で設立した購買ステーションなどに運ぶ訳であるが，とくに購買ステーションの場合は，運ばれてきた大豆をすぐに鉄道を通じて南の工場へ運ぶのが常である．国有食糧系統と比べて，大豆販売商が削減ないし節約出来たのは在庫段階での費用，すなわちいわゆる「板前費」の中での「院心費」である．「板前費」とは，国有食糧ステーションが食糧の買付けから鉄道などを通じて運び出す前に発生した費用のことを指す．そして「院心費」とは食糧が倉庫に保管される過程で発生した諸管理費のことである．富錦など10カ所の食糧ステーションで実施した調査の結果によると，2003年これらの食糧購買企業の「院心費」は最低が4.93元/トン，最高が

10.15元/トンで，平均は8.39元/トンである．

ところで，肝腎の運送費であるが，これはどうなっているのか．販売商と食糧局に対する調査で明らかになったのは以下のとおりである．たとえば，三江平原から佳木斯まで幹線道路で運送するには，km当たりの運送費は0.05元であるが，佳木斯から大連まで運ぶには鉄道を使うがkm当たり0.1元の運送費用が発生する．つまり産地から乗り換え地まで運ぶのに発生した運送費だけでも0.15元であり，これは生産者価格の10％に当たる．また，富錦食糧ステーションから浙江省杭州市の卸売商に販売するのに，トン当たりの鉄道運送費が285.94元，雑費が25元，鉄道統一管理費（乗り換え費）が15元で，合計では325元にもなる．つまり，この運送費だけでも大豆の卸売り価格が生産者価格より20％も高い．

それでは，このような状況の下で，大豆の市場競争力を高めるためには何が必要なのかについて検討してみたい．

第一は，大豆の栽培面積の拡大である．黒龍江省現在の耕地面積は1,000万haであるが，大豆の栽培面積はその3分の1の338.9万haである．立地上の比較優位を利用して，この面積を増やしてもいいはずである．2002年農業部が遺伝子組合大豆に対して一連の管理条例を発表しているが，これは大豆生産者にとってはいい知らせになるはずだった．しかし，農家の話ではこの知らせを知らなかったという．その結果，大豆の栽培面積は価格の関係で前の年より10％も減っている．つまり，これからは市場情報の伝達能力を強化すべきである．

第二は，面積当たりの生産高を引き上げる努力である．現段階の黒龍江省産大豆のムー当たりの生産量は120kgで，アメリカの184kgとはかなりの距離がある．生産量が低い原因の一つは品種の問題である．現在黒龍江省で栽培している品種でムー当たり130kgを越えるものがないのである．生産管理が粗放的であることも原因に挙げられる．また，水利施設が脆弱で，災害防止能力が欠けている．近年大幅な減産は多くは旱魃が原因である．

第三は，品種選択を慎重に行うことである．中国産大豆は輸入大豆と比べて，油の含有量が概ね2～3ポイント低い．たとえばアメリカのそれは20％

であるが，中国産大豆は17％である．しかしその反面，中国産大豆のタンパク質含有量は諸外国よりも高いと言われている．そして，近年大豆の需要量が急拡大した背景として，タンパク質に対する需要を無視することは出来ない．ある意味では，需要量を拡大する真の原動力がこのタンパク質への需要だと言っても過言ではない．したがって，国産大豆が今直面する課題は，いかに油の含有量とタンパク質の含有量を両立出来る品種を開発するかということである．

　第四は，購買主体の育成である．この10年間で販売商が台頭してきたが，真の流通の担い手になるためには，さらなる資本蓄積や今現在の設備を更新するなどの期間が必要である．そしてこの過程では，政府による育成政策を欠くことはできないであろう．

第18章　現代農業水利の国際比較*

1. はじめに

　わが国の農業は，アジアモンスーン地域としての風土の影響を受けながら固有の性格を与えられているが，それは水田中心の農業の展開や農業水利のあり方といった側面に表れてもいる．こうした風土の違いによって，農業や農業水利のあり方は違いを見せることになる．

　本稿では，わが国とは異なる風土を有する乾燥・半乾燥地域国における農業水利の基本的性格について，その実態的アプローチから調査・検討を加え，国際比較をしようとするものである．日本とは風土が異なる地域国として，アメリカとオーストラリアを取り上げた．それは，両国が日本とともに先進国であり，さらには経済と社会の成熟化に伴って，水資源の開発と利用のあり方，ことさらに農業水利のあり方が問われているからである．

　まずは，比較対象地域国における月別の平均気温および降水量をもとに気候の特徴について触れておく．日本の代表地点としてはさしあたり東京を挙げ，アメリカとオーストラリアでは，後の実態分析と関連させながら各国の稲作地帯を代表する地点として，それぞれサクラメント（Sacramento）とデニリキン（Deniliquin）を選んだ．

　図18.1によれば，気温についてはそれぞれを比較しても大きな差は見られない（年間平均気温はいずれの国も16℃前後）が，降水量については，サクラメント，デニリキンが年間400 mmを上回る程度に過ぎないのに対して，東京では1,400 mm強と3倍以上の開きがある．季節による気候の変化を見ると，日本では夏季は高温・多雨，冬季は低温・少雨となっているが，サクラメントでは夏季は高温・少雨，冬季は低温・多雨と季節による雨の降り方が対照的である．またデニリキンでは，年間を通じて気温の変化は大きい

---

*木下　幸雄

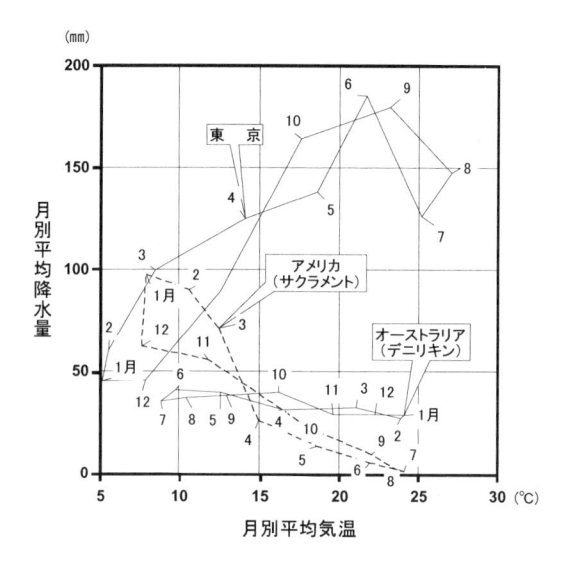

図18.1　比較対象地域国における月別平均気温・降水量
資料：日本：『理科年表』，アメリカ：National Oceanic & Atmosphere Administration, U.S. Department of Commerce, オーストラリア：Bureau of Meteorology, Commonwealth より作成

ものの，降水量の変化は少ない．このように各国で季節による気温と降水量の現れ方は違っているが，ハイサーグラフ線のダイナミックな動きから，とくに日本では季節の移り変わりに伴った気候変化の激しさを窺わせる．いずれにしろ，こうした気候の違いは，それぞれの地点の風土を規定し，したがって農業水利のあり方を左右する重大な要因となるはずである．

2．アメリカ（カリフォルニア州）の農業水利

（1）灌漑農地と水管理

日本の水田農業では零細分散錯圃が基調であるのに対して，アメリカの農業では比較的大きな複数の圃場がまとまって集合し，それらが一つの農場を形成している大区画圃場農場制が一般的である．このような事情をカリフォルニアの稲作農場を例に挙げて説明すると次のようになる（主に八木

(1992)を参照).

カリフォルニアの稲作農場では，大区画圃場（約60～100 ha）が一つのブロックとなっており，特定の水路あるいは水源と接続して一つのまとまった水管理単位を形成している．この大区画圃場は，取水・排水といった水管理の単位であるとともに，作付けなどの基礎単位ともなっている．さらに細かく見ると，この大区画圃場は主に均等な水位管理を容易ならせるために畦立てによって，小圃場（3～5 ha）に区画が施されている．それぞれの畦には水位調節用の箱型堰が一つないしは二つ埋め込まれており，小圃場区画間ではこの箱形堰によって，田越し灌漑が行われている．いずれにしろ，用水が一旦，農場へと引かれれば，他者の農場とは相互に影響を及ぼさず，水管理は農場内で経営者が自由に行える状況にある．

他方，水田土地利用方式については，水稲連作（稲作後の休閑を含む）が支配的であり，水田輪作体系はそれほど多く見られない．代表的な水田輪作作物は，ベニバナ，トウモロコシ，綿花，オート麦，小麦など多様である．水稲連作の土地利用方式が取られている場合，あるいは圃場の勾配がわずかな場合は，畦畔は固定的であり，圃場の形態を変えないのが普通である．一方，輪作の場合や圃場の勾配が激しい場合には，毎年，畦畔造成して小圃場を作り直す作業を行う．その時，畦立てによる小圃場の造成作業は，耕起，施肥，粉土・均平などの機械作業の後に行われる．

このようにカリフォルニアの稲作農場では，用排水路の配置は，畦畔で区切られた小圃場単位ではなく大圃場単位（あるいはその集合体である農場単位）に行われているといえよう．水田土地利用方式が水稲連作体系か輪作体系かによるが，畦畔，末端の用排水溝などの設置は，必ずしも固定的ではなく，経営の中で必要に応じて実施される．このような事情の中で，用水の末端需要単位は小圃場ではなく大圃場，あるいは場合によっては農場であり，その用水需要単位の中では単一の意思に基づいた経営者による水利用が可能となっていると言えよう．

（2） 農業水利制度と水利権

同州における地表水に関わる主な水利権としては，沿岸水利権（Riparian

Rights），専有水利権（Appropriative Water Rights），さらには連邦政府プロジェクト（CVP）や州政府プロジェクト（SWP）として新規開発された河川水量について，政府の水管理主体と水利団体や個別利用者との間の契約に基づいて配分される契約水利権がある．

沿岸水利権とは，河川あるいは湖に隣接する土地に付随する水の利用権であり，水量は規定されていない．土地の権利と水利権とに分離することはできず，その土地においてのみ水利用が許される．また専有水利権とは，河川あるいは湖の水を水源から離れた場所へと導水してそれを利用する権利である．この水利権は土地とは分離しているが，権利取得の年代によって水量が規定されているものもあればそうでないものもある．

灌漑組織の水利用には，組織が有する専有水利権を中心に，CVP，SWPによる追加的な新規開発水に依拠するものもある．その場合，各灌漑組織は，水供給事業主体である連邦開墾局や州水資源局と契約して，単位水量当たりの価格に基づいて水を購入することとなる．いくつかの事例を見ると，専有水利権と政府プロジェクト開発水の双方を保有し，それらを組み合わせて水利用を図っている灌漑組織も多い（八木（1996））．

以上が農業水利制度と水利権に関わる水配分の基本的な枠組みであったが，それとは別に水の再配分に関わる新たな制度として，市場を通した水利用者間での水利取引がある．1980年代後半から90年代前半に起きた干ばつを契機として，水利取引は活発化してきており，その水利取引量は現在では州全体の水利用量の約3％に達していると言われている．Hanak（2003）によれば，こうした水利取引の供給側の主役は灌漑組織であり，セントラル・バレーの場合，用水の売り手の実に3/4が灌漑組織となっている．また，サンホアキン・バレーでは，環境復元施策の影響を受けて取水量が削減されてきているため，水量確保のために水利市場から水を購入する農業者が増えてきており，95年以降では水利取引の増加要因の過半を占めているほどである．なお，水利取引においてのもう一つの主役は，州政府である．州政府は，干ばつ時に設置される水銀行の運営や環境施策のための水購入を実施しており，河川流水そのものや野生動物保全を目的とした政府による水の直接買い

入れは，水利取引の増加要因の1/3以上を占めている．このようにカリフォルニア州では，近年，水の希少性に加え，環境に関わる事情を背景としながら，農業用水を中心とした水利取引が活発化しているのである．

ところで，農業用水の料金体系については，原則的には，①従量制，②面積に基づく固定制の2種類がある．これらのどちらの料金体系を採用するか，あるいは両者を組み合わせた料金体系を採用するかは，各灌漑組織の裁量に任されている．しかしながら，単位水量当たりの価格ではなく，必要水量の供給を前提とした単位面積当たりの料金制が，実際のところ広く採用されている．たとえば，筆者が2003年に調査したカリフォルニア州北部に位置するプリンストン・コドラ・グレン灌漑区においては，水料金が稲作では1エーカー（約0.4 ha）当たり65.00ドル，アルファルファでは同4.50ドル，小麦では同6.15ドル，ヒマワリでは同4.60ドルなどとなっており，灌漑作目によって料金の水準が大きく異なる．作目ごとによる必要水量は灌漑組織において基準水量が定められており，たとえば，稲作では必要水量8.0 AF（エーカーフィート），アルファルファでは同5.4 AF，小麦では同1.5 AF，ヒマワリでは同3.5 AFとなっており，先に示した価格水準と合わせて見ると，大かた必要水量が多いと価格水準が高く設定されている傾向がうかがえる．

このような単位面積当たりの料金設定は，渇水などの年において灌漑組織の取水量が減少するために，必要供給水量を満たせない事態が発生したとしても，その灌漑組織の運営のためには規定料金を徴収することが必要と考えられているためである．また，水料金の徴収が容易であることもその理由であると考えられる．一方，面積割りとはいえ，作目ごとに価格水準を差別化することで，ある程度に使用水量に応じた価格設定がなされており，これは，たとえどれだけの水量を使用しようとも水利費が変わらない日本の水料金体系の原則とは異なる点である．

（3）灌漑組織の性格

カリフォルニア州における灌漑組織の種類としては多種多様なものが存在しているが，それらの中でもっとも中心的なものと目されるのは，公共的水利団体（Public Water Districts）である．この公共的水利団体は，個々人の間

で発生した水争いなどを解決し，当該地域のすべての土地所有者ないしは水利用者に対して公平に用水を供給する機能を果たすために設立された組織である．こうした公共的水利団体には灌漑区，郡用水区，カリフォルニア用水区，開墾区など，その根拠法や設立経緯，事業目的，取水源などが異なる様々なタイプの灌漑組織が地域で併存している．

こうした灌漑組織は，基本的には州公共事業体委員会の管轄下に置かれており，その運営に関して一定の社会的規制が課せられている．たとえば水の購入料金と供給経費に応じて自由な販売価格が認められているものの，特定の顧客のみに水を販売するような差別的販売や，水を著しく高い価格で販売するような不当価格販売は禁じられている．また，公共的水利団体の場合，いずれもその規約などの冒頭に非営利団体である旨が明記されている．すなわち，灌漑用水を供給・配分が灌漑組織の基本的事業であるが，それは非営利事業として運営されるべきであり，事業遂行の際には社会的な公平性が一定程度保持されるようになっているのである．

灌漑組織と水利用者との関係は，灌漑組織と土地所有者ないしは水利用者という関係にある．先に述べたように，灌漑組織には多種多様なものがあるが，これらの組織的特徴や活動内容は類似しているため，ここではその一つとして灌漑区を念頭におきながら，一般的な灌漑組織と土地利用者・水利用者との関係ならびに両者間の権利義務関係は次のようになっている．

水利施設など灌漑システムの管理については，灌漑組織が排他的な権利を有し，当該組織内の土地所有者・水利用者を含めていかなる他者も灌漑システムの管理に関わることは許されていないのが原則である．そうした原則のもとで，灌漑組織は全ての土地所有者・水利用者の合理的な水需要に対して十分に対応できるように，用水路に配水するものとする．一方，土地所有者ないしは水利用者側は，事前に水利用の申し込みを灌漑組織に対して行わなければならないとともに，水料金の支払い義務を負う．灌漑組織は，水利用者から水料金を徴収したり，受益地に対して水利賦課金を課したりすることができる権限を持っている．そして，灌漑組織の事業管轄域内，言いかえれば水利事業の受益地内における土地所有者は，当該灌漑組織の構成員となる

ことが求められる．構成員の投票によって理事が選出され，この理事らが集まって開催される理事会において，灌漑組織の運営に関わる意思決定が行われている．

以上のように灌漑組織は水配分機構として社会的な役割を果たしている．

3．オーストラリア（ニュー・サウス・ウェールズ州）の農業水利

（1）灌漑農地と水管理

ニュー・サウス・ウェールズ州における灌漑農地と水管理の特徴は，大区画圃場農場という農地の存在形態下における圃場と用排水路の結合形態によって規定される個別的水利用方式と，そうした事情によって可能となる経営単位の水管理の確立である．これは日本に一般的に見られる形態とはかなり異なり，また先に見たカリフォルニア州のそれとも若干異なるが，こうした形態の違いは，農業経営における水利用のあり方に決定的な影響を与えるものと考えられる．

灌漑農地と水管理の特徴について，ニュー・サウス・ウェールズ州リヴァリナ（Riverina）地方における代表的な稲作経営（W経営）を具体例（図18.2を参照）としながら説明しよう．このW経営は二つの農場単位（Farm202とFarm2113）で構成され，二つを合わせた総農場面積は300 ha，圃場数は22枚，1圃場当たりの平均面積は20 ha程度である．また，W経営は1,700 ML（メガリットル）の水利権水量を有しており，この水利権水量内であれば，どちらの農場単位においても灌漑用水を自由に利用できる．

農場に接して，灌漑組織が管理する末端用水路（図中の太線）が走っており，その末端用水路に6カ所の引水口（図中の◎印）が設けられている．用水は，この引水口を通じて農場内へと導かれることになる．引水口には，オーストラリアで特有に見られるデスリッジ・ホイール（Dethridge Wheel）とよばれる水車が設置され，水量調整の機能を果たすとともに，水車に取り付けられた回転カウンターにより，引水された水量が計測できるようになってい

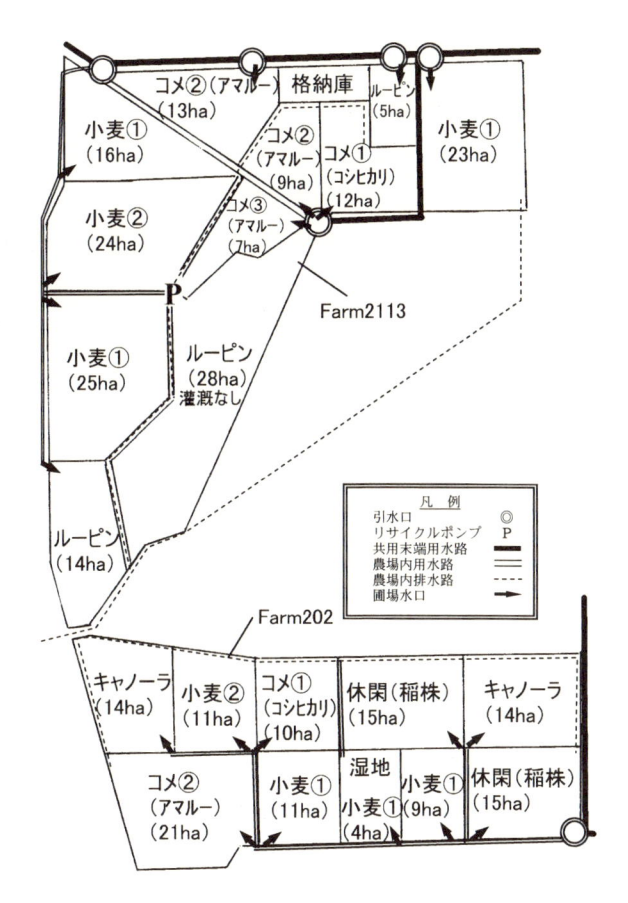

図18.2 W経営における圃場・用排水路の配置と作付体系（ニュー・サウス・ウェールズ州）
　資　料：聞き取り調査より筆者作成（2003年）
　注1：作物名と共に示した番号は輪作体系の年数を示し,例えば小麦②は2年
　　　目の小麦作付けを示す
　注2：アマルー, コシヒカリはコメの品種名

る．デスリッジ・ホイールは古くから見られる仕組みであるため，最近では，量水精度の高い羽根式のフローメーター型の引水施設に更新されるようになってきており，W経営でも6カ所ある引水口のうち1カ所がフローメーター

型となっている．

　農場外の末端用水路に接するような配置となっている圃場には，これらの引水口から直接，用水が導かれるが，そうでない圃場には，農場内に配置された用水路（図中の二重線）を通して各圃場に導水される．農場内用水路には分水施設や調水施設があり，また各圃場の水口（図中の矢印）には調水機能を果たす仕切り板などがあって，水利用者は農場内であれば自由に水管理ができる．

　さらに，各圃場は水管理や機械作業能率といった生産管理上の理由から，畦立てによって複数の圃区（bay とよばれる）に区分されている．そして，各圃区における水の流出入や水深の調整といった水管理は，隣接する圃場間をつなぐコンクリート金属製の通水口（outflow checks または stops とよばれる）を利用して行われている．

　水口は四角形などの形をした圃場の角に設けられていることが多く，一方で排水路（図中の破線）は，用水路と分離して，水口の対角線を挟んで反対側あるいは，水口が接する圃場の辺の対辺側に設置されている．これは，圃場内の灌漑効果を高めるための用・排水路配置であり，圃場がレーザーレベリングによる高い精度によって緩やかな傾斜が保たれることで，水が水口から排水路方向に流れるよう整備されている．圃場からの排水は，排水路に集積され農場外の排水路へと導かれるわけであるが，最近では節水を目的として，農場内水再利用システムが導入されるようになっており，W経営でも排水がリサイクルポンプ（図中のP印）を経由して，農場内の用水路に還元され，用水として再利用できるような農場整備がなされている．節水型農場整備は政策的にも支援されている．

　また，この農場での水田利用方式については，稲作2年→小麦1年→キャノーラ1年→小麦2年（→稲作2年……）と6年を一つの周期とした輪作体系が見られる．これは，とくに水利の制約と灌漑の地域環境への影響を考慮された点が強く，州政府の規制・監督によって，毎年の稲作面積は農場面積の30％以下に留めるように生産制限が課せられている影響である．この地域では，W経営で行われているような「稲作─冬作物体系」といった輪作体系

の他に,「稲作-夏作物体系」,「稲作-牧草体系」,「稲連作体系」といったタイプが見られる(Rural Industries Research & Development Cooperation (2002), Chap. 2, pp. 9-11).

　以上のような,圃場と用排水路の結合形態と土地利用方式は,先に見たカリフォルニア州のそれとは類似しているものの,日本のそれとは大きく異なり,用水の末端需要単位は農場であり,圃場と用排水路の結合形態から個別的水利用が可能である.また,水利用単位と水利用主体が一元化しているため,経営単位での水管理が可能となっているのである.

(2) 農業水利制度と水利権

　オーストラリアの水利制度は各州によって異なっているが,それは河川水利に関する権限は連邦政府ではなく州政府に帰属すると憲法で定められていることに起因する.ニュー・サウス・ウェールズ州が位置するマレー＝ダーリング集水域の場合,用水に関わる管理機構は複数の階層をなしている((Challen (2000)).それは,水の流れに沿った一連の河川あるいは用水系統の中で,どのレベルでの管理問題であるかによって,水の管理主体が異なるからである.マレー＝ダーリング集水域のケースの場合,集水域は複数の州(首都特別区域を含む)にまたがる範囲に広がっているため,集水域全体の水管理や河川流水の配分をめぐっては各州水利制度を超えた州間の共同配分ルールが設定されている.その配分原則は,基本的には量的配分であり,各州の管理主体間による調整の結果,その量が決められ明文化されている.このようにして州に対して配分された水は,各州の管理主体によって,それぞれ固有の水利制度に基づきながら,水利用者へ配分がなされることとなる.

　ニュー・サウス・ウェールズ州では,州政府が管理主体となった許可水利権を基本とした高度な水配分制度が確立されており,そのもとで,農業水利制度が有効に機能しているといえる.農業水利に関わる水利権は多種多様であるが,大まかにいって「沿岸水利権」,「個別許可水利権」,「集団的水利権」の三つのカテゴリーに分けることができる.「沿岸水利権」は,河川など沿岸の土地所有者が保有する河川流水の利用権のことである.「集団的水利権」は灌漑組織の構成員に対するものである.

また，前述したカリフォルニア州と同様に，近年のオーストラリアでも農業用水を中心とした市場における水利取引が活発化している．こうした水利取引は，農業水利制度の体系の中に組み込まれてきており，水利権保持者・水利用者間における用水再配分の機能を果たしている．また，そうした用水取引の発展過程においては，水利権を農地と分離する制度改正が図られてきており，水利権に関する細かな規定と相俟って，水利権と農地とはほとんど完全に分離していると言ってもよい状況にある．

　オーストラリアにおける農業用水の料金体系については，灌漑組織によって若干の違いが見られるものの，水量割り（従量制）を原則とする料金体系が支配的であり，面積割りはほとんど見られない．ニュー・サウス・ウェールズ州でもかつては面積割りを基本とする水料金体系が採用されていたが，水の希少性の高まりとともに，水の需要管理政策として1980年代に水量割りの料金体系への変更に踏み切った．すでに触れたような灌漑用水利用者である各農場において設置されている量水可能な水利施設がほぼ全面的に普及しているという事情が，このような農業用水の水量割り料金体系成立の物理的条件となっている．いずれにしろ，こうした水量割りの農業用水料金体系の原則は，日本の水田農業で支配的な面積割りの原則やカリフォルニア州で見られる作物別面積割りの原則とは異なる．

（3）灌漑組織の性格

　オーストラリアの灌漑組織は，水利用者に対して灌漑配水事業を行う組織であり，州政府直轄組織の他，会社形態あるいは組合形態をとっているものがある．ニュー・サウス・ウェールズ州では，会社・組合の形態が多い．このうち会社形態については，州営灌漑事業の運営主体としての灌漑組織が，1990年代以降の水利改革（Water Reform）のもとで，ごく最近になって法人化・民営化されてきたものが多い．

　灌漑組織は，各水利用者による個別的な水利用方式を前提として，水利用者の注文に対応した形で水配分をする．そこでは，高度に発達した灌漑システム基盤と専門技術スタッフに支えられた集中管理的な配水管理システムが確立しており，質の高い配水サービスが各水利用者に対して提供されている

と見てよい.

　灌漑組織と水利用者との関係をみると，両者にはいくつかの関係が同時に存在している．一つは，農業用水供給会社と顧客という関係である．この場合，灌漑会社は水利用者の注文に応じて用水供給サービスを提供し，その対価として水利用者は水料金を灌漑組織に支払うことになる．二つは，会社とその会社の所有者という関係である．水利用者には，持分（share）という形で会社の所有権の一部を有しているものがいる．この灌漑組織に対する持分は，会社化の過程において水利用者の各水利権を灌漑組織に統合し「集団的水利権」へと転化させ，その見返りとして各水利用者に対しては会社の持分が授与されたものである．当該組織における水利用者に限られているため持分の譲渡性は低い．したがって，水利権に基づく水利用と水利用者が有する持分は密接に関係している．

　さらに，灌漑組織と水利用者との関係には，会社と経営者という関係もある．そのことは，組織の経営事項の意思決定機関である理事会の構成から垣間見ることができる．水利用者が理事会メンバーの一部をなしており，たとえばリヴァリナ地方のマランビジー灌漑会社の場合，理事会構成（11名）は所有者理事，職員理事，独立理事，コミュニティー理事という4種類の人々によって組織されている．所有者理事は，用水利用者であり会社の所有者でもある農業者の代表である．この所有者理事は，用水利用者（農業者）による選挙によって選出される．この選出の際には農業経営類型や地域のバランスが考慮されており，用水利用者の全体の意見が反映されるよう企図されている．他方，職員理事は灌漑組織のスタッフの代表者，独立理事は経営や環境に関する外部からの専門家，コミュニティー理事は地域の代表者である．

　以上見てきたような灌漑組織と水利用者との関係は，灌漑組織の法人化・民営化以前の官（州）営事業時代のそれとは大きく異なる．すなわち，官営灌漑事業のもとでは，灌漑組織と水利用者とは，単に公的事業とその受益者という関係に過ぎなかった．しかし，法人化・民営化によって灌漑組織の所有と管理の構造は変わった．そうした変化は，灌漑組織の自律化・灌漑事業の効率化という方向だけでなく，水利用者による灌漑組織に対するコーポ

レート・ガバナンス体制の構築に向かう動きであると見ることができよう．さらには，地域の水利用を巡るステークホルダーが形成されつつある．

4．おわりに

ここまで検討したように，アメリカ，オーストラリアでは水の希少性や農業生産基盤の相違によって，農業水利のあり方はわが国とは異なる様相を呈しており，農業水利の基本的性格に違いを見せている．また，アメリカやオーストラリアでは，近年になって農業水利制度に変化が見られるが，これは社会経済の成熟化に伴って発現している新たな水資源問題に対応しようとするものであると見てよかろう．とくに，オーストラリアでは，1990年代以降，水利改革が迅速かつ大胆に進められており，その中で農業水利は無視できないほどの領域を占めている．両国に限らず国際的に見ても，水資源を巡る議論や取り組みが活発化している，それは，水資源の過剰開発や偏在，また環境への影響が顕在化し，水資源の希少性や適正配分に対する社会的な関心が高まっていることによるものと考えられる．こうした中で，農業水利問題がクローズアップされてくるに違いない．

一方，国内的にも国際的潮流に沿いながら，水資源の開発と利用のあり方は益々重要な検討課題となってくると考えられる．とくに，農業水利については適切な農村資源保全管理を行うための新たなスキームの構築が最近の政策的課題となっており，農業水利を巡る本格的な議論が今後沸き上がってくるのではないであろうか．そのためにも，本稿で取り上げた両国の動向には，目を向けておかなければならない．

［引用・参考文献］

（1）Australian National Committee on Irrigation and Drainage（2005）：*Australian Irrigation Water Provider Beachmarking Report for 2003/2004*
（2）Challen, R.（2000）：*Institutions, Transaction Costs and Environmental Policy Institutional Reform for Water Resources*, Edward Elgar Publishing
（3）Hanak, E.（2003）：*Who Should be Allowed to Sell Water in California? Third*

– *Party Issues and the Water Market*, Public Policy Institute of California
（4）Rural Industries Research & Development Cooperation（2002）: *Production of Quality Rice in South Eastern Australia*
（5）永田恵十郎（1971）:『日本農業の水利構造』, 岩波書店
（6）八木宏典（1992）:『カリフォルニアの米産業』, 東京大学出版会
（7）八木宏典（1996）:「開発至上主義から調和ある再配分へ：アメリカ「カリフォルニア稲作地帯」の水利用」今村奈良臣・八木宏典・水谷正一・坪井伸広『水資源の枯渇と配分』, 農山漁村文化協会, 47-120頁

JCLS	〈㈱日本著作出版権管理システム委託出版物〉		
2006 農業経営の 持続的成長と 地域農業 著者との申 し合せによ り検印省略	2006年6月25日 第1版発行		
	著作代表者	八 木 宏 典	
ⓒ著作権所有	発 行 者	株式会社 養 賢 堂 代表者 及川 清	
定価 5250円 (本体 5000円 税 5%)	印 刷 者	株式会社 精 興 社 責任者 青木宏至	
発 行 所	〒113-0033 東京都文京区本郷5丁目30番15号 株式会社 養賢堂　TEL 東京(03)3814-0911 振替00120 　　　　　　　FAX 東京(03)3812-2615 7-25700 URL http://www.yokendo.com/		
	ISBN4-8425-0386-6 C3061		

PRINTED IN JAPAN　　　　　　　製本所　株式会社三水舎

本書の無断複写は、著作権法上での例外を除き、禁じられています。
本書は、㈱日本著作出版権管理システム（JCLS）への委託出版物です。本書を複写される場合は、そのつど㈱日本著作出版権管理システム（電話03-3817-5670、FAX03-3815-8199）の許諾を得てください。